掌握分布式跟踪
微服务和复杂系统性能分析

[美] Yuri Shkuro 著　　冯文辉 译

Mastering Distributed Tracing

电子工业出版社
Publishing House of Electronics Industry
北京·BEIJING

内 容 简 介

本书是作者基于其在 Uber 跟踪团队担任技术主管时的个人经历而写的。本书分 4 部分，共 14 章，内容包括：为什么需要分布式跟踪、跟踪一次 HotROD 之旅、分布式跟踪基础、OpenTracing 的埋点基础、异步应用程序埋点、跟踪标准与生态系统、使用服务网格进行跟踪、关于采样、跟踪的价值、分布式上下文传播、集成指标与日志、通过数据挖掘提炼洞见、在大型组织中实施跟踪、分布式跟踪系统的底层架构。希望读者能通过本书了解分布式跟踪及其相关应用的基本原则和设计思路，从而找到将其应用到自己的项目和系统中的有效方法。

本书的目标读者包括应用程序开发人员、SRE 工程师、DevOps 工程师、框架和基础设施开发人员、技术经理和管理人员、跟踪团队等。

Copyright © Packt Publishing 2019. First published in the English language under the title 'Mastering Distributed Tracing' – (9781788628464).

本书简体中文版专有出版权由 Packt Publishing 授予电子工业出版社。未经许可，不得以任何方式复制或抄袭本书的任何部分。专有出版权受法律保护。

版权贸易合同登记号　图字：01-2019-6478

图书在版编目（CIP）数据

掌握分布式跟踪：微服务和复杂系统性能分析 /（美）尤里·史库罗（Yuri Shkuro）著；冯文辉译. —北京：电子工业出版社，2022.4
书名原文：Mastering Distributed Tracing
ISBN 978-7-121-38682-4

Ⅰ. ①掌… Ⅱ. ①尤… ②冯… Ⅲ. ①分布式数据处理－目标跟踪 Ⅳ. ①TP274

中国版本图书馆 CIP 数据核字（2020）第 042443 号

责任编辑：张春雨
印　　刷：三河市良远印务有限公司
装　　订：三河市良远印务有限公司
出版发行：电子工业出版社
　　　　　北京市海淀区万寿路 173 信箱　邮编：100036
开　　本：787×980　1/16　印张：26　字数：503 千字
版　　次：2022 年 4 月第 1 版
印　　次：2022 年 4 月第 1 次印刷
定　　价：144.00 元

凡所购买电子工业出版社图书有缺损问题，请向购买书店调换。若书店售缺，请与本社发行部联系，联系及邮购电话：(010) 88254888，88258888。
质量投诉请发邮件至 zlts@phei.com.cn，盗版侵权举报请发邮件至 dbqq@phei.com.cn。
本书咨询联系方式：(010) 51260888-819，faq@phei.com.cn。

谨以此书献给我的家人和我亲爱的 Yelena。

——Yuri Shkuro

贡献者

关于作者

Yuri Shkuro 是 Uber 的软件工程师，专注于分布式跟踪、可观测性、可靠性和性能领域的研究。他是 Uber 跟踪团队的技术负责人。在加入 Uber 之前，Yuri 曾在华尔街工作了 15 年，为顶级投资银行、高盛、摩根大通和摩根士丹利的衍生业务构建了交易和风险管理系统。

Yuri 在开源社区中的贡献包括成为 OpenTracing 项目的联合创始人，以及 Jaeger（Uber 开发的分布式跟踪平台）的创建者和技术领导者。以上两个项目都是云原生技术基金会（CNCF，Cloud Native Computing Foundation）的孵化项目。Yuri 也是 W3C 分布式跟踪工作组的特邀专家。

Yuri Shkuro 拥有马里兰大学帕克分校计算机科学博士学位，以及俄罗斯排名前三的大学 MEPhI（Moscow Engineering & Physics Institute）的计算机工程硕士学位。他是许多机器学习和神经网络领域学术论文的作者，其论文已被 130 多个出版物引用。

在学术研究和职业生涯之外，Yuri 还协助编辑和制作了 Lev Polyakov 导演的几部动画短片，比如 *Only Love*（2008 年），该片曾在 30 多个电影节上放映并获得了多个奖项，以及 *Piper the Goat and the Peace Pipe*（2005 年），该片在渥太华国际动画节上获奖。

我想对所有使这本书的出版成为可能的人说声谢谢：我的制作人 Andrew，他从始至终的鼓励让我坚持完成了这本书；我的编辑 Tom 和 Joanne，他们审阅和编辑了我的草稿；我的技术审校者 Pavol，他提出了许多非常棒的关于改进本书的建议；Ben Sigelman，他帮助我组织了内容，我从他那里学到了很多关于跟踪的知识；Lev Polyakov，可爱的 Jaeger 项目标志的作者，他为这本书绘制了精美的插图；最重要的，我的家人和我的爱人 Yelena，他们对我的支持与宽容，让我在连续几个月的周末都能集中精力撰写此书。

关于审校者

Pavol Loffay 是 RedHat 的软件工程师，专注于微服务架构的可观测性工具。他是 Jaeger 和 OpenTracing 项目的积极维护者，是 **OpenTracing 规范委员会（OTSC）**的成员，也是 MicroProfile OpenTracing 规范的领导者。在空闲时间，他喜欢旅行，是一个充满激情的滑雪和攀岩爱好者。

关于插画作者

Lev Polyakov 是一位屡获殊荣的独立动画导演和概念艺术家，他的作品曾在 WNET 13、Channel Frederator 和 ShortsHD 上展出。

Lev Polyakov 自 2004 年以来一直活跃在动画界，曾作为一名实习生跟随纽约最著名的独立动画师之一 Signe Baumane 学习，并着手编写和指导了他自己的动画电影。他的第一部作品 *Piper the Goat and the Peace Pipe*，在 2005 年渥太华国际动画节上获得了第一名。他的另一部电影 *Morning, Day, Evening, Night... and Morning*，使他获得了 National Board of Review of Motion Pictures 的资助和荣誉会员资格。在视觉艺术学院读大三的时候，Lev 执导并制作了一部 15 分钟的动画短片 *Only Love*。此片在著名的 Woodstock Film Festival 上首次公映，此后在全球 30 多个电影节上播放，获得了多项殊荣。

Lev 曾为一本由巨人公司与环球音乐公司合作制作的 iPad 电影书 *Peter and the Wolf in Hollywood* 制作过非常吸引人的角色驱动的商业作品，如故事板、角色设计和动画等；他也曾为 Glimpse Group 的虚拟现实工作室做过类似的作品。

Lev 目前是纽约市国家艺术俱乐部艺术与技术委员会主席。

前言

分布式跟踪，也被称为端到端跟踪，虽然它不是一个新概念，但作为复杂分布式系统必备的可观测性工具，受到广泛关注。与大多数仅监控系统架构内单个组件（如进程或服务器）的工具不同，分布式跟踪通过观测跨进程和网络的各个请求或事务的端到端执行发挥着不可替代的作用。随着微服务和函数即服务（FaaS 或 Serverless）等架构模式的兴起，分布式跟踪正成为管理现代架构复杂性的唯一实用方法。

你将要阅读的这本书是基于我在 Uber 跟踪团队担任技术主管时的个人经历而写的。在那段时间里，我看到我们的工程师团队规模越来越大，工程师人数从几百名发展到数千名，当我们首次推出分布式跟踪平台 Jaeger 时，Uber 基于微服务架构的复杂性也越来越高，从几百个微服务增加到了数千个微服务。大多数从事分布式跟踪的工作者都会告诉你，构建跟踪系统是最轻而易举的，在一个大型组织中广泛推广它才算是真正意义上的挑战。然而遗憾的是，构建跟踪系统没有捷径。本书对此问题进行了全面的概述，其中包括技术发展史和理论基础，如何埋点和应对组织推广时遇到的挑战，业界关于埋点和数据格式的标准，以及在实际场景中部署和维护跟踪基础设施的实用建议。

这本书不是任何特定技术的参考资料或教程。相反，我希望你能通过本书了解分布式跟踪及其相关应用的基本原则和设计思路。有了这些基础知识，你应该能够在这个相当复杂的技术领域中继续探索，并找到将其应用到自己的项目和系统中的有效方法。

本书的目标读者

我希望这本书能够为大部分读者提供帮助，从对分布式跟踪知之甚少的初学者，到希望扩展知识并从其跟踪平台中获取更多价值的积极实践者。本书中的内容可能会调动起以下这些读者的兴趣。

- 应用程序开发人员、SRE 工程师和 DevOps 工程师，他们是对分布式跟踪感兴趣的主要人群。他们通常对跟踪基础设施和埋点的工作方式不太感兴趣，他们更感兴趣的是技术可以为日常工作带来些什么。本书提供了许多示例用来说明分布式跟踪的好处，从最简单的"让我们来研究一个跟踪场景，看看它能帮助我们发现什么性能问题"，到"如何处理收集到的大量数据并借此深入了解分布式系统的行为，这些行为无法从单个事务中推断出来"。

- 框架和基础设施开发人员，他们通常要为其他开发人员构建库和工具，并希望通过与分布式跟踪进行集成来使这些工具变得可被观测。他们会对埋点技术和模式有全面的理解，也会对新出现的跟踪标准进行讨论，并从中受益。
- 技术经理和管理人员，他们通常掌握着财权，需要理解并确信跟踪技术为组织带来的价值。
- 跟踪团队，即负责在组织中构建、部署和运维跟踪基础设施的工程师团队。如果这个团队想扩大他们在整个组织中的影响力，他们必须更加努力地提升自己的技能，以应对技术和组织带来的不同挑战。

本书覆盖的内容

第 I 部分，引言，对分布式跟踪领域进行了概述。

第 1 章，为什么需要分布式跟踪，阐述了分布式跟踪解决的可观测性问题，并解释了在复杂的分布式系统中解决无法解释的问题时，其他监控工具为何表现不足。这一章简要介绍了我在跟踪领域的从业经历，并解释了为什么我觉得写这本书会对整个行业有所帮助。

第 2 章，跟踪一次 HotROD 之旅，用一个简单明了的实践案例来说明分布式跟踪的核心特性、优势和功能，我们会借助 Jaeger（一个开源的跟踪平台）、OpenTracing 埋点和演示应用程序 HotROD（按需搭建）进行说明。

第 3 章，分布式跟踪基础，回顾端到端跟踪的基本工作原理，例如因果关系跟踪和元数据传播，以及历史上各种技术实现所基于的不同设计决策，这些决策会影响跟踪架构能够解决的问题类型。本章向读者介绍了两种不同的跟踪模型，即：更具表现力的事件模型和更流行的 span 模型。

第 II 部分，数据收集问题，专门讨论如何通过手动埋点和自动（基于代理的）埋点，从 RPC 和异步（如使用消息队列）应用程序中获取跟踪数据。

第 4 章，OpenTracing 的埋点基础，一般的程序都是基于一个简单的"Hello,World!"

风格的应用程序发展起来的，比如从单体架构发展为微服务系统。我们可以根据一个循序渐进的指南对这个系统进行手动埋点，从而实现跟踪，同时提供三种流行语言——Go、Java 和 Python 的实例。本章基于 OpenTracing API 介绍跟踪埋点的基本原理，其对于其他工具 API 也同样适用。在最后的练习中，本章介绍了自动（基于代理的）埋点模式，在该模式下几乎不需要修改应用程序中的代码（如果有修改的话也是非常少的）。

第 5 章，异步应用程序埋点，本章将继续第 4 章的主题，并将其应用于使用 Apache Kafka 的异步消息构建的"在线聊天"应用程序中。

第 6 章，跟踪标准与生态系统，探索在跟踪行业中经常混淆的系统，包括新兴的标准，如 OpenTracing、W3C Trace Context 和 OpenCensus。本章提供了一个有用的分类法，用以考量不同的商业项目和开源项目，以及它们之间的相互关系。

第 7 章，使用服务网格进行跟踪，使用在 Kubernetes 上运行的服务网格工具 Istio 跟踪应用程序，并将结果与通过 OpenTracking API 埋点得到的跟踪结果进行比较，阐明每种方法的优缺点。

第 8 章，关于采样，解释了为什么跟踪平台经常需要对事务进行采样，并深入论述了不同的采样技术，从一致的基于头部的采样策略（概率、速率限制、自适应等），到新兴的最受欢迎的基于尾部的采样。

第 Ⅲ 部分，从跟踪中获取价值，讨论了工程师和组织从采用分布式跟踪解决方案中获益的不同方式。

第 9 章，跟踪的价值，通过示例给出跟踪的核心价值主张，涵盖了大多数跟踪解决方案中常见的功能，如服务图、关键路径分析、跟踪模式下的性能分析、延迟柱状图和示例，以及长期优化技术。

第 10 章，分布式上下文传播，讨论了上下文传播，这是一种支持大多数现有跟踪基础设施的技术。上下文传播涵盖了来自 Brown University 的跟踪平面，该平面为上下文传播实现了一个通用的、与工具无关的框架，并涵盖了许多在上下文传播和跟踪之上构建的用于可观测性和混沌工程的技术与工具。

第 11 章，集成指标与日志，展示了传统监控工具如何不丢失所有信息，以及如何将它们与跟踪基础设施结合起来，从而赋予其新的功能，并使其在微服务环境中更有用。

第 12 章，通过数据挖掘提炼洞见，首先从数据挖掘的基础知识和跟踪数据的特征提取开始讲解，然后介绍了一个涉及 Jaeger 后端、Apache Kafka、Elasticsearch、Kibana、Apache Flink 数据挖掘作业和微服务模拟器 microsim 的实际例子，最后讨论了数据挖掘技术的进一步发展，如推断和观测趋势，以及历史数据和实时数据分析。

第 IV 部分，部署和维护跟踪基础设施，向跟踪团队提供关于在大型组织中实现和维护跟踪平台的各种实用建议。

第 13 章，在大型组织中实施跟踪，讨论了如何解决阻碍分布式跟踪在企业中广泛应用或价值最大化的技术问题和组织问题。

第 14 章，分布式跟踪系统的底层架构，首先简要讨论了在构建架构时需要考虑的因素，然后深入讨论了跟踪平台的体系架构和部署模式的技术细节，如多租户、安全性、多数据中心的操作、监控和弹性。本章基于 Jaeger 项目介绍了许多体系架构的构建决策，但总体而言，内容适用于大多数跟踪基础设施构建。

如何充分利用本书

本书适合有兴趣解决复杂分布式系统中的可观测性问题的广大读者。熟悉现有的监控工具（如度量指标）对阅读本书会有帮助，但不是必需的。大多数代码示例都是用 Java 编写的，因此需要读者能读懂基本的 Java 代码。

本书中的练习大量使用了 Docker 和 docker-compose 来解决各种第三方依赖关系，比如 MySQL 和 Elasticsearch 数据库、Kafka 和 ZooKeeper，以及各种可观测性工具，如 Jaeger、Kibana、Grafana 和 Prometheus。要运行大多数示例，需要安装 Docker。

强烈建议你不仅要尝试运行书中所提供的示例，还要尝试将它们应用到自己的应用程序中。我曾不止一次地看到，工程师仅仅通过从他们的应用程序中查看简单的样本跟踪就发现了愚蠢的错误。我常常惊讶于跟踪所提供的对系统行为的可见性。如果这是你第一次接触这项技术，那么你应该对自己的应用程序埋点，而不仅仅是运行本书中提供的示例代码，这才是学习和领会跟踪技术的最有效方法。

使用约定

本书中使用了许多文本约定。

CodeInText：用来表示文本中的代码字、数据库表名、文件夹名、文件名、文件扩展名、路径名、虚拟 URL、用户输入内容和 Twitter 链接。例如，将下载的 WebStorm-10*.dmg 磁盘映像文件装载成系统磁盘。

代码段格式如下：

```
type SpanContext struct {
    traceID TraceID
    spanID  SpanID
    flags   byte
    baggage map[string]string
    debugID string
}
```

当提醒读者注意代码段中的特定部分时，相关行或项将设置为粗体：

```
type SpanContext struct {
    traceID TraceID
    spanID  SpanID
    flags   byte
    baggage map[string] string
    debugID string
}
```

任何命令行输入或输出表示如下：

```
$ go run ./exercise1/hello.go
Listening on http://localhost:8080/
```

粗体：表示一个新词、重要的词或在屏幕上看到的词，在菜单或对话框中也会显示这样的文本。例如，从 **Administration** 面板中选择 **System info**。

 警告或重要说明将这样表示。

[提示和技巧将这样表示。]

读者服务

微信扫码回复：38682

- 获取本书源代码和参考资料
- 加入"云计算与运维"读者群，与更多同道中人互动
- 获取【百场业界大咖直播合集】（持续更新），仅需 1 元

说明：预知本书各章参考资料中提及的"链接 1""链接 2"等相关信息，可从本书配套参考资料（"参考资料.pdf"文件）中查询。

目录

I 引言 1

1 为什么需要分布式跟踪 2
    微服务与云原生应用程序 3
    什么是可观测性 5
    微服务的可观测性挑战 7
    传统的监控工具 9
        指标 10
        日志 11
    分布式跟踪 12
    我在跟踪领域的经历 14
    为何编写本书 17
    总结 18
    参考资料 19

2 跟踪一次 HotROD 之旅 20
    先决条件 21
        从预打包的二进制文件运行 21
        从 Docker 镜像运行 22
        从源代码运行 22
    启动 Jaeger 24
    初识 HotROD 26
    架构 29
    数据流 30
    上下文日志 32

span 标记与日志 35
　　确定延迟的来源 37
　　资源使用属性 50
　　总结 53
　　参考资料 54

3　分布式跟踪基础 55
　　想法 56
　　请求相关性 56
　　　　黑盒推理 57
　　　　特定于域的模式 57
　　　　元数据传播 57
　　剖析分布式跟踪 59
　　采样 60
　　保留因果关系 60
　　　　请求间因果关系 62
　　跟踪模型 63
　　　　事件模型 63
　　　　span 模型 65
　　时钟偏差调整 67
　　跟踪分析 69
　　总结 70
　　参考资料 70

II　数据收集问题 73

4　OpenTracing 的埋点基础 74
　　先决条件 76
　　　　项目源代码 76
　　　　Go 开发环境 77
　　　　Java 开发环境 78

Python 开发环境 78
MySQL 数据库 78
查询工具（curl 或 wget）......79
跟踪后端（Jaeger）......79
OpenTracing 80
练习 1：Hello 应用程序 83
　用 Go 语言实现 Hello 应用程序 84
　用 Java 语言实现 Hello 应用程序 88
　用 Python 语言实现 Hello 应用程序 92
　练习总结 94
练习 2：第一个跟踪 94
　步骤 1：创建跟踪器实例 94
　步骤 2：启动 span 99
　步骤 3：注释 span 102
　练习总结 107
练习 3：跟踪函数和传递上下文 108
　步骤 1：跟踪单个函数 109
　步骤 2：将多个 span 合并为一个跟踪 111
　步骤 3：传播进程内上下文 115
　练习总结 123
练习 4：跟踪 RPC 请求 124
　步骤 1：拆解单体 124
　步骤 2：在进程之间传递上下文 127
　步骤 3：应用 OpenTracing 推荐的标记 136
　练习总结 141
练习 5：使用 baggage 141
　在 Go 中使用 baggage 142
　在 Java 中使用 baggage 142
　在 Python 中使用 baggage 143
　练习总结 143
练习 6：自动埋点 143

	Go 中的开源埋点	144
	Java 中的自动埋点	146
	Python 中的自动埋点	148
练习 7：额外练习		151
总结		151
参考资料		152

5 异步应用程序埋点 — 153

先决条件		154
	项目源代码	154
	Java 开发环境	155
	Kafka、ZooKeeper、Redis 与 Jaeger	155
Tracing Talk 聊天应用程序		156
	实现	158
	运行应用程序	162
	观察跟踪	163
使用 OpenTracing 埋点		166
	Spring 埋点	167
	tracer resolver	167
	Redis 埋点	168
	Kafka 埋点	170
埋点异步代码		178
总结		183
参考资料		183

6 跟踪标准与生态系统 — 184

埋点形式	185
分析跟踪部署和互操作性	188
跟踪的五种含义	190
了解受众	192
生态系统	193

跟踪系统 193
　　　X-Ray、Stackdriver 等 194
　　　标准项目 194
　总结 200
　参考资料 201

7　使用服务网格进行跟踪 202
　服务网格 203
　服务网格的可观测性 206
　先决条件 207
　　　项目源代码 207
　　　Java 开发环境 208
　　　Kubernetes 208
　　　Istio 208
　Hello 应用程序 210
　使用 Istio 进行分布式跟踪 213
　使用 Istio 生成服务图 223
　分布式上下文和路由 225
　总结 228
　参考资料 228

8　关于采样 230
　基于头部的一致性采样 231
　　　概率采样 231
　　　速率限制采样 232
　　　保证吞吐量的概率采样 234
　　　自适应采样 235
　　　上下文敏感的采样 244
　　　实时采样或调试采样 244
　　　如何处理过采样 247
　基于尾部的一致性采样 249

部分采样 253
总结 253
参考资料 253

III 从跟踪中获取价值 255

9 跟踪的价值 256
作为知识库的跟踪 257
服务图 257
    深度，路径感知服务图 259
    检测架构问题 262
性能分析 262
    关键路径分析 263
    识别跟踪模式 265
    范例 269
    延迟直方图 271
长期性能分析 273
总结 273
参考资料 274

10 分布式上下文传播 275
布朗跟踪平面 276
Pivot Tracing 280
混沌工程 283
流量标记 285
    生产环境测试 286
    生产环境调试 287
    在生产环境中进行开发 288
总结 289
参考资料 289

11	**集成指标与日志**	291
	可观测性的三大支柱	292
	先决条件	294
	项目源代码	294
	Java 开发环境	295
	在 Docker 中运行服务器	295
	在 Kibana 中声明索引模式	296
	运行客户端	297
	Hello 应用程序	298
	与指标集成	299
	通过跟踪埋点实现标准指标	299
	向标准指标中添加上下文	303
	上下文感知的指标 API	308
	与日志集成	309
	结构化日志记录	309
	将日志与跟踪上下文关联起来	311
	上下文感知的日志 API	316
	在跟踪系统中捕获日志	316
	是否需要单独的日志记录和跟踪后端	318
	总结	319
	参考资料	320
12	**通过数据挖掘提炼洞见**	321
	特征提取	322
	数据挖掘管道的组件	323
	跟踪后端	324
	跟踪完成触发器	324
	特征提取器	325
	聚合器	326
	特征提取练习	326
	先决条件	328

项目源代码 328
  在 Docker 中运行服务器 329
  在 Elasticsearch 中定义索引映射 330
  Java 开发环境 331
  微服务模拟器 331
  在 Kibana 中定义索引模式 334
span 计数作业 336
  跟踪完成触发器 337
  特征提取器 340
观测趋势 341
  谨防推断 349
历史分析 350
实时分析 350
总结 353
参考资料 353

IV 部署和维护跟踪基础设施 355

13 在大型组织中实施跟踪 356

为什么很难部署跟踪埋点 357
减少采用障碍 358
  标准框架 359
  内部适配器库 360
  默认启用跟踪 361
  monorepo 361
  与现有的基础设施集成 362
从哪里开始 362
构建文化 364
  解释价值 364
  与开发人员工作流集成 365
跟踪质量指标 366

故障排除指南 369

跳出关键路径 369

总结 369

参考资料 370

14 分布式跟踪系统的底层架构 371

为什么需要自己"造轮子" 372

 定制和集成 372

 带宽成本 372

 把控数据 373

押注新兴标准 373

架构和部署模式 374

 基本架构:代理+收集器+查询服务 374

 流式架构 377

 多租户 378

 安全 381

 在多个数据中心运行 382

监控和故障诊断 384

弹性 386

 过采样 386

 调试跟踪 387

 数据中心故障转移导致的流量峰值 387

 无休止的跟踪 387

 长跟踪 388

总结 388

参考资料 388

后记 390

参考资料 393

I
引言

1
为什么需要分布式跟踪

现代的、互联网的、云原生的应用程序是非常复杂的分布式系统。构建它们很困难,调试它们更困难。**微服务**和**函数即服务**(也称为 **FaaS** 或者 **Serverless**)的日益普及只会加剧问题,这些架构形式为应用它们的组织带来了许多好处,同时也使系统运维的某些方面更加复杂。

在这一章中,我们将讨论如何监控和排除分布式系统(包括使用微服务构建的系统)的故障,并讨论为什么分布式跟踪在解决这个问题的各种方案中处于独特的位置。本章还将介绍我个人在分布式跟踪上的经验,以及我决定写这本书的原因。

微服务与云原生应用程序

在过去的十年里,我们看到了现代互联网应用程序构建方式的重大转变。云计算(基础设施即服务)和容器化技术(通过 Docker 被普及)使一种新的分布式系统设计得以实现,这种设计通常被称为微服务(以及它的继任者 FaaS)。像 Twitter 和 Netflix 这样成功的公司已经能够利用这些技术构建高度可扩展、高效和可靠的系统,并更快地向客户提供更多功能。

虽然微服务没有一个官方定义,但随着时间的推移,业界已经形成了某种共识。曾撰写过许多软件设计图书的作家 Martin Fowler 认为,微服务架构具有以下特征[1]。

- **通过(微)服务进行组件化**:在复杂应用程序中,功能的组件化是通过服务或微服务实现的,这些服务或微服务是通过网络进行通信的独立进程。微服务设计的目的是提供细粒度的接口,实现自主开发和独立部署。
- **智能端点和哑管道**:服务之间的通信使用与技术无关的协议,如 HTTP 和 REST,而不是像**企业服务总线**(**Enterprise Service Bus**,**ESB**)之类的智能机制。
- **围绕业务能力组织**:基于产品而非项目,服务围绕业务能力("用户配置服务"或"履行服务")而非技术组织,在开发过程中便被视为持续不断发展的产品,而不是在交付后被视为已完成的项目。
- **去中心化治理**:允许使用不同的技术栈实现不同的微服务。
- **去中心化数据管理**:具体表现是,每个服务都能对概念数据模型与数据存储技术独立决策。
- **基础设施自动化**:服务是利用自动化测试、持续集成和持续部署等技术,通过自动化流程实现构建、发布和部署的。
- **面向失败设计**:服务总是被期望能够容忍依赖项的失败或重试请求,并能优雅地降低自己的功能。
- **演进式设计**:微服务架构的各个组件应该独立演进,不必强制升级依赖微服务的组件。

由于构建现代应用程序涉及大量的微服务，因此，为了有效地开发、维护和操作此类应用程序，必须通过去中心化的持续交付、严格的 DevOps 实践和全面的服务监控来进行快速编排、快速部署。微服务架构强加的基础设施需求催生出了一个全新的开发领域：开发管理复杂云原生应用程序的基础设施平台和工具。2015 年，云原生计算基金会（CNCF）成立了。它是一个与供应商无关的组织，致力于研究云原生领域的许多新兴开源项目，如 Kubernetes、Prometheus、Linkerd 等，其使命是"让云原生计算无处不在"。

"云原生技术使各个组织能够在现代动态环境（如公共云、私有云和混合云）中构建和运行可扩展的应用程序。容器、服务网格、微服务、不可变基础设施和声明性 API 就是最好的例子。

这些技术使松散耦合的系统具有弹性、可管理性和可观测性。与强大的自动化相结合，工程师可以频繁地、可预见地进行具有高影响力的更改，且只需要付出最少的工作量。"

—— Cloud Native Computing Foundation Charter[2]

在撰写本书时，CNCF[3]已成功孵化及孵化中项目清单里包含 20 个项目（见图 1.1）。它们都有一个共同的主题：提供一个能够高效部署和运维云原生应用程序的平台。可观测性工具在其中占据了不成比例（20%）的份额。

- **Prometheus**：一个监测和警报平台。
- **Fluentd**：一个日志数据收集层工具。
- **OpenTracing**：一个与供应商无关的用于分布式跟踪的 API 和工具。
- **Jaeger**：一个分布式跟踪平台。

CNCF 沙箱项目（图 1.1 中没有显示的第三类）包括另外两个与监控相关的项目：OpenMetrics 和 Cortex。为什么对云原生应用程序的可观测性需求如此之多？

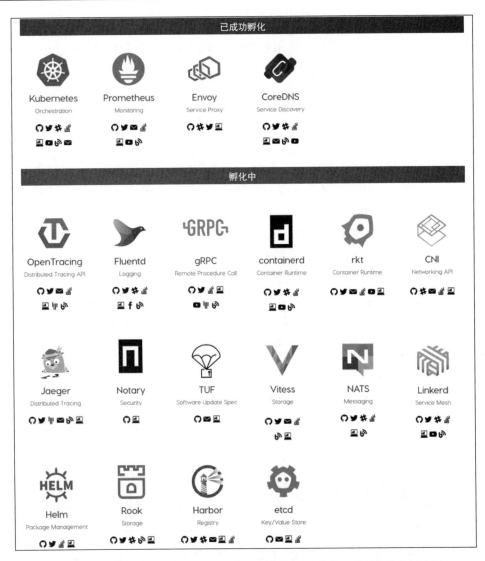

图 1.1 2019 年 1 月 CNCF 已成功孵化及孵化中项目清单。项目名称和标志是 Linux 基金会的注册商标

什么是可观测性

控制理论中的"可观测性"一词表明,如果系统的内部状态及相应的系统行为可以通过仅查看其输入和输出来确定,则系统是可观测的。在 2018 年的可观测性实践者峰会

（Observability Practitioners Summit）[4]上，Joyent 的首席技术官、**dtrace** 工具的创造者之一 Bryan Cantrill 认为，这一定义不适用于软件系统，因为软件系统非常复杂，我们永远无法知道其完整的内部状态，因此控制理论对可观测性的二进制测量结果始终为零（强烈建议你在 YouTube 上观看他的演讲）。相反，对软件系统的可观测性的一个更有用的定义是，"允许人们提问和回答问题的能力"。对于一个系统，我们可以提问和回答的问题越多，它就越有可能被观测到。

对于监控和**可观测性**之间的区别，Twitter 上也有很多争论和激烈的讨论（见图 1.2）。传统上，术语"监控"用于描述指标收集和警报的情况。有时它更广泛地用于概括其他工具，比如"使用分布式跟踪监控分布式事务"。牛津词典对动词"monitor"的定义是，"在一段时间内观测和检查（某事）的进展或质量，保持在系统审查下"。然而，最好认为监控观测的是某些软件系统预定义的性能指标，比如度量对终端用户体验的影响，如延迟或错误计数，然后将这些数值作为信号来提醒系统的异常行为。指标、日志和跟踪都可以作为从应用程序中提取这些信号的方法。接下来，当有一个人工操作员主动询问一些没有预先定义的问题时，我们可以用术语"可观测性"来描述。正如 Brian Cantrill 在他的演讲中所说的，这个过程就是调试的过程，我们需要"在调试时使用我们的大脑"。监控不需要人工操作，它可以而且应该完全自动化。

> "如果你想将（指标、日志和跟踪）作为可观测性的支柱——那太好了。人是观察力的基础！"
>
> ——Brian Cantrill

图 1.2　Twitter 辩论（哦！可观测性——因为开发者不喜欢干"监控"的活，所以我们需要把它包装一下，起一个新的名字，让它听起来更时髦、更吸引人。）

最后，所谓的"可观测性的三大支柱"（指标、日志和跟踪）只是工具，或者更准确地说，是从应用程序中提取传感数据的不同方法。即使有了指标，现代时序数据库解决方案（如 Prometheus、InfluxDB 或 Uber 的 M3）也能够捕获带有许多标签的时间序列，比如主机发出计数器的特定值。并非所有的标签都可以用于监控，例如，在一个具有数千个实例的集群中，一个行为不正常的服务实例不需要发出唤醒工程师的警报。但是，当我们调查一次停机问题并试图缩小问题范围时，这些标签作为可观测性的信号将非常有用。

微服务的可观测性挑战

通过采用微服务架构，组织期望获得许多好处，从更好的组件可扩展性到更高的开发人员生产力。很多书、论文和博客文章中都涉及了这个主题，所以这里不会再谈论这个主题。尽管大公司和小公司都受益匪浅，但微服务也有其自身面临的挑战和复杂性。像 Twitter 和 Netflix 这样的公司成功地采用了微服务架构，因为它们找到了有效的方法来管理这种复杂性。Databricks 的高级工程副总裁 Vijay Gill 说，采用微服务唯一好的理由是，能够扩展工程组织并"发布组织结构图"[5]。

Vijay Gill 的观点可能还不受欢迎。2018 年 Dimension Research®的一项名为"全球微服务趋势"的研究[6]表明，超过 91%的受访专业人员在其系统中使用或计划使用微服务。同时，56%的人认为每增加一个微服务"都会增加对运维的挑战"，73%的人认为在微服务环境中"排除故障更难"。甚至有一条关于采用微服务的著名推文，如图 1.3 所示。

图 1.3　有争论的推文（我们用微服务取代了原来的单体应用，导致每一次服务宕机都像是一次谋杀疑云。）

考虑图 1.4，它给出了 Uber 的微服务架构中一个子集的可视化表示，通过 Uber 的分布式跟踪平台 Jaeger 呈现。这个图通常被称为服务依赖关系图或拓扑图。圆圈（图中的节点）

表示不同的微服务，边线被绘制在彼此通信的节点之间。节点的直径与连接到它们的其他微服务的数量成比例，边线的宽度与通过该边线的流量成比例。

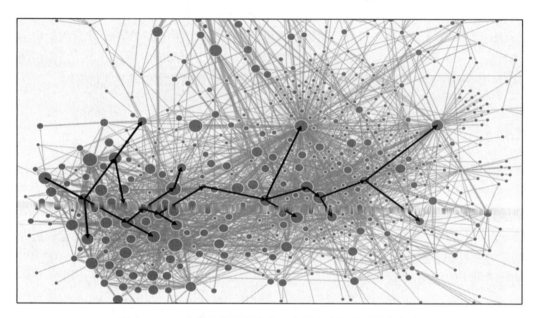

图 1.4　Uber 微服务架构子集和一个假定事务的可视化表示

这个图非常复杂，我们甚至没有空间展示服务的名称（在真正的 Jaeger 用户界面中，将鼠标指针移到节点上可以看到服务的名称）。用户每次在移动应用程序上执行操作时，微服务架构都会执行一个请求，该请求可能需要几十个不同的服务来参与才能被响应。我们把这个请求的路径称为**分布式事务**。

那么，这种设计的挑战是什么呢？其实有很多：

- 为了在生产环境中运行这些微服务，我们需要一个强大的编排平台，它可以调度资源、部署容器、实现自动扩展等。手动操作这种规模的架构是不可行的，这也是如 Kubernetes 这样的项目变得如此流行的原因。
- 为了进行通信，微服务需要知道如何在网络上找到彼此，如何绕过有问题的区域，如何执行负载均衡，如何应用限流，等等。这些功能由高级 RPC 框架或外部组件来实现，如网络代理和服务网格。
- 将一个整体拆分为多个微服务实际上可能会降低可靠性。假设应用程序中有 20 个组件，并且所有组件都需要生成对单个请求的响应。那么，当我们在一个单体服务中运行这些组件时,失败模式仅限于 bug,并且可能会导致运行该单体服务的整个服务器崩溃。但是,如果以微服务的形式在不同的主机上运行这些组件,并使它们被网络分隔开,则会引入更多潜在的故障点,从网络中断到由 "嘈杂的邻居" 造成的资源限制。即使每个微服务在 99.9%的情况下都能正常运行,整个应用程序能够成功响应一个请求的概率也会变成 0.999^{20}=98.0%。因此,分布式的、基于微服务的应用程序必然变得更加复杂,例如,实现重试机制或随机并行读取以保持相同的可用性级别。

- 延迟也可能增加。假设每个微服务的平均延迟时间为 1ms,但是 99%微服务的延迟时间是 1s。只涉及其中一个服务的事务有 1%的机会延迟 1s 以上,而涉及 100 个这些服务的事务有 $1-(1-0.01)^{100}$ = 63%的机会延迟 1s 以上。
- 如果我们尝试使用传统的监控工具,那么系统的可观测性会大大降低。

当看到一些对系统请求失败或缓慢的情况时,我们希望可观测性工具可以告知关于该请求到底发生了什么情况。我们希望能够提出这样的问题:

- 请求通过了哪些服务?
- 每个微服务在处理请求时都做了什么?
- 如果请求很慢,则瓶颈在哪里?
- 如果请求失败,则错误发生在哪里?
- 请求的执行与系统的正常行为有何不同?
  - 差异是结构性的,也就是说,一些新的服务被调用了,或者相反,一些常规的服务没有被调用?
  - 这些差异是否与性能有关,也就是说,调用某些服务所花费的时间比平时更长或更短?
- 请求的关键路径是什么?
- 最重要的是,说得自私一点,应该找谁提供支持?

遗憾的是,传统的监控工具由于先天不足,无法回答微服务架构的这些问题。

传统的监控工具

传统的监控工具是为单体应用系统设计的,用于观测单个应用程序实例的运行状况和行为。它大概能告诉我们关于这个单个实例的某些方面的情况,但是对通过它的分布式事务几乎一无所知。这些工具缺少请求的上下文。

指标

"从前发生了一些不好的事情。然后结束了。"像这样的故事，你觉得怎么样？这就是图 1.5 中的图表所呈现的。它并不是完全无用的；我们确实看到了一个尖峰，当发生这种情况时，我们可以定义一个火灾警报。但是我们能解释或解决这个问题吗？

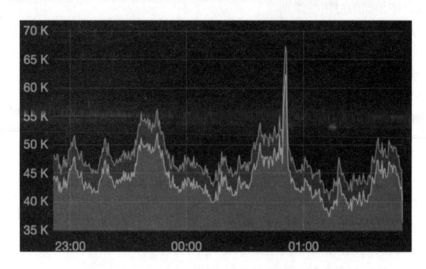

图 1.5　两个时间序列图，（假定）代表服务的访问量

度量指标和统计数据是应用程序中所记录的数值测量工具，例如计数器、仪表、计时器。收集指标数据是非常容易的事情，因为数字值可以很容易地聚合，以减少将数据传输到监控系统的开销。这些数据也相当准确，这也是它们对于实际监控（正如牛津词典中定义的那样）和警报非常有用的原因。

然而，同样的聚合能力使得度量标准不适合解释应用程序问题的细节。通过聚合数据，我们将丢失关于单个事务的所有上下文。

在第 11 章"集成指标与日志"中，我们将讨论如何集成跟踪和上下文传播，以使度量指标在丢失的上下文中更有用。然而，开箱即用的度量指标是解决基于微服务的应用程序问题的糟糕工具。

日志

日志记录是比度量指标更基本的可观测性工具。每个程序员都通过编写一个程序来学习他们的第一门编程语言，该程序打印（日志）"Hello,World!"，与指标类似，日志与微服务之间存在冲突，因为每个日志流只涉及一个服务的单个实例。然而，作为一种调试工具，不断发展的编程范式为日志制造了其他问题。构建 Google 分布式跟踪系统 Dapper[7]的 Ben Sigelman，在其 KubeCon 2016 的主题演讲[8]中将这些问题归纳为四种并发类型（见图 1.6）。

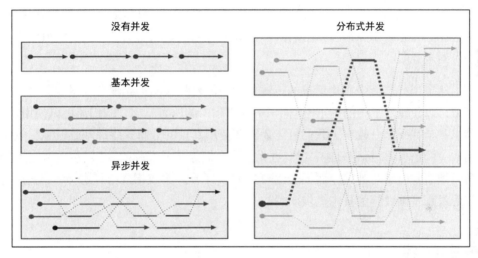

图 1.6　并发性的演变

多年前，Apache HTTP 服务器早期版本等应用程序通过分叉子进程及让每个进程一次处理一个请求来处理并发。从单个进程中收集的日志可以很好地描述应用程序内部发生的事情。

然后是多线程应用程序和基本并发。一个请求通常是由一个线程按顺序执行的，只要将线程名称包含在日志中并按该名称进行筛选，我们就仍然可以得到一个相当准确的关于请求执行的全景图。

接下来是异步并发，以及异步的基于参与者的编程、executor 线程池、future、promise 和基于事件循环的框架。单个请求的执行可以从一个线程开始，在另一个线程上继续，然后在第三个线程上完成。在事件循环系统（如 Node.js）中，所有请求都在单个线程上处理，但是当尝试进行 I/O 操作时，请求将处于等待状态，当 I/O 完成时，等待结束，请求处理将在队列中恢复。

以上两个异步并发模型都会导致每个线程在运行中的多个不同请求之间切换。对于这样一个系统，从日志中观测其行为获取信息是非常困难的，除非我们用某种表示请求的唯一 ID（而不是线程）来注释所有日志，实际上这种技术使我们的工作方式更接近分布式跟踪。

最后，微服务引入了可以被称为"分布式并发"的功能，当一个微服务对另一个微服务进行网络调用时，不仅可以在线程之间执行单个请求，还可以在进程之间跳转执行请求。尝试从这样的日志中排除请求执行的故障就像没有堆栈跟踪的调试：我们将得到小片段，但无法得到全景图。

为了从多个日志流中重建请求的传输，我们需要强大的日志聚合技术和分布式上下文传播能力，以便使用唯一的请求 ID 标识不同进程中的所有日志，我们还可以使用该 ID 将这些请求缝合在一起。现在，我们可能还需要使用真正的分布式跟踪基础设施！然而，即使使用唯一的请求 ID 标识日志，我们也无法将它们组装成准确的序列，因为来自不同服务器的时间戳通常由于时钟偏差而无法比较。在第 11 章"集成指标与日志"中，我们将看到如何使用跟踪基础设施为日志提供缺少的上下文。

分布式跟踪

一旦开始构建分布式系统，传统的监控工具就不能为整个系统提供可观测性了，因为它们的功能被设计为只观测单个组件，如程序、服务器或网络交换机。毫无疑问，单个组件可能非常有趣，但它对于一个涉及多个组件的请求却知之甚少。如果想理解为什么一个系统的行为是有问题的，我们需要知道在所有请求中，端到端究竟发生了什么请求。换句话说，我们首先需要一个宏观视图。

同时，一旦获得了宏观视图并把一个特定的组件放大，而这个组件似乎对我们的请求返回了失败响应或表明存在性能问题时，我们就需要一个该组件在处理请求时的具体情况微观视图。大多数其他工具都不能告诉我们这一点，因为它们只观测组件整体发生的"一般"情况，例如，每秒处理多少请求（指标），在给定的线程上发生了什么事件（日志），或者给定时间点上下 CPU 的线程（分析程序）。它们没有观测特定请求的粒度或上下文。

分布式跟踪采用以请求为中心的视图，它能捕获分布式系统组件在处理特定请求时执

行的因果相关活动的详细情况。在第 3 章"分布式跟踪基础"中,我将更详细地介绍它的工作原理,但简而言之:

- 跟踪基础设施将**上下文元数据**附加到每个请求上,并确保在请求执行期间传递元数据(即使一个组件通过网络与另一个组件通信)。
- 在代码中的各个**跟踪点**上,埋点将记录注释着相关信息的**事件**,例如 HTTP 请求的 URL 或数据库查询的 SQL 语句。
- 记录的事件用上下文元数据和先前事件的显式的**因果关系引用**进行标识。

这种看似简单的技术允许跟踪基础设施通过分布式系统的组件重建请求的整个路径,就如事件和它们之间的因果连线图表,我们称之为"跟踪"。跟踪允许我们解释系统如何处理请求——可以聚合各个图,以推断系统中的行为模式;可以使用各种形式的可视化显示痕迹,包括甘特图(见图 1.7)和图形表示(见图 1.8),从而提供视觉线索,以找到性能问题的根源。

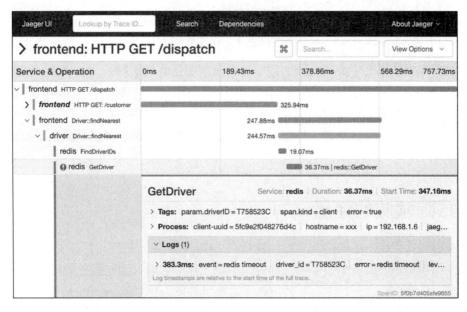

图 1.7　Jaeger UI 对 HotROD 应用程序单个请求的视图,将在第 2 章中进一步讨论。在下半部分,一个 span(名为 **GetDriver** 的 **redis** 服务,带有一个警告图标)被展开,以显示附加信息,比如标识和 span 日志

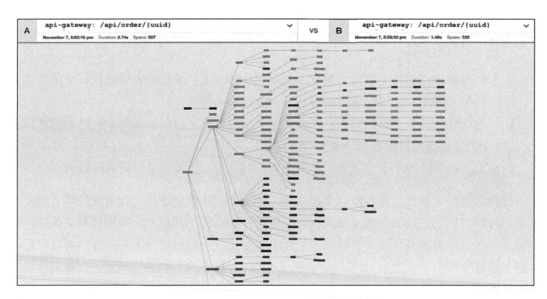

图 1.8 两个跟踪 A 和 B 的 Jaeger UI 视图在结构上以图形形式进行的比较（最好以颜色区分）。比如用浅/深绿色表示更多的或唯一在跟踪 B 中出现的服务，用浅/深红色表示更多的或唯一在跟踪 A 中出现的服务[1]

通过采用以请求为中心的视图，跟踪有助于阐明系统的不同行为。当然，正如 Bryan Cantrill 在 KubeCon 的演讲中所说的，仅仅因为有跟踪，并不意味着我们就消除了问题。在应用中，实际上需要知道如何使用它来提出复杂的问题，我们现在可以使用这个强大的工具来提出这些问题。幸运的是，分布式跟踪能够回答我们在微服务可观测性挑战部分提出的所有问题。

我在跟踪领域的经历

我在分布式跟踪方面的初次工作体验是在 2010 年前后，尽管当时我们没有使用这个术语。我为摩根斯坦利的一个贸易捕捉和处理系统工作。它通过**面向服务的架构（SOA）**来构建，整个系统内包含十几个不同的组件，这些组件作为独立的 Java 应用程序部署。系统服务于场外利率衍生产品（如掉期和期权），其复杂性很高，但交易量不大，因此大多数系

---

1 本书是单色印刷，看不出彩色效果，读者可以查阅本书配套参考资料（"六张彩图.pdf"文件），来了解图 1.8、图 2.6、图 2.9、图 2.14、图 9.6 和图 9.13 的彩色效果。

统组件都被部署为单个实例,但被部署为集群的无状态价格组件除外。

系统可观测性的挑战之一是,每一笔交易都必须经过一系列复杂的附加变更、匹配和确认流程,这些流程由系统的不同组件实现。

为了了解不同交易中的各种状态转换,我们使用了一个 APM 供应商(现在已经不起作用了),该供应商实际上实现了一个分布式跟踪平台。遗憾的是,我们在这项技术上的经验不是十分丰富,主要挑战是难以对应用程序埋点进行跟踪,这里涉及在 XML 文件中创建**面向方面编程(AOP)**风格的指令,并尝试匹配内部 API 的签名。这种方法非常脆弱,因为对内部 API 的更改会导致埋点变得无效,也没有良好的单元测试工具来执行它。将工具引入现有应用程序是采用分布式跟踪的主要困难之一,正如我们将在本书中讨论的那样。

当我在 2015 年年中加入 Uber 时,纽约的工程团队只有少数的工程师,他们中的许多人在指标度量系统中工作,这个系统后来被称为 M3。当时,Uber 才刚刚开始着手打破现有的整体架构并用微服务取代它。这个 Python 单体应用被恰当地称为 "API",后来被另一个 Uber 自主开发的跟踪系统 Merckx 进行了埋点。

Merckx 的主要缺点是它在单体时代的设计缺陷。它缺少分布式上下文传播的所有概念。它记录了 SQL 查询、Redis 调用,甚至对其他服务的调用,但没有办法超过一级深度。它还将现有的进程内上下文存储在全局本地线程存储中,当 Uber 上的许多新的 Python 微服务开始采用基于事件循环的框架 Tornado 时,Merckx 中的传播机制无法表示在同一线程中运行的多个并发请求的状态。当我加入 Uber 时,Merckx 处于维护状态,几乎没有人使用它,即使它有活跃的用户。考虑到纽约工程团队新的可观测性主题,我和另一位工程师 Onwukike Ibe 一起,开始着手构建一个成熟的分布式跟踪系统。

过去我对构建这样的系统没有经验,但是在阅读了谷歌的 Dapper 论文之后,我觉得那看起来很简单。另外,已经有了 Dapper 的开源克隆项目 Zipkin,它最初由 Twitter 公司构建。遗憾的是,Zipkin 不适合我们。

2014 年,Uber 开始构建自己的 RPC 框架 TChannel。它在开源世界并没有真正流行起来,但当我开始涉猎跟踪领域时,Uber 的许多服务已经在使用该框架进行进程间通信了。该框架内置了跟踪工具,甚至能被本机的二进制协议格式所支持。所以,我们已经在生产环境中留下了痕迹,只是没有收集和存储这些内容。

我使用 Go 语言编写了一个简单的收集器,用于收集由 TChannel 以自定义 Thrift 格式生成的跟踪信息，并以 Zipkin 项目使用的相同格式将它们存储在 Cassandra 数据库中。这使得我们可以将收集器与 Zipkin UI 一同部署，这就是 Jaeger 的诞生。你可以在 Uber 工程师博客[9]的文章中阅读更多关于这方面的内容。

然而，拥有一个可工作的跟踪后端仅仅是战斗的一半，尽管 TChannel 被一些较新的服务积极使用，但更多的现有服务正在通过 HTTP 使用普通的 JSON，以及通过不同编程语言编写的各种 HTTP 框架。在一些语言中，例如 Java，TChannel 甚至不可用或者不够成熟。因此，我们需要解决与在摩根斯坦利时遇到的相同的跟踪失败问题：如何将跟踪工具引入数百个用不同的技术栈实现的现有服务中。

幸运的是，我参加了一个由 Adrian Cole 组织的 Zipkin 从业者研讨会，他来自 Zipkin 项目的主要维护单位 Pivotal。会上，每个人都在想同样的问题。Ben Sigelman 在那年早些时候创建了自己的公司 LightStep，专注于可观测性领域，他也在研讨会上提议创建一个用于标准化跟踪 API 的项目，该项目可由不同的跟踪供应商独立实现，用于为许多现有的框架和驱动程序创建完全与供应商无关的、开源的、可重用的跟踪工具。我们集思广益地讨论了 API 的初始设计思路，后来它成为 OpenTracing 项目[10]（更多内容见第 6 章"跟踪标准与生态系统"）。本书中的所有示例都使用 OpenTracing API 进行埋点。

OpenTracing API 仍在发展，这是另一个故事的主题。然而，即使是 OpenTracing 的最初版本，也让我们心安，如果我们开始在 Uber 大规模采用它，就不会将自己困在一个特定的实现中。让不同的供应商和开源项目参与 OpenTracing 的开发是非常令人振奋的。我们使用多种语言（Java、Go、Python 和 Node.js）实现了特定于 Jaeger 的、完全开放的兼容跟踪库，并开始在 Uber 的微服务系统上滚动发布使用它们。上次我检查的时候，我们用 Jaeger 检测了近 2400 个微服务。

从那以后，我就一直在分布式跟踪领域工作。Jaeger 项目已经发展得很成熟。最终，我们使用 Jaeger，并用一种更现代的、基于 React 构建的用户界面取代了 Zipkin 用户界面。我们于 2017 年 4 月开放了所有 Jaeger 的源代码，从客户端库到后端组件。

通过支持 OpenTracing，我们能够使用托管在 GitHub[11]上的正飞速发展的来自 `opentracing-contrib` 组织的开源工具生态系统，而无须像其他一些项目那样编写自己的代码。这使得 Jaeger 开发人员可以集中精力构建一个具有数据分析和可视化特性的一流跟踪后端。许多其他跟踪解决方案都借鉴了 Jaeger 中首次引入的特性，就像 Jaeger 借鉴了 Zipkin 的初始特性集一样。

2017 年秋季，Jaeger 被 CNCF 视为一个孵化项目，跟住了 OpenTracing 项目的脚步。这两个项目都非常活跃，有数百位贡献者，并且被世界上许多组织使用。中国巨头阿里巴巴甚至将托管的 Jaeger 作为其阿里云服务的一部分[12]。我可能会花 30%~50%的时间与这两个项目的贡献者协作，包括对 pull request 和新特性设计的代码审查。

为何编写本书

当我加入 Uber 开始研究分布式跟踪时，那里的信息并不多。Dapper 论文给出了基础概述，Raja Sambasivan 等人的技术报告[13]提供了非常有用的历史背景。但是几乎没有一本合适的书能回答更实际的问题，比如：

- 在大型组织中，应该从哪里开始跟踪？
- 如何推动跨现有系统采用跟踪工具？
- 埋点是如何工作的？基本要素是什么？推荐的模式是什么？
- 如何从跟踪中获得最大的收益和投资回报？
- 该如何处理所有的跟踪数据？
- 如何在生产环境中而不是在示例应用程序中对跟踪后端程序进行运维？

2018 年年初，我意识到，我对这些问题能给出很好的答案，而大多数刚刚开始研究跟踪的人无法做到，目前也没有全面的指南出版。如果不理解底层概念，那么即使是基本的埋点步骤，也常常会让人感到困惑，Jaeger 和 OpenTracing 聊天室中发布的许多问题就证明了这一点。

当我在 2017 年的 Velocity NYC 会议上提供 OpenTracing 教程时，我创建了一个 GitHub 代码库，其中包含了针对埋点的分步骤编程演练，从基本的"Hello, World!"程序到基于微服务的小型应用程序。教程使用多种编程语言实现（我最初使用 Java、Go 和 Python 创建了一些教程，后来其他人使用 Node.js 和 C#创建了更多教程）。我一次又一次地看到了这些最简单的教程是如何帮助他人入门的，如图 1.9 所示。

所以，我在想，也许我应该写一本书，不仅要涵盖埋点教程，还要对跟踪领域进行全面的概述，从它的历史和基本原理，到从哪里开始使用跟踪技术，以及如何从跟踪中获得最大好处。令我惊讶的是，Packt 出版公司的 Andrew Waldron 向我伸出了手，主动提出要做到这一点。剩下的事情，或者更确切地说，就是这本书了。

图 1.9　关于教程的反馈

一个让我不愿意开始写作的原因是，尽管分布式跟踪系统的基本思想并不新鲜，跟踪也重新受到了许多关注，但由于微服务和 Serverless 的蓬勃发展，它们对可观测性解决方案的需求差异也是巨大的。因此，这方面发生了很多变化，我写的任何内容都有可能会很快过时。将来，OpenTracing 也可能会被一些更高级的 API 所取代。然而，我认为这本书不是关于 OpenTracing 或 Jaeger 的。我用它们作为例子，因为它们是我最熟悉的项目，而书中介绍的思想和概念与这些项目无关。如果你决定使用 Zipkin 的 Brave 库、OpenCensus，甚至某些供应商的专有 API 对应用程序进行埋点，那么埋点基础和分布式跟踪机制将是相同的，我在后面几章中给出的关于实际应用程序和跟踪采用的建议将同样适用。

总结

在这一章中，我们从一个很高的维度对新流行的架构风格、微服务和 FaaS 引起的可观测性问题进行了探讨，讨论了为什么传统的监控工具无法填补这一空白，而分布式跟踪提供了一种独特的方法，在系统执行单个请求时，既可以获得系统行为的宏观视图，也可以获得系统行为的微观视图。

我还谈到了自己的经验，以及我写这本书的原因：为了给将要进入跟踪领域的工程师们提供全面的指导。

在下一章中，我们将通过运行一个跟踪后端和基于微服务的演示应用程序，深入了解跟踪技术，用端到端跟踪功能的具体示例来补充介绍中的声明。

参考资料

[1] Martin Fowler, James Lewis. Microservices: a definition of this new architectural term: 链接 1.

[2] Cloud Native Computing Foundation (CNCF) Charter: 链接 2.

[3] CNCFprojects: 链接 3.

[4] Bryan Cantrill. Visualizing Distributed Systems with Statemaps. Observability Practitioners Summit at KubeCon/CloudNativeCon NA 2018, December 10: 链接 4.

[5] Vijay Gill. The Only Good Reason to Adopt Microservices: 链接 5.

[6] Global Microservices Trends Report: 链接 6.

[7] Benjamin H. Sigelman, Luiz A. Barroso, Michael Burrows, Pat Stephenson, Manoj Plakal, Donald Beaver, Saul Jaspan, and Chandan Shanbhag. Dapper, a large-scale distributed system tracing infrastructure. Technical Report dapper-2010-1, Google, April 2010.

[8] Ben Sigelman. Keynote: OpenTracing and Containers: Depth, Breadth, and the Future of Tracing. KubeCon/CloudNativeCon North America, 2016, Seattle: 链接 7.

[9] Yuri Shkuro. Evolving Distributed Tracing at Uber Engineering. Uber Eng Blog, February 2, 2017: 链接 8.

[10] The OpenTracing Project: 链接 9.

[11] The OpenTracing Contributions: 链接 10.

[12] Alibaba Cloud documentation. OpenTracing implementation of Jaeger: 链接 11.

[13] Raja R. Sambasivan, Rodrigo Fonseca, Ilari Shafer, Gregory R. Ganger. So, You Want to Trace Your Distributed System? Key Design Insights from Years of Practical Experience. Carnegie Mellon University Parallel Data Lab Technical Report CMU-PDL-14-102. April 2014.

2

跟踪一次 HotROD 之旅

一幅画胜过千言万语。到目前为止,我们只把分布式跟踪作为抽象的名词来讨论。在本章中,我们将通过具体示例介绍跟踪系统提供的诊断和故障排除工具。我们将使用 Jaeger(发音为\yā-gər\),这是一个开源的分布式跟踪系统,最初是由 Uber 公司[1]创建的,现被托管在 CNCF[2]中。

本章将:

- 介绍由 Jaeger 项目提供的一个示例应用程序 HotROD,它使用微服务构建,并使用 OpenTracing API 进行埋点（我们将在第 4 章"OpenTracing 的埋点基础"中详细讨论 OpenTracing）。
- 使用 Jaeger 的用户界面了解 HotROD 应用程序的架构和数据流。
- 将应用程序的标准日志记录输出与分布式跟踪的上下文日志记录功能进行比较。
- 调查并尝试修复应用程序中延迟的根本原因。
- 演示 OpenTracing 的分布式上下文传播特性。

先决条件

本章包含所有相关的屏幕截图和代码片段，但强烈建议你尝试运行示例并探索 Web UI 的功能，以便更好地了解类似于 Jaeger 等分布式跟踪解决方案的功能。

Jaeger 后端和演示应用程序都可以作为 macOS、Linux 和 Windows 的可下载的二进制文件、Docker 容器运行，或者直接从源代码运行。由于 Jaeger 是一个正在开发的项目，所以当你阅读本书时，一些代码组织或发行版可能已经更改。为了确保你遵循本章中描述的相同步骤，我们将使用 2018 年 7 月发布的 **Jaeger 1.6.0 版**。

从预打包的二进制文件运行

下载预打包的二进制文件可能是最简单的开始方法，因为它不需要额外的设置或安装。所有 Jaeger 后端组件及 HotROD 演示应用程序都可以作为 macOS、Linux 和 Windows 的可执行二进制文件从 GitHub 获得[1]。例如，要在 macOS 上运行二进制文件，请下载压缩包 jaeger-1.6.0-darwin-amd64.tar.gz 并将其内容提取到一个目录中：

```
$ tar xvfz jaeger-1.6.0-darwin-amd64.tar.gz
x jaeger-1.6.0-darwin-amd64/
x jaeger-1.6.0-darwin-amd64/example-hotrod
x jaeger-1.6.0-darwin-amd64/jaeger-query
x jaeger-1.6.0-darwin-amd64/jaeger-standalone
x jaeger-1.6.0-darwin-amd64/jaeger-agent
x jaeger-1.6.0-darwin-amd64/jaeger-collector
```

这个压缩包包括 Jaeger 后端的生产环境级别的二进制文件，即 jaeger-query、

---

[1] 请查看本书配套参考资料（"参考资料.pdf"文件），参见其中第 2 章下的"链接地址"。

`jaeger-agent` 和 `jaeger-collector`，在本章中将不使用这些文件。我们只需要 Jaeger 后端 `jaeger-standalone`，它将所有后端组件组合成一个可执行文件，且没有附加的依赖性。

Jaeger 后端在六个不同的端口上监听，因此，如果遇到端口冲突，你可能需要找出其他哪些软件在相同的端口上监听，并暂时关闭它们。如果你将 Jaeger all-in-one 作为 Docker 容器运行，那么端口冲突的风险将大大降低。

可执行的 `example-hotrod` 是 HotROD 演示应用程序，我们将在本章中使用它来演示分布式跟踪的特性。

从 Docker 镜像运行

与大多数为云原生时代设计的软件一样，Jaeger 组件以 Docker 容器镜像的形式分布，因此，我们建议安装 Docker 容器镜像工作环境。有关安装说明，请参阅 Docker 文档。要快速验证 Docker 设置，请运行以下命令：

```
$ docker run --rm jaegertracing/all-in-one:1.6 version
```

你可能首先看到一些 Docker 输出，因为它在下载容器镜像，然后看到程序的输出：

```
{"gitCommit":"77a057313273700b8a1c768173a4c663ca351907","GitVersion":"v1.6.0","BuildDate":"2018-07-10T16:23:52Z"}
```

从源代码运行

HotROD 演示应用程序包含一些标准的跟踪工具，以及一些定制的工具技术，这些技术可以让你更深入地了解应用程序的行为和性能。我们将在本章中讨论这些技术，并给出一些代码示例。如果你想深入了解代码并对其进行调整，则建议你下载完整的源代码。

Go 语言开发环境

HotROD 应用程序与 Jaeger 本身一样，是使用 Go 语言实现的，因此需要 Go v1.10 或更高版本的开发环境从源代码运行它。有关安装说明，请参阅 Go 文档。

Jaeger 源代码

HotROD 应用程序位于 Jaeger 后端主代码库的 `examples` 目录中。如果安装了 Git，则可以按如下方式检出源代码：

```
$ mkdir -p $GOPATH/src/github.com/jaegertracing
$ cd $GOPATH/src/github.com/jaegertracing
$ git clone https://github.com/jaegertracing/jaeger.git jaeger
$ cd jaeger
$ git checkout v1.6.0
```

或者，你可以从 Jaeger 发布页面下载源代码包，并确保将代码提取到 `$GOPATH/src/github.com/jaegertracing/jaeger/` 目录中。

Jaeger 1.6 使用 `Masterminds/glide` 作为依赖关系管理器，因此你需要安装它：

```
$ go get -u github.com/Masterminds/glide
```

在安装 `glide` 后，运行它下载 Jaeger 所依赖的库：

```
$ cd $GOPATH/src/github.com/jaegertracing/jaeger/
$ glide install
```

现在，你应该能够构建和运行 HotROD 二进制文件了：

```
$ go run ./examples/hotrod/main.go help
HotR.O.D. - A tracing demo application.

Usage:
  jaeger-demo [command]

Available Commands:
  all                Starts all services

  customer           Starts Customer service
  driver             Starts Driver service
    frontend         Starts Frontend service
    help             about any command
    route            Starts Route service
[... skipped ...]
```

也可以从源代码运行 Jaeger 后端。然而，它需要额外设置 Node.js 来编译 UI 文件，而这些静态 UI 文件甚至可能无法在类似于 Windows 的操作系统上工作，因此不推荐在本章的示例中使用。

启动 Jaeger

在运行演示应用程序之前，让我们确保可以运行 Jaeger 后端来收集跟踪数据，否则可能会得到很多错误日志。生产环境级别的 Jaeger 后端安装将由许多不同的组件组成，包括一些高度可扩展的数据库，如 Cassandra 或 Elasticsearch。而我们的实验不需要那么复杂，甚至不需要持久层。幸运的是，Jaeger 发行版包含一个特殊的组件，称为 **all-in-one**。它运行一个进程，嵌入一个普通版本的 Jaeger，包括 Web 用户界面。它不使用持久化存储，而是将所有跟踪数据保存在内存中。

如果使用 Docker，则可以使用以下命令运行 Jaeger all-in-one：

```
$ docker run -d --name jaeger \
    -p 6831:6831/udp \
    -p 16686:16686 \
    -p 14268:14268 \
    jaegertracing/all-in-one:1.6
```

-d 标志使进程在后台运行，与终端分离。--name 标志设置了一个名称，通过该名称，其他 Docker 容器可以定位此进程。我们还使用-p 标志来暴露 Jaeger 后端正在监听的主机网络上的三个端口。

第一个端口 6831/udp 用于从使用 Jaeger 跟踪器检测的应用程序接收跟踪数据，第二个端口 16686 被分配给 Web UI。我们还映射了第三个端口 14268，以防在出现 UDP 包限制问题时，需要使用 HTTP 传输来发送跟踪数据（讨论如下）。

例如，该进程还监听其他端口，以接受其他格式的跟踪，但它们与我们的练习无关。一旦容器启动，在浏览器中打开 `http://127.0.0.1:16686/` 就可以访问用户界面。

如果选择下载二进制文件而不是 Docker 镜像，则可以运行名为 `jaeger-standalone` 的可执行文件，而不需要任何参数，同样可以监听相同的端口。`jaeger-standalone` 是用于构建 `jaegertracing/all-in-one` Docker 镜像的二进制文件（在 Jaeger 的较新版本中,它已被重命名为 jaeger-all-in-one)。

```
$ cd jaeger-1.6.0-darwin-amd64/
$ ./jaeger-standalone
[... skipped ...]
{"msg":"Starting agent"}
{"msg":"Starting jaeger-collector TChannel server","port":14267}
{"msg":"Starting jaeger-collector HTTP server","http-port":14268}
[... skipped ...]
{"msg":"Starting jaeger-query HTTP server","port":16686}
{"msg":"Health Check state change","status":"ready"}
[... skipped ...]
```

为了提高可读性,我们删除了日志语句的一些字段(级别、时间戳和调用者)。

由于 all-in-one 二进制文件使用内存中的数据库运行 Jaeger 后端,而该数据库最初是空的,因此现在在用户界面中看不到太多内容(见图 2.1)。

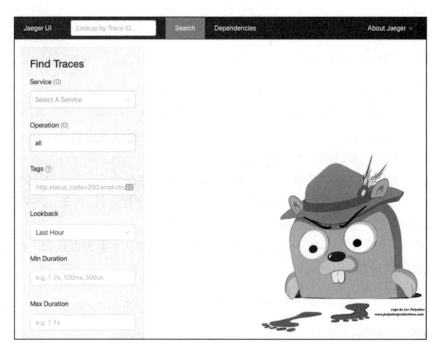

图 2.1　Jaeger 用户界面首页:搜索

然而，Jaeger 后端启用了自我跟踪，因此，如果重新加载主页几次，就会在左上角的 **Service** 下拉列表中显示 **jaeger-query**，这是运行 UI 组件的微服务的名称。我们现在可以单击 **Search** 按钮来找到一些跟踪信息，但是让我们先运行演示应用程序来获取更有趣的跟踪信息。

初识 HotROD

HotROD 是一个由 Jaeger 项目维护的模拟"顺风车"应用程序（**ROD** 代表 **Rides on Demand**，按需搭乘）。稍后我们将讨论它的架构，但首先要尝试运行它。如果使用 Docker，则可以使用以下命令运行它：

```
$ docker run --rm -it \
    --link jaeger \
    -p8080-8083:8080-8083 \
    jaegertracing/example-hotrod:1.6 \
    all \
    --jaeger-agent.host-port=jaeger:6831
```

让我们快速回顾一下这个命令在做什么：

- `rm` 标志指示 Docker 在程序退出后自动移除容器。
- `it` 标志将容器的标准输入/输出流连接到终端。
- `link` 标志告诉 Docker 在容器的网络命名空间中提供主机名 `jaeger`，并将其解析为我们之前启动的 Jaeger 后端。
- 镜像名称之后的字符串 `all` 是 HotROD 应用程序的命令，指示它从同一进程运行所有微服务。可以将每个微服务作为一个单独的进程运行，甚至在不同的机器上，模拟真正的分布式应用程序，我们将此留作练习。
- 最后一个标志告诉 HotROD 应用程序将跟踪器配置为将数据发送到主机名 `jaeger` 上的 UDP 端口 `6831`。

要从下载的二进制文件运行 HotROD，请运行以下命令：

```
$ example-hotrod all
```

如果我们同时从二进制文件运行 Jaeger all-in-one 和 HotROD 应用程序，它们会将端口直接绑定到主机网络，并且由于标志的默认值，它们可以在不进行任何其他配置的情况下找到彼此。

有时，由于操作系统中的默认 UDP 设置，用户在从 HotROD 应用程序获取跟踪信息时会遇到问题。Jaeger 客户端库的每一个 UDP 包最多可批处理 65 000 个字节，这仍然是一个安全的数字，可以通过环回接口（即 `localhost`）发送，而不会产生数据包碎片。然而，例如，对于最大数据包大小，macOS 的默认值要低得多。另一种选择是不调整操作系统设置，而是在 Jaeger 客户端和 Jaeger 后端之间使用 HTTP。这可以通过将以下标志传递给 HotROD 应用程序来实现：

`--jaeger-agent.host-port=http://localhost:14268/api/traces`

或者，如果使用 Docker 网络命名空间：

`--jaeger-agent.host-port=http://jaeger:14268/api/traces`

一旦 HotROD 进程启动，写入标准输出的日志就将显示多个微服务在不同的端口上启动（为了获得更好的可读性，我们删除了时间戳和对源文件的引用）：

```
INFO Starting all services
INFO Starting {"service": "route", "address":
"http://127.0.0.1:8083"}
INFO Starting {"service": "frontend", "address":
"http://127.0.0.1:8080"}
INFO Starting {"service": "customer", "address":
"http://127.0.0.1:8081"}
INFO TChannel listening {"service": "driver", "hostPort":
"127.0.0.1:8082"}
```

让我们访问应用程序的 Web 前端：`http://127.0.0.1:8080/`，如图 2.2 所示。

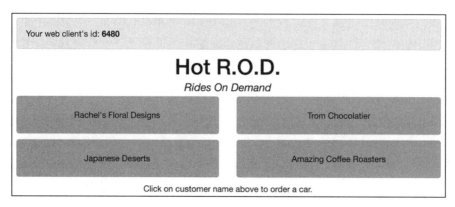

图 2.2　HotROD 单页 Web 应用程序

我们有四个客户，通过单击四个按钮中的一个，我们召唤一辆汽车到达客户所在地，也许是去接载一个产品并把它送到其他地方。一旦一辆汽车的请求被发送到后端，它就会用该汽车的车牌号 **T757183C** 和预期到达时间（2 分钟）进行响应，如图 2.3 所示。

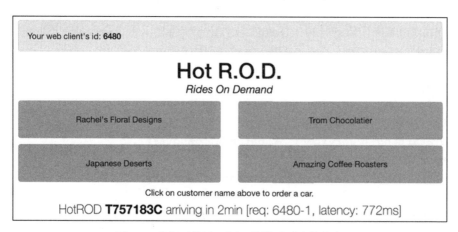

图 2.3　我们下单了一辆 2 分钟后到达的汽车

屏幕上有一些调试信息：

1. 在左上角，有一个 Web 客户端 ID：**6480**。这是由 JavaScript UI 分配的随机会话 ID。如果重新加载页面，我们会得到一个不同的会话 ID。

2. 在车辆信息后的括号中，我们看到一个请求 ID：**req: 6480-1**。这是一个由 JavaScript UI 分配给后端的每个请求的唯一 ID，由会话 ID 和序列号组成。

3. 最后一位调试数据，延迟：**772ms**，由 JavaScript UI 测量，并显示后端响应所用的时间。

这些附加信息对应用程序的行为没有影响，但在我们研究性能问题时会很有用。

架构

现在我们已经了解了 HotROD 应用程序的功能，我们可能还想知道它是如何构建的。毕竟，我们在日志中看到的所有服务器都只是为了展示，整个应用程序只是一个 JavaScript 前端。如果我们的监控工具能够通过观察服务之间的交互来自动构建架构图，而不是要求某人提供设计文档，那么这难道不是很好吗？这正是像 Jaeger 这样的分布式跟踪系统所能做到的。我们之前对一辆汽车的请求为 Jaeger 提供了足够的数据来连接这些点。

让我们转到 Jaeger UI 中的 **Dependencies** 页。首先，我们将看到一个名为 **Force Directed Graph** 的小图表，但是可以忽略它，因为这个特定的视图实际上是为显示包含数百个甚至数千个微服务的架构而设计的。相反，单击 **DAG**（**Directed Acyclic Graph**）选项卡，它显示了更易于阅读的图表。图表布局是非确定性的，因此你的视图的二级节点的顺序可能与图 2.4 所示屏幕截图中的顺序不同。

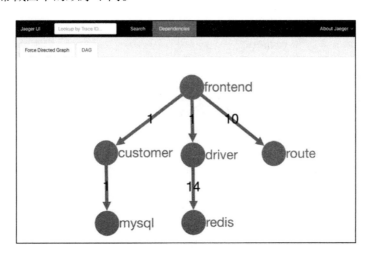

图 2.4　基于经验性构造的服务调用图

事实证明，单个 HotROD 二进制文件实际上运行着四个微服务，显然还有两个存储后端：`redis` 和 `mysql`。存储节点实际上不是真实的：它们被应用程序模拟为内部组件，但前四个微服务确实是真实的。我们看到它们每一个都记录了其运行的服务器的网络地址。`frontend` 微服务运行着 JavaScript UI，并对其他三个微服务进行 RPC 调用。

该图还显示了为处理对汽车的单个请求而进行的调用数，例如，`route` 服务被调用了 10 次，`redis` 服务被调用了 14 次。

数据流

我们已经了解到应用程序由几个微服务组成。请求流到底是什么样子的？现在是时候看看实际的跟踪了。让我们转到 Jaeger 用户界面中的搜索页面。在 **Find Traces** 标题下，**Service** 下拉列表中包含了我们在依赖关系图中看到的服务的名称。因为我们知道 frontend 是根服务，所以选择它并单击 **Find Traces** 按钮（见图 2.5）。

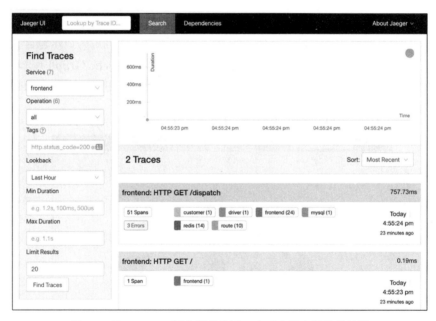

图 2.5　从 **frontend** 服务搜索最近 1 小时内所有跟踪的结果

系统发现了两个跟踪并显示了有关它们的一些元数据，比如跟踪涉及的不同服务的名称，以及发送给 Jaeger 的每个服务的 span 数（参见图 2.6）。我们将忽略加载 JavaScript UI 的第二个跟踪，重点关注名为 **frontend: HTTP GET /dispatch** 的第一个跟踪。这个名称是服务名称 frontend 和顶层 span 的操作名称的组合，在本例中是 **HTTP GET /dispatch**。

图 2.6　跟踪时间线视图。顶部是跟踪的名称，它由服务名称和根 span 的操作名称组合而成。左边是微服务之间及微服务内部调用的层次结构（内部操作也可以表示为 span）。从 **frontend** 服务到 **route** 服务的调用被折叠以节省空间。从 **driver** 服务到 **redise** 服务的一些调用中有红色圆圈，其中包含白色感叹号，表示操作中出错。右边是甘特图，在水平时间线上显示 span。甘特图是交互式的，单击 span 可以显示其他信息

在右侧，我们看到记录的总持续时间是 **757.73ms**。比我们在 HotROD 用户界面中看到的 **772ms** 短，这并不奇怪，因为后者是由 JavaScript 从 HTTP 客户端测量的，而前者是由 Go 后端报告的。这两个数字之间的 **14.27ms** 差异可归因于网络延迟。让我们单击跟踪标题栏。

时间线视图将跟踪的典型视图显示为嵌套 span 的时间序列，其中 span 表示单个服务中的工作单元。顶层的 span，也被称为**根 span**，表示 frontend 服务（服务器 span）处理来自 JavaScript UI 的主 HTTP 请求，该服务又调用 customer 服务，然后调用 MySQL 数据库。span 的宽度与给定操作所用的时间成正比。这可能代表正在进行一些操作，或者等待下游服务的返回。

从这个视图中，我们可以看到应用程序如何处理请求：

1. frontend 服务通过/dispatch 端点接受外部 HTTP GET 请求。

2. frontend 服务通过/customer 端点向 customer 服务发出 HTTP GET 请求。

3. customer 服务在 MySQL 中执行 SELECT SQL 语句。结果返回到 frontend 服务。

4. 然后 frontend 服务发出一个 RPC 请求（Driver::findNearest）给 driver 服务。如果不深入了解跟踪详细信息，我们就无法判断哪个 RPC 框架用于发出此请求，但我们可以猜测它不是 HTTP（它实际上是通过 TChannel[1]发出的）。

5. driver 服务对 redis 进行一系列调用。其中一些调用显示一个带有感叹号的红色圆圈，表示调用失败。

6. 在此之后，frontend 服务向 route 服务的/route 端点发送了一系列 HTTP GET 请求。

7. 最后，frontend 服务将结果返回给外部调用者（例如 UI）。

我们可以通过查看端到端跟踪工具提供的高层次甘特图来了解所有这些调用。

上下文日志

现在我们对 HotROD 应用程序的功能有了一个很好的了解，但不是特别清楚它是如何做到的。例如，为什么 frontend 服务调用 customer 服务的/customer 端点？当然，我们可以查看源代码，但我们正试图从应用程序监控的角度来处理这一问题。我们可以选择的一个方向是查看应用程序写入其标准输出的日志（见图 2.7）。

```
1531968242317134503     INFO    Finding nearest drivers {"service": "frontend", "component": "driver_client", "location": "115,277"}
1531968242317593387     INFO    Searching for nearby drivers    {"service": "driver", "location": "115,277"}
1531968242322501309     INFO    Finding route   {"service": "frontend", "component": "route_client", "pickup": "467,173", "dropoff": "115,277"}
1531968242322684885     INFO    HTTP request received   {"service": "route", "method": "GET", "url": "/route?dropoff=115%2C277&pickup=467%2C173"}
1531968242335023183     INFO    Finding route   {"service": "frontend", "component": "route_client", "pickup": "166,691", "dropoff": "115,277"}
1531968242335242627     INFO    HTTP request received   {"service": "route", "method": "GET", "url": "/route?dropoff=115%2C277&pickup=166%2C691"}
1531968242339589331     INFO    Found drivers   {"service": "driver", "drivers": ["T787415C", "T761083C", "T753790C", "T786749C", "T713050C", "T757938C
", "T767904C", "T779359C", "T767428C", "T766598C"]}
1531968242359180866     INFO    Finding route   {"service": "frontend", "component": "route_client", "pickup": "151,188", "dropoff": "115,277"}
1531968242359469480     INFO    HTTP request received   {"service": "route", "method": "GET", "url": "/route?dropoff=115%2C277&pickup=151%2C188"}
1531968242386831602     ERROR   redis timeout   {"service": "driver", "driver_id": "T753790C", "error": "redis timeout"}
1531968242386879546     ERROR   Retrying GetDriver after error  {"service": "driver", "retry_no": 1, "error": "redis timeout"}
1531968242388237569     INFO    Finding route   {"service": "frontend", "component": "route_client", "pickup": "160,975", "dropoff": "115,277"}
1531968242388446722     INFO    HTTP request received   {"service": "route", "method": "GET", "url": "/route?dropoff=115%2C277&pickup=160%2C975"}
1531968242449990791     INFO    Found routes    {"service": "frontend", "routes": [{},{},{},{},{},{},{},{},{},{}]}
1531968242450021938     INFO    Dispatch successful     {"service": "frontend", "driver": "T786068C", "eta": "2m0s"}
1531968242468210683     ERROR   redis timeout   {"service": "driver", "driver_id": "T767904C", "error": "redis timeout"}
1531968242468278287     ERROR   Retrying GetDriver after error  {"service": "driver", "retry_no": 1, "error": "redis timeout"}
1531968242512304695     INFO    Search successful       {"service": "driver", "num_drivers": 10}
1531968242512752597     INFO    Found drivers   {"service": "frontend", "drivers": [{"DriverID":"T787415C","Location":"554,320"},{"DriverID":"T761083C"
,"Location":"329,558"},{"DriverID":"T753790C","Location":"209,937"},{"DriverID":"T786749C","Location":"404,94"},{"DriverID":"T713050C","Location":"29,3
00"},{"DriverID":"T757938C","Location":"41,793"},{"DriverID":"T767904C","Location":"510,171"},{"DriverID":"T779359C","Location":"483,538"},{"DriverID":
"T767428C","Location":"921,362"},{"DriverID":"T766598C","Location":"784,170"}]}
1531968242512834524     INFO    Finding route   {"service": "frontend", "component": "route_client", "pickup": "554,320", "dropoff": "115,277"}
1531968242512851807     INFO    Finding route   {"service": "frontend", "component": "route_client", "pickup": "329,558", "dropoff": "115,277"}
1531968242512832572     INFO    Finding route   {"service": "frontend", "component": "route_client", "pickup": "209,937", "dropoff": "115,277"}
```

图 2.7 典型的日志输出

从这些日志中跟踪应用程序逻辑是相当困难的，在这里看到的仅仅是应用程序执行单个请求时的日志。

我们也很幸运，来自四个不同微服务的日志被组合在一起，或多或少保持了一致。想象一下，许多并发请求通过系统和运行在不同进程中的微服务传递！在这种情况下，这些日志将变得几乎毫无用处。所以，我们换一种方法，查看跟踪系统收集的日志。例如，单击根 span 展开，然后单击 **Logs（18）** 部分展开并查看日志（18 指在此 span 内捕获的日志语句数）。这些日志可以让我们更深入地了解`/dispatch`端点在做什么（见图 2.8）：

1. 它调用`customer`服务来查找给定`customer_id=123`的客户的一些信息。
2. 然后它查找到离客户位置（115,277）最近的 *N* 个空闲的司机。从甘特图中，我们知道这是通过调用`driver`服务完成的。
3. 最后，它调用`route`服务来查找司机位置（表示为“pickup”）和客户位置（表示为“drop-off”）之间的最短路线。

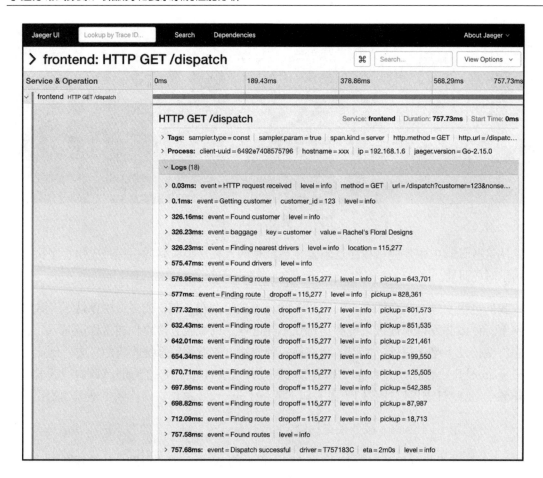

图 2.8　跟踪系统在根 span 中记录的日志。
为了保护隐私，主机名在所有屏幕截图中都被屏蔽

让我们关闭根 span 并打开另一个 span；具体来说，其中一个 `redis` 调用失败（见图 2.9）。span 有一个 `error=true` 标记，这就是 UI 突出显示它失败的原因。日志语句将错误的性质解释为 "redis 超时"。日志还包括 `driver_id`，这个值是 `driver` 服务试图从 `redis` 得到的。所有这些细节在调试期间可能都提供了非常有用的信息。

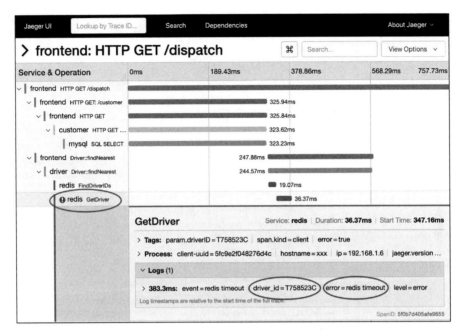

图 2.9　在 redis 服务中,单击失败的 GetDriver span 后展开详细信息,redis 服务用红色圆圈中的白色感叹号标识。日志条目解释了这是一个 redis 超时,并指出从数据库中查询的是哪个 driver ID

跟踪系统的独特特征是它只显示在执行给定请求期间产生的日志。我们将这些日志称为上下文化的,因为它们不仅在特定请求的上下文中被捕获,而且在该请求的跟踪中的特定 span 的上下文中被捕获。

在传统的日志输出中,这些日志语句可能会与许多来自并行请求的其他语句混合在一起,但是在跟踪系统中,它们与相关的服务和 span 完全隔离。上下文日志允许我们关注应用程序的行为,而不必担心来自程序其他部分或其他并发请求的日志。

如我们所见,使用甘特图、span 标记和 span 日志的组合,端到端跟踪工具使我们能够轻松了解应用程序的架构和数据流,并使我们能够放大单个操作的细节。

span 标记与日志

让我们再展开几个 span(见图 2.10)。

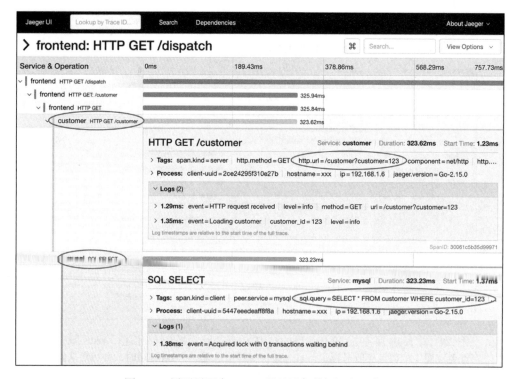

图 2.10　展开了两个 span，以显示各种标记和日志。
每个 span 还包含一个名为 "Process" 的部分，它看起来像一组标记。
流程标记描述了生成跟踪记录的应用程序，而不是单个 span

在 customer span 中，我们可以看到一个 http.url 标记，它显示/customer 端点处的请求有一个 customer=123 参数，以及在这两个 span 内执行的日志。在 mysql span 中，我们看到一个 sql.query 标记，显示执行的确切的 SQL 查询：SELECT*FROM customer WHERE customer_id=123，以及获取某个锁的日志。

span 标记和 span 日志有什么区别呢？它们都用一些上下文信息来注释 span。标记通常被应用于整个 span，而日志表示在 span 执行期间发生的一些事件。日志的时间戳总是在 span 的开始-结束时间间隔内。跟踪系统不会以这种方式显式地跟踪日志事件之间的因果关系，它跟踪 span 之间的因果关系，因为它可以从时间戳推断出来。

敏锐的读者会注意到/customer span 在 http.url 标记和第一个日志中记录了请求的 URL 两次。后者实际上是冗余的，它在 span 中已被捕获，出现重复的原因是代码使用普通的日志记录工具记录了这些信息，我们将在本章后面进行讨论。

OpenTracing 规范[3]定义了语义数据约定，这些约定为常见场景指定某些已知的标记名称和日志字段。建议使用这些名称来确保向跟踪系统报告定义良好的数据，并且可以跨不同的跟踪后端进行移植。

确定延迟的来源

到目前为止，我们还没有讨论 HotROD 应用程序的性能问题。如果参考图 2.6，我们可以很容易地得出以下结论：

1. 对 `customer` 服务的调用处于关键路径上，因为在返回客户数据（包括需要将汽车派往的位置）之前，无法完成其他工作。

2. `driver` 服务根据客户的位置检索最近的 N 个司机，然后从 `redis` 中按顺序查询每个司机的数据，这可以在 `redis GetDriver` span 中阶梯状的时间线中看到（见图 2.11）。如果这些操作可以并行进行，那么整个延迟时间可以减少近 200ms。

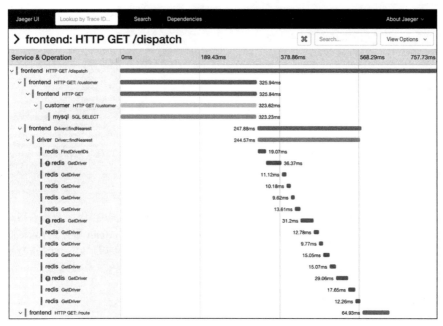

图 2.11 识别延迟的来源。对 **mysql** 的调用似乎在关键路径上，占用了跟踪时间的 40%，因此显然它是尝试一些优化的好目标。从 **driver** 服务到 **redis** 服务的调用看起来像一个阶梯，暗示着这种严格按顺序的操作可能可以并行执行以加速跟踪中间的部分

3. 对 `route` 服务的调用不是连续的，也不是完全并行的。我们可以看到，最多有三个请求正在进行中，一旦其中一个请求结束，另一个请求就开始了（见图 2.12）。当我们使用固定大小的 executor 线程池时，这种行为是典型的。

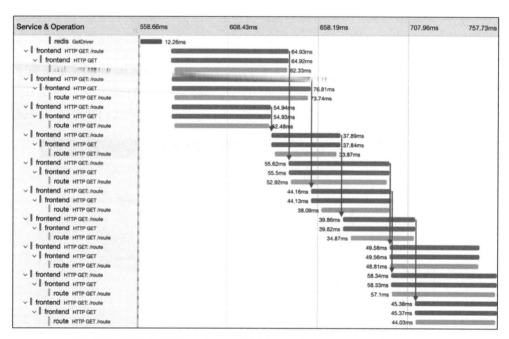

图 2.12 识别延迟的来源（继续）。这是我们使用小地图中的放大功能的截图，只查看跟踪的最后 200ms（通过在感兴趣的区域水平拖动鼠标）。很容易看出，从 **frontend** 服务到 **route** 服务的请求是并行完成的，但一次不超过三个请求。箭头指出一个请求结束后，另一个请求开始。此模式表示某种类型的争用，很可能是只有三个工作线程的工作线程池

如果我们同时向后端发出许多请求，会发生什么呢？

让我们转到 HotROD 用户界面，反复（快速）单击其中一个按钮（见图 2.13）。

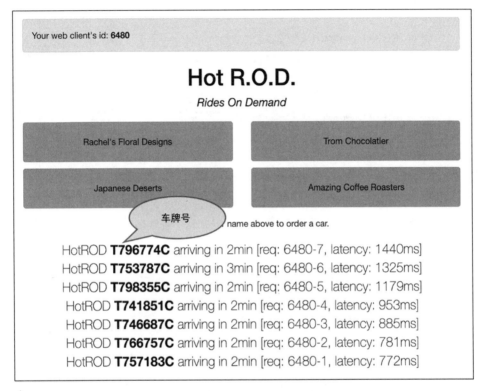

图 2.13　同时执行多个请求显示响应延迟增加

如我们所见，并发处理的请求越多，后端响应的时间就越长。让我们看看用时最长的请求的跟踪。我们可以通过两种方法来查看。其中一种方法是简单地搜索所有跟踪并选择延迟时间最长的跟踪，以最长的青色标题栏表示（见图 2.14）。

另一种方法是通过 span 上的标记或日志进行搜索。将根 span 里的日志作为最终结果日志，将其中最近汽车的车牌号作为日志字段之一（见图 2.15）。

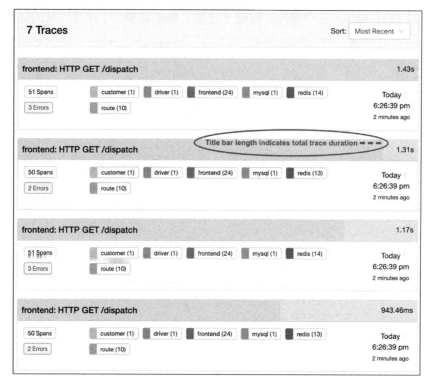

图 2.14　在搜索结果中返回的多条跟踪记录，结果按时间倒序排列

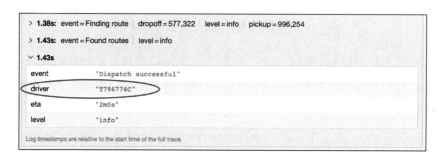

图 2.15　车牌号 **T796774C** 作为司机的属性被记录在一个日志事件中。每个日志条目都可以单独展开以在表中显示字段，而不是单个行

Jaeger 后端通过标记和日志字段对所有 span 进行索引，我们可以通过在 **Tags** 搜索框中指定 **driver=T796774C** 来找到该跟踪（见图 2.16）。

图 2.16　通过日志条目中的字段 **driver**=**T796774C** 搜索单个跟踪

这个跟踪花费了 1.43s，比第一个跟踪大约长 90%，它只花费了 757ms（从服务器端测量）。让我们打开它看看有什么不同（见图 2.17）。

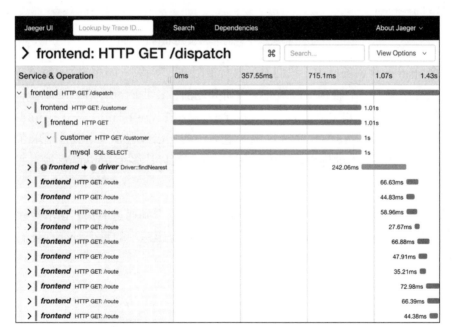

图 2.17　高延迟跟踪。数据库查询（**mysql** span）耗时 1s，比 300ms 长得多，当应用程序只处理一个请求时，就需要花费 1s

最明显的区别是数据库查询（`mysql` span）耗时比以前要长很多：1s，而不是 323ms。让我们展开这个 span，并尝试找出原因（见图 2.18）。

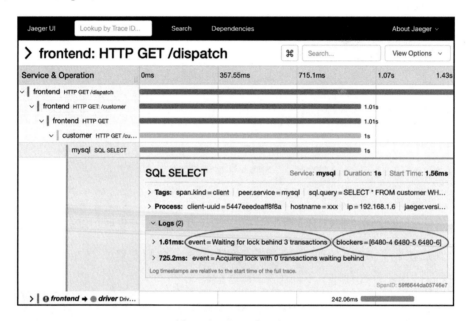

图 2.18　检查一个耗时非常长的 **mysql** span

在这个 span 的日志条目中，我们看到执行被阻塞，等待一个锁的时间超过 700ms。这显然是应用程序中的一个瓶颈，但是在深入研究之前，让我们看看第一条日志记录，显然是在被阻塞之前发出的：`Waiting for lock behind 3 transactions. blockers=[6480-4 6480-5 6480-6]`。它告诉我们已经有多少个其他请求在等待这个锁，甚至给出了这些请求的标识。不难想象，一个锁可以让多个 goroutine 被阻塞，但是从哪里可以得到请求的标识呢？

如果展开 `customer` 服务的前一个 span，我们可以看到通过 HTTP 请求传递给它的唯一数据是客户 ID 392（见图 2.19）。实际上，如果检查跟踪中的每个 span，我们将找不到请求 ID（如 `6480-5`）作为参数传递的任何远程调用。

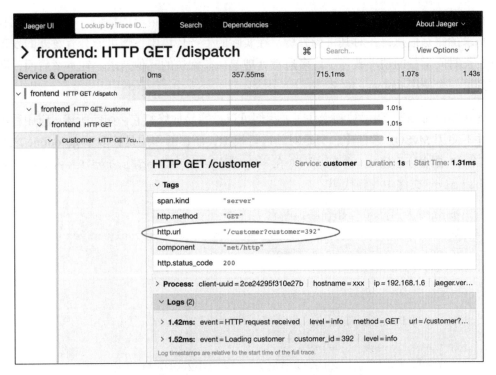

图 2.19　展开数据库调用的父 span。它表示从 **frontend** 服务到 **customer** 服务的 HTTP 调用。span 的 **Tags** 部分被展开以表格格式显示标记。**http.url** 标记显示 **customer=392** 是调用者传递给 HTTP 端点的唯一参数

日志中遭到阻塞的请求 ID 的神奇之处在于，HotROD 中的自定义埋点使用了分布式上下文传播机制（在 OpenTracing API 中称为 **baggage**）。

正如我们将在第 3 章 "分布式跟踪基础" 中看到的，端到端跟踪起作用了，因为跟踪埋点机制被设计为在整个分布式调用中跨线程、组件和进程边界传播某些元数据。跟踪和 span ID 就是这些元数据的例子。另一个例子是 baggage，它是嵌入在每个进程间请求中的通用键值对存储。HotROD 的 JavaScript UI 将会话 ID 和请求 ID 存储在 baggage 中，然后向后端发出请求，通过 OpenTracing 埋点，baggage 将被透明地传递给处理请求所涉及的每个服务，而无须将这些信息显式地作为请求参数传递。

它是一种非常强大的技术，可用于在整个系统的单个请求上下文中传播各种有用的信息（如租赁），而无须更改每个服务来了解它们传播的内容。我们将在第 10 章 "分布式上下文传播" 中讨论更多使用元数据传播来监控、分析和其他用例的示例。

在示例中，了解处理起来慢的请求前面的队列中阻塞的请求的标识，可以让我们找到这些请求的跟踪信息，并对其进行分析。在实际的生产环境中，这可能会有意外的发现，例如，长时间运行的请求破坏了许多通常处理起来非常快的其他请求。在本章后面，我们将看到另一个使用 baggage 的例子。

现在知道 mysql 调用被锁卡住了，我们可以很容易地修复它。如前所述，应用程序实际上并不使用 MySQL 数据库，只是对其进行模拟，而锁的作用是让多个 goroutine 之间共享单个数据库连接。我们可以在 examples/hotrod/services/customer/database.go 文件中找到代码：

```
if !config.MySQLMutexDisabled {
    // simulate misconfigured connection pool that only gives
    // one connection at a time
    d.lock.Lock(ctx)
    defer d.lock.Unlock()
}

// simulate db query delay
delay.Sleep(config.MySQLGetDelay, config.MySQLGetDelayStdDev)
```

如果没有通过配置禁用锁，则在模拟 SQL 查询延迟之前获取锁。`defer d.lock.Unlock()` 语句用于在退出周围的函数之前释放锁。

注意我们是如何将 ctx 参数传递给 lock 对象的。`context.Context` 是 Go 语言在整个应用程序中传递请求生命周期数据的标准方法。OpenTracing span 被存储在上下文中，允许锁检查它并从 baggage 中查找 JavaScript 的请求 ID。这个自定义互斥锁实现的代码可以在源文件 examples/hotrod/pkg/tracing/mutex.go 中找到。

我们可以看到互斥行为受到配置参数的保护：

```
if !config.MySQLMutexDisabled {
    // ...
}
```

幸运的是，HotROD 应用程序允许通过命令行标志来更改这些配置参数。我们可以通过使用 `help` 命令运行 HotROD 二进制文件来找到标志：

```
$ ./example-hotrod help
HotR.O.D. - A tracing demo application.
[... skipped ...]
Flags:
  -D, --fix-db-query-delay, duration          Average lagency of MySQL DB
                                              query(dafault  300ms)
  -M, --fix-disable-db-conn-mutex             Disables the mutex guarding
                                              db connection
  -W, --fix-route-worker-pool-size, int       Default worker pool size
                                              (default 3)
[... skipped ...]
```

控制影响延迟逻辑的参数的标志都以--fix作为前缀。在这个示例中，我们希望使用--fix-disable-db-conn-mutex标志，或以-M作为缩写，来禁用阻塞行为。我们还希望减少由标志-D控制的模拟数据库查询的默认300ms延迟，以便更容易看到此优化的结果。

让我们使用这些标志重新启动HotROD应用程序，假设修复了代码以使用具有足够容量的连接池，从而使并发请求不必为连接而相互竞争（为了具有更好的可读性，我们再次对日志中无关部分进行裁剪）：

```
$ ./example-hotrod -M -D 100ms all
INFO Using expvar as metrics backend
INFO fix: overriding MySQL query delay {"old": "300ms", "new": "100ms"}
INFO fix: disabling db connection mutex
INFO Starting all services
```

我们可以在日志中看到更改正在生效。让我们看看它是怎么工作的，重新加载HotROD网页，通过快速连续多次单击其中一个按钮，重复发出许多并发请求的实验（见图2.20）。

当我们向系统发送更多的请求时，延迟仍然会增加，但是不再像以前出现单一数据库瓶颈时那样显著地增加。让我们再看一个耗时较长的跟踪（见图2.21）。

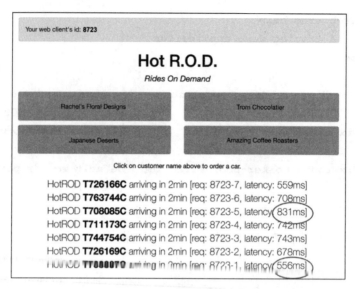

图 2.20　在"修复"数据库查询瓶颈之后，部分改进了请求延迟。
没有一个请求运行超过 1s，但有些仍然非常慢；例如，
请求 5 仍然比请求 1 慢 50%

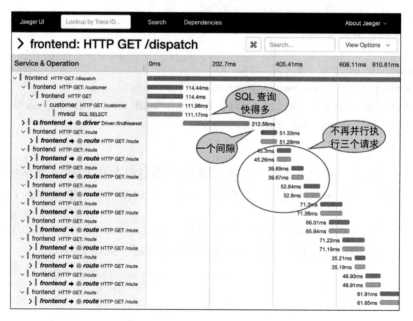

图 2.21　排除数据库查询瓶颈后，跟踪另一个非常慢的请求

正如预期的那样，mysql span 保持在 100ms 左右，而不管负载如何。driver span 没有展开来看，其所需时间与以前相同。有趣的变化是 route 调用，它现在占用了总请求时间的 50%以上。以前，我们看到这些请求一次并行执行三个，但现在通常一次只有一个请求，甚至在没有请求让 route 服务运行时，会看到在从 frontend 到 driver 的调用之后有一个间隙。显然，goroutine 之间存在对有限资源争夺的冲突。我们还可以看到，frontend 服务的 span 之间也存在间隙，这意味着瓶颈不在 route 服务中，而是在 frontend 服务如何调用 route 服务中。

让我们看看源文件 services/frontend/best_ueta.go 中的 getRoutes() 函数：

```go
// getRoutes calls Route service for each (customer, driver) pair
func (eta *bestETA) getRoutes(
    ctx context.Context,
    customer *customer.Customer,
    drivers []driver.Driver,
) []routeResult {
    results := make([]routeResult, 0, len(drivers))
    wg := sync.WaitGroup{}
    routesLock := sync.Mutex{}
    for _, dd := range drivers {
        wg.Add(1)
        driver := dd // capture loop var
        // Use worker pool to (potentially) execute
        // requests in parallel
        eta.pool.Execute(func() {
            route, err := eta.route.FindRoute(
                ctx, driver.Location, customer.Location
            )
            routesLock.Lock()
            results = append(results, routeResult{
                driver: driver.DriverID,
                route:  route,
                err:    err,
            })
            routesLock.Unlock()
```

```
                wg.Done()
            })
        }
        wg.Wait()
        return results
    }
```

此函数接收客户记录（带地址）和司机列表（带当前位置），然后计算每个司机的**预期到达时间**（**ETA**）。它通过将函数传递给 `eta.pool.Execute()`，然后执行 goroutine 池内的匿名函数为每个司机调用 `route` 服务。

由于所有函数都是异步执行的，所以我们使用实现倒计时锁存的 `wg`（wait group）跟踪它们的完成情况：对于每个新函数，我们使用 `wg.Add(1)` 增加其计数，然后在 `wg.Wait()` 上阻塞，直到生成的每个函数都调用了 `wg.Done()`。

只要池中有足够的 executor（goroutine），我们就应该能够并行运行所有计算。executor 线程池的大小在 `services/config/config.go` 中定义：

```
RouteWorkerPoolSize = 3
```

默认值 3 解释了为什么在最开始的跟踪中最多能看到三个并行执行的请求。让我们使用 -W 命令行标志将其更改为 100（Go 中 goroutine 的成本是很低的），然后重新启动 HotROD：

```
$ ./example-hotrod -M -D 100ms -W 100 all
INFO Using expvar as metrics backend
INFO fix: overriding MySQL query delay {"old": "300ms", "new": "100ms"}
INFO fix: disabling db connection mutex
INFO fix: overriding route worker pool size {"old": 3, "new": 100}
INFO Starting all services
```

再次重新加载 HotROD 网页并重复该实验。现在必须快速单击按钮，因为请求将在不到半秒钟的时间内返回（见图 2.22）。

如果查看其中的一个新跟踪，我们将看到如预期的那样，从 `frontend` 到 `route` 服务的调用现在都是并行完成的，从而最大限度地减少了总体请求延迟（见图 2.23）。我们将 `driver` 服务的最终优化留给你作为练习。

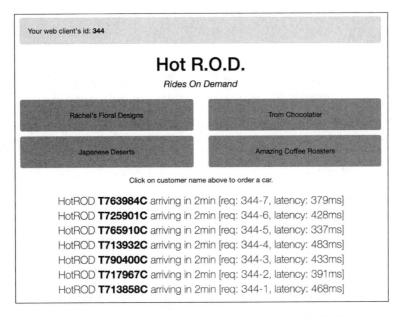

图 2.22　修复工作线程池瓶颈后的延迟结果。所有请求在不到半秒钟的时间内返回

图 2.23　修复工作线程池瓶颈后的跟踪。**frontend** 几乎可以同时向 **route** 服务发送 10 个请求

资源使用属性

在最后一个例子中，我们将讨论一种技术，严格来说，不是分布式跟踪系统通常提供的一种功能，而是基于跟踪埋点的分布式上下文传播机制产生的副作用，并且与被跟踪的应用程序有关。前面在讨论用前端请求 ID 来标识在互斥队列中阻塞的事务并且隐式传播时，我们看到了一个这样的例子。在本节中，我们将讨论元数据传播在资源使用属性中的使用。

资源使用属性在大型组织中是一个重要的功能，特别是在能力规划和效率提高方面。我们可以将它定义为一个度量某些资源（如 CPU 核心或磁盘空间）使用情况的过程，并将其归属于更高级别的业务参数（如产品或业务线）。例如，假设一家公司有两条业务线，共同需要运行 1000 个 CPU 核心，这可能是由某个云提供商预测的。

假设公司项目明年一条业务线将增长 10%，而另一条业务线将增长 100%。为了简单起见，我们还假设硬件需求与每个业务的大小成正比。但是我们仍然无法预测公司需要多少额外的容量，因为不知道当前的 1000 个 CPU 核心是如何归属于每条业务线的。

如果第一条业务线实际使用了 90% 的硬件，那么它的硬件需求将从 900 个核心增加到 990 个核心，第二条业务线的需求将从 100 个核心增加到 200 个核心，这两条业务线总共需要 190 个核心。另一方面，如果业务线的当前需求是 50/50，那么明年的总容量需求将是 $500 \times 1.1 + 500 \times 2.0 = 1550$ 个核心。

在资源使用属性中，主要的困难在于大多数技术公司都使用共享资源来运行其业务。考虑像 Gmail 和 Google Docs 这样的产品。在某种程度上，在系统架构的顶层，它们可能有专用资源池，例如负载均衡器和 Web 服务器，但是随着架构往下，我们通常会发现更多的共享资源。

在某种程度上，专用资源池（如 Web 服务器）开始访问共享资源，如 Bigtable、Chubby、Google 文件系统等。为了支持多租户，将架构的较低层划分为不同的子集通常效率很低。如果要求所有请求都显式地携带租户信息作为一个参数，例如 `tenant="gmail"` 或 `tenant="docs"`，则可以准确地报告业务线的资源使用情况。但是，如果想将属性分解为不同的维度，那么这样的模型是严重网格化的和难以扩展的，因为需要更改每个基础设施层的 API 来传递这个额外的维度。现在我们将讨论一种基于元数据传播的替代解决方案。

我们在 HotROD 演示应用程序中看到，route 服务执行的最短路由的计算是一个相对昂贵的操作（可能是 CPU 密集型操作）。如果我们能计算出每个客户消费多少 CPU 时间就好了。然而，route 服务是共享基础设施资源的一个例子，从我们了解客户的角度来看，它在整个架构的更底层。为了计算两点之间的最短路由，不需要了解客户。

将客户 ID 传递给 route 服务只是为了度量 CPU 使用情况，这将是糟糕的 API 设计。相反，我们可以使用跟踪工具中内置的分布式元数据传播。在跟踪上下文中，我们知道系统为哪个客户执行请求，并且可以使用元数据（baggage）透明地将信息传递到整个系统，而不必更改所有服务来显式地接受它。

如果想通过其他维度（比如 JavaScript UI 中的会话 ID）来聚合 CPU 使用情况，那么也可以在不更改所有组件的情况下进行聚合。

为了演示这种方法，route 服务包含为客户 ID 和会话 ID（它从 baggage 中读取）计算的 CPU 时间作为属性的代码。在 services/route/server.go 文件中，我们可以看到以下代码：

```
func computeRoute(
    ctx context.Context,
    pickup, dropoff string,
) *Route {
    start := time.Now()
    defer func() {
        updateCalcStats(ctx, time.Since(start))
    }()
    // 实际计算
}
```

与前面看到的对互斥锁的埋点一样，我们不会传递任何客户 ID/会话 ID，因为可以通过上下文从 baggage 中检索它们。代码实际上使用一些静态配置来知道要提取哪些 baggage 项，以及如何报告指标。

```
var routeCalcByCustomer = expvar.NewMap(
    "route.calc.by.customer.sec",
)
var routeCalcBySession = expvar.NewMap(
    "route.calc.by.session.sec",
```

```
)
var stats = []struct {
    expvar  *expvar.Map
    baggage string
}{
    {routeCalcByCustomer, "customer"},
    {routeCalcBySession, "session"},
}
```

这段代码使用 Go 语言标准库中的 `expvar` 包（"exposed variables"）。它提供了全局变量的一个标准接口，这些变量可用于累加有关应用程序的统计信息，例如操作计数器，并通过 HTTP 端点 /debug/vars 以 JSON 格式暴露这些变量。

`expvar` 变量可以是独立的原语，如 `float` 和 `string`，或者可以将它们分组放在一个命名的 `map` 中以获得更多的动态统计信息。在前面的代码中，我们定义了两个 `map`：一个将客户 ID 作为键，另一个将会话 ID 作为键，并在 `stats` 结构（匿名结构数组）中将它们与包含相应 ID 的元数据属性进行绑定。

`updateCalcStats()` 函数首先将一个操作的运行时间转换为以浮点值表示的秒数，然后迭代 `stats` 数组，并检查 span 元数据是否包含所需的键("customer"或"session")。如果带有该键的 `baggage` 项不为空，则通过在各自的 `expvar.Map` 上调用 `AddFloat()` 来增加该键的计数器，以汇总计算路由所花费的时间。

```
func updateCalcStats(ctx context.Context, delay time.Duration) {
    span := opentracing.SpanFromContext(ctx)
    if span == nil {
        return
    }
    delaySec := float64(delay/time.Millisecond) / 1000.0
    for _, s := range stats {
        key := span.BaggageItem(s.baggage)
        if key != "" {
            s.expvar.AddFloat(key, delaySec)
        }
    }
}
```

如果我们访问 http://127.0.0.1:8083/debug/vars，这是 HotROD 应用程序对外暴露的端点之一，则可以看到 route.calc.by.* 条目，其中给出了代表每个客户进行计算所花费的时间（以秒为单位）分解，以及一些 UI 会话。

```
route.calc.by.customer.sec: {
    Amazing Coffee Roasters: 1.479,
    Japanese Deserts: 2.019,
    Rachel's Floral Designs: 5.938,
    Trom Chocolatier: 2.542
},
route.calc.by.session.sec: {
    0861: 9.448,
    6108: 2.530
},
```

这种方法非常灵活。如果有必要，则可以将 stats 数组的静态定义轻松转移到配置文件中，从而使得报告机制更加灵活。例如，如果想通过另一个维度来聚合数据，比如 Web 浏览器类型（这并不是很有意义），则需要在配置中再添加一个条目，并确保 frontend 服务将浏览器类型捕获为 baggage 项。

关键是，我们不需要更改其他服务中的任何内容。在 HotROD 演示应用程序中，frontend 和 route 服务在调用上彼此非常接近，因此，如果必须更改 API，则将不是一件困难的事情。然而，在现实生活中，我们可能需要计算资源使用情况的服务可以深入涉及调用链下的许多层，而更改所有中间服务的 API，仅仅为了传递一个额外的资源使用聚合维度参数，是完全不可行的。通过使用分布式上下文传播，极大地减少了所需的更改数量。在第 10 章 "分布式上下文传播" 中，我们将讨论元数据传播的其他用途。

在生产环境中，使用 expvar 模块不是最佳方法，因为数据被分别存储在每个服务实例中。但是，在示例中对 expvar 机制没有严格的依赖性。我们可以很容易地使用一个真正的指标 API，并将资源使用统计数据聚合到一个中央指标度量系统中，比如 Prometheus。

总结

本章介绍了一个用于分布式跟踪的演示应用程序 HotROD，通过使用开源分布式跟踪系统 Jaeger 跟踪该应用程序，演示了大多数端到端跟踪系统常见的以下特性：

- **分布式事务监控**：Jaeger 记录整个微服务堆栈中单个请求的执行情况，并将其作为跟踪显示。
- **性能和延迟优化**：跟踪为应用程序中的性能问题提供了非常简单的可视化指南。分布式跟踪的实践者经常说，解决性能问题是容易的，但发现它是困难的。
- **根本原因分析**：跟踪中显示的信息具有高度上下文化的特性，允许快速定位到导致问题的执行部分（例如，调用 Redis 时超时或互斥队列阻塞）。
- **服务依赖性分析**：Jaeger 聚合了多个跟踪，并构建了一个表示应用程序架构的服务图。
- **分布式上下文传播**：给定请求的元数据传播的底层机制不仅支持跟踪，还支持各种其他特性，如资源使用属性。

在下一章中，我们将回顾分布式跟踪的更多理论基础、跟踪解决方案的剖析、行业和学术界提出的不同实现技术，以及跟踪基础设施的实现者在做出特定的架构决策时需要记住的各种权衡。

参考资料

[1] Yuri Shkuro. Evolving Distributed Tracing at Uber Engineering. Uber Engineering blog, February 2017. 链接 1.

[2] Natasha Woods. CNCF Hosts Jaeger. Cloud Native Computing Foundation blog, September 2017. 链接 2.

[3] The OpenTracing Authors. Semantic Conventions. The OpenTracing Specification. 链接 3.

3

分布式跟踪基础

分布式跟踪，也称为端到端跟踪或以工作流为中心的跟踪，是一系列旨在捕获由分布式系统各组件执行的因果相关活动的详细执行情况的技术。不像传统的代码分析器或主机级跟踪工具（如 **dtrace**[1]），端到端跟踪主要专注于分析由许多不同进程协同执行的单个执行情况，这些进程通常运行在许多不同的主机上，这是现代的、云原生的、基于微服务的应用程序的典型特征。

在第 2 章中，我们从最终用户的角度看到了一个正在运行的跟踪系统。在本章中，我们将讨论分布式跟踪的基本思想、行业中提出的各种方法、实现端到端跟踪的学术研究、不同的跟踪系统所做的架构决策对其能力的影响和权衡，以及它们可以解决的问题类型等。

想法

考虑下面一个假设的电子商务网站的简化架构图（见图 3.1）。图中的每个节点表示各个微服务的多个实例，它们处理许多并发请求。为了帮助理解这个分布式系统的行为及其性能或用户可见的延迟，端到端跟踪记录了客户端或请求发起者通过系统发起的所有工作的信息。在本书中，我们把这些工作称为**执行**或**请求**。

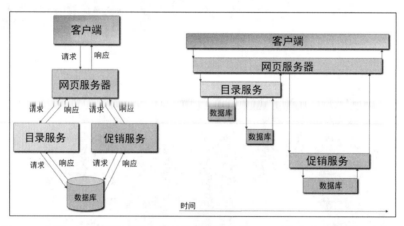

图 3.1 左图：假设的电子商务网站的简化架构图，以及执行客户端单个请求所涉及的进程间通信。右图：将单个请求执行可视化为甘特图

通过对**跟踪点**埋点来收集数据。例如，当客户端向网页服务器发出请求时，可以基于两个跟踪点对客户端代码进行埋点：一个用于发送请求，另一个用于接收响应。为给定的执行收集的数据被统称为**跟踪**。可视化跟踪的一种简单方法是使用甘特图，如图 3.1 右图所示。

请求相关性

分布式跟踪的基本概念似乎非常简单：

- 在程序代码的选定点（跟踪点）中埋点，并在执行时生成分析数据。
- 将分析数据归集统一存放，与特定的执行（请求）关联起来，按因果关系顺序排列，并组合成一个可以可视化或进一步分析的跟踪。

当然，事情很少像看上去那么简单。现有的跟踪系统会做出多种设计决策，决策影响这些系统的运行方式，以及将它们集成到现有分布式应用程序中的难度，甚至影响它们是否能够帮助解决的问题。

为给定的执行或请求收集和关联分析数据，并识别因果相关活动的能力，可以说是分布式跟踪最显著的特征，是区分其与所有其他分析和可观测性工具的标志。工业界和学术界已经提出了不同类型的解决方案来解决相关问题。在这里，我们将讨论三种最常见的方法：黑盒推理、特定于域的模式和元数据传播。

黑盒推理

不需要修改监控系统的技术被称为黑盒监控。已经有一些跟踪基础设施使用统计分析或机器学习（例如 Mystery Machine[2]），并通过仅使用程序中发生的事件的记录，通常通过读取它们的日志来推断因果关系和请求相关性。这些技术之所以具有吸引力，是因为它们不需要修改跟踪的应用程序，但在高度并发和异步执行的情况下（如在事件驱动系统中观测到的执行），它们很难确定因果关系。与其他方法相比，它们对"大数据"处理的依赖也使其更昂贵，延迟更高。

特定于域的模式

Magpie[3]提出了一种依赖手动编写的特定于应用程序的事件模式的技术，该模式允许它从生产环境系统的事件日志中提取因果关系。与黑盒方法类似，此技术不要求显式地检测应用程序；但是，由于每个应用程序都需要自己的模式，因此它的通用性较低。

这种方法并不特别适合由数百个微服务组成的现代分布式系统，因为手动创建事件模式很难扩展。基于模式的技术要求在应用因果关系推断之前收集所有事件，因此它比允许采样的其他方法的可伸缩性要小。

元数据传播

如果跟踪点埋点可以对它们生成的数据用全局标识符（我们称之为**执行标识符**，它对于每个跟踪请求都是唯一的）进行注释，将会发生什么事情呢？跟踪基础设施接收带注释的分析数据，通过执行标识符对记录进行分组，轻松地重新构造请求的完整执行路径。那么，跟踪点如何知道调用它们时正在执行哪个请求，特别是在分布式应用程序中呢？全局执行标识符需要沿着执行流传递。这是通过一个称为**元数据传播**或**分布式上下文传播**的过程实现的（见图 3.2）。

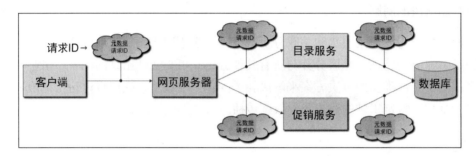

图 3.2　将执行标识符作为请求元数据传播。系统中的第一个服务（客户端）
创建唯一的执行标识符（请求 ID），并通过元数据/上下文将其传递给
下一个服务。其余的服务继续以同样的方式传递它

分布式系统中的元数据传播由两部分组成：**进程内**传播和**进程间**传播。进程内传播负责使元数据可用于跟踪给定程序内的点。它需要能够在出入网络调用之间承载上下文，处理现代应用程序中常见的可能的线程切换或异步行为。当分布式系统的组件在执行给定的请求期间彼此通信时，进程间传播负责通过网络调用传输元数据（见图 3.3）。

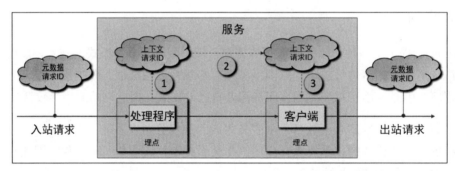

图 3.3　单一服务中的元数据传播。①入站请求的处理程序通过埋点，
提取请求中的元数据并将其存储在内存中的上下文对象中。②一些
进程内传播机制，例如，基于本地线程变量。③埋点包装了一个 RPC
客户端，并将元数据注入出站（下游）请求中

进程间传播通常是通过使用特殊的跟踪中间件作为通信框架来完成的，这些中间件对网络消息中的元数据进行编码，例如，在 HTTP 报头、Kafka 记录报头中，等等。

基于元数据传播的跟踪的主要缺点是它期望系统是一个白盒系统，里面的组件可以得到正确的修改。然而，与黑盒技术相比，它具有更大的可伸缩性，并提供更高的数据准确性，因为所有跟踪点都显式地用执行标识符注释数据。在很多编程语言中，甚至可以通过一种称为**基于代理的埋点**（我们将在第 6 章"跟踪标准与生态系统"中更详细地讨论这一点）的技术自动注入跟踪点，而无须更改应用程序本身。基于元数据传播的分布式跟踪是目前最流行的方法，几乎所有的工业级跟踪系统都使用这种方法——无论是商业的还是开源的跟踪系统。在本书后续的章节中，我们将专注于这种类型的跟踪系统。在第 6 章"跟踪标准与生态系统"中，我们将看到新的行业尝试，如 OpenTracing 项目[4]，旨在降低白盒埋点的成本，并使分布式跟踪成为现代云原生应用程序开发中的标准实践。

一个敏锐的读者可能已经注意到，与请求执行一起传播元数据的概念不局限于仅仅为了跟踪而传递执行标识符。元数据传播可以被认为是分布式跟踪的先决条件，或者分布式跟踪可以被认为是建立在分布式上下文传播之上的应用程序。在第 10 章"分布式上下文传播"中，我们将讨论各种其他可能的应用程序。

剖析分布式跟踪

图 3.4 显示了基于元数据传播构建的分布式跟踪系统的典型架构。在分布式应用程序中，微服务或组件通过在跟踪点埋点来观测请求的执行情况。跟踪点记录与请求有关的因果关系和分析信息，并通过调用跟踪 API 将其传递给跟踪系统，跟踪 API 可能依赖特定的跟踪后端或与供应商无关，如 OpenTracing API[4]，我们将在第 4 章"OpenTracing 的埋点基础"中讨论它。

微服务边缘的特殊跟踪点（我们可以称之为**注入/提取**跟踪点）还负责编码和解码元数据，以便跨进程边界传递。在某些情况下，甚至在库和组件之间也会使用注入/提取跟踪点，例如，当 Python 代码调用用 C 语言编写的扩展库时，该扩展库可能无法直接访问 Python 数据结构中表示的元数据。

跟踪 API 由一个具体的跟踪库实现，该库将收集的数据报告给跟踪后端，通常使用一些内存批处理来减少通信开销。在后端报告总是异步完成的，独立于且不会影响业务请求的关键路径。跟踪后端接收跟踪数据，将其泛化为通用跟踪模型，并将其持久化存储。因为单个请求的跟踪数据通常来自许多不同的主机，所以跟踪存储通常被组织成增量存储单个片段，并由执行标识符进行索引。这方便日后为可视化目的重建整条跟踪链路，或者通过聚合和数据挖掘进行额外处理。

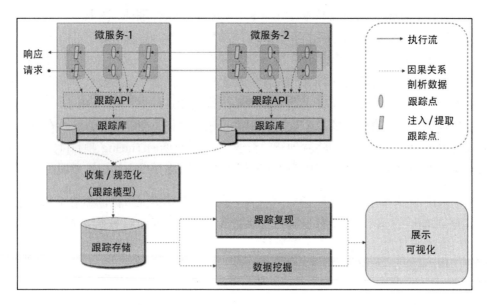

图 3.4 分布式跟踪的剖析

采样

采样会影响跟踪基础设施对跟踪点生成记录的捕获。它用于控制跟踪后端需要存储的数据量，以及进行跟踪埋点对应用程序的性能开销和影响。我们将在第 8 章"关于采样"中详细讨论它。

保留因果关系

如果只将执行标识符作为请求元数据和标记跟踪记录传递，那么将该数据重新组合到单个集合中就足够了，但不足以重建因果相关活动的执行图。跟踪系统需要捕获因果关系，以便将跟踪点捕获的数据按正确的顺序进行组合。遗憾的是，即使使用侵入性很强的埋点技术，也很难知道哪些活动具有真正的因果关系。大多数跟踪系统都偏向于选择 Lamport 的 **happens-before** 关系[5]，表示为→，来作为事件的最小的严格偏序关系的定义，例如：

- 如果事件 a 和 b 发生在同一个进程中，且事件 a 发生在事件 b 之前，则 a→b。
- 如果事件 a 是消息发送者，而事件 b 是事件 a 发送的消息的接收者，则 a→b。

如果随意滥用 happens-before 关系，则可能会导致混乱——"可能有影响"与"确实有影响"是不一样的。跟踪基础设施依赖被跟踪系统和执行环境的额外领域知识，以避免捕获不相关的因果关系。通过单个执行的线程化元数据，它们建立了具有相同或相关元数据（包含相同执行 ID 的不同跟踪点 ID 的元数据）的项之间的关系。在整个执行过程中，元数据可以是静态的，也可以是动态的。

在请求的整个生命周期中，使用**静态元数据**（如单个唯一执行标识符）的跟踪基础设施必须通过跟踪点捕获额外的线索，以便建立事件之间的 happens-before 关系。例如，如果一个执行的一部分是在单个线程上执行的，那么使用本地时间戳允许对事件进行正确的排序。或者，在客户端-服务器的通信中，跟踪系统可以推断出客户端发送网络消息在服务器接收该消息之前发生。与黑盒推理系统类似，当检测到的额外线索丢失或者不可用时，这种方法就不能确定事件之间的因果关系了。但是，它可以保证给定执行的所有事件都将被正确识别。

今天的大多数工业级跟踪基础设施都使用**动态元数据**，可以是固定长度的或可变长度的。例如，X-Trace[6]、Dapper[7]和许多类似的跟踪系统使用**固定长度的动态元数据**，其中，除执行标识符之外，它们还记录跟踪点捕获的事件的唯一 ID（例如，随机的 64 位值）。在执行下一个跟踪点时，它将入站事件 ID 存储为其跟踪数据的一部分，并将其替换为自己的 ID。

在图 3.5 中，我们看到了与单个执行有因果关系的五个跟踪点。在每个跟踪点之后传播的元数据都是由三部分组成的元组（执行 ID、事件 ID 和父 ID）。每个跟踪点都将入站元数据中的父事件 ID 存储为捕获的跟踪记录的一部分。跟踪点 b 处的分叉和跟踪点 e 处的连接说明了因果关系是如何形成的。使用该方案可以捕获有向无环图。

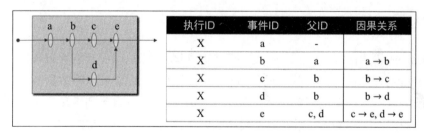

图 3.5 使用固定长度的动态元数据建立因果关系

使用固定长度的动态元数据，跟踪基础设施可以显式地记录跟踪事件之间的

happens-before 关系，这使得它比静态元数据方法更具优势。但是，如果某些跟踪记录丢失，它也会变得有些脆弱，因为它不再能够按照因果关系的顺序对事件进行排序。

一些跟踪系统通过引入**跟踪段**的概念来使用固定长度方法的变体，跟踪段由另一个唯一的 ID 表示，该 ID 在单个进程中是常量，并且仅在通过网络将元数据发送到另一个进程时发生改变。它对系统内单个进程中的跟踪记录丢失更宽容，特别是当跟踪基础设施主动尝试减少跟踪数据量以控制开销时，通过将跟踪点仅保留在进程边界并丢弃所有内部跟踪点，稍微降低了系统的脆弱性。

当在分布式系统上使用端到端跟踪时，经常发生分析数据丢失的情况，一些跟踪基础设施（例如 Azure Application Insights）使用**可变长度的动态元数据**，随着调用从请求来源一步步地向下游执行，该元数据会增加。

图 3.6 说明了这种方法，其中每个下级事件 ID 都是通过同上级事件 ID 添加序列号来生成的。当事件 1 发生分叉时，两个不同的序列号用于表示并行事件 **1.1** 和 **1.2**。此方案的好处是对数据丢失的容忍度更高；例如，如果事件 **1.2** 的记录丢失，则仍然可以推断出 happens-before 关系：1→1.2.1。

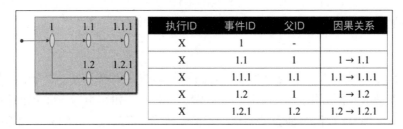

图 3.6　使用可变长度的动态元数据建立因果关系

请求间因果关系

Sambasivan 等人[8]认为，另一个显著影响端到端跟踪基础设施能够解决的问题类型的重要架构决策是它如何对待一些延迟性活动。例如，一个请求可以将数据写入一个内存缓冲区，该缓冲区将在稍后的时间（在原始请求完成之后）被刷新到磁盘。这种缓冲区通常是出于性能原因而实现的，在编写时，缓冲区可能包含许多不同请求产生的数据。问题是：每个请求占用多少资源和写入系统缓冲区的时间是如何分配的？

这可以归因于导致写入并使缓冲区满了的最后一个请求（触发者保留属性），也可以归因为在刷新之前将数据写入缓冲区的所有请求（提交者保留属性）。触发者保留属性更容易实现，因为它不需要访问有关影响延迟性活动的早期执行的埋点数据。

但是，它会不均衡地"惩罚"最后一个请求，特别是在跟踪基础设施用于监控并造成资源消耗的情况下。在这方面，提交者保留属性是合理的，但要求在延迟性活动发生时，所有以前执行的分析数据都是可用的。这可能导致成本非常高，并且对跟踪基础设施通常应用的某些形式的采样不适用（我们将在第 8 章中讨论采样）。

跟踪模型

在图 3.4 中，我们看到了一个名为"收集/规范化"的组件。该组件的作用是从应用程序中的跟踪点接收跟踪数据，并将其转换为某种规范化的跟踪模型，然后将其保存到跟踪存储中。在架构上，除了传统的在存储层上有一个 facade 层可以带来好处，当我们面对埋点数据的多样性时，规范化尤为重要。对于许多生产环境来说，使用许多版本的埋点库（从最新版本到几年前的老版本）是很常见的。对于这些版本来说，以非常不同的格式和模型捕获跟踪数据也是很常见的——无论是物理上的还是概念上的。规范化层充当一个均衡器，将所有这些变体转换为一个逻辑跟踪模型，随后可以由跟踪可视化和分析工具统一处理。在本节中，我们将从概念上重点讨论两个最流行的跟踪模型：事件模型和 span 模型。

事件模型

到目前为止，我们已经讨论了采用**跟踪点**形式的跟踪埋点，跟踪点在请求执行通过它们时记录**事件**。事件表示端到端执行中的单个时间点。假设我们也记录了这些事件之间的 happens-before 关系，于是就直观地得到了一个跟踪模型，它是一个有向无环图，节点代表事件，边线代表因果关系。

一些跟踪系统（例如 X-Trace[6]）使用这样的**事件模型**作为它们向用户展示的跟踪的最终形式。图 3.7 给出了客户端-服务器应用程序在执行 RPC 请求/响应时观测到的事件图。它包括在调用链的不同层收集的事件，从应用程序级事件（例如，"客户端发送"和"服务器接收"）到 TCP/IP 堆栈中的事件。

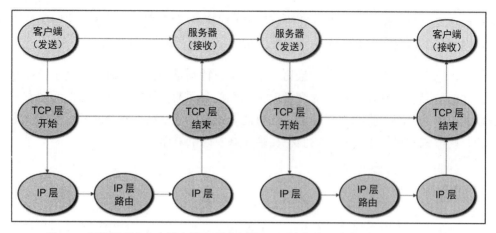

图 3.7 事件模型中客户端和服务器之间的 RPC 请求的跟踪表示，在应用程序和 TCP/IP 层记录跟踪事件

该图包含多个分叉，用于对不同层上的请求执行进行建模，以及对更高层在逻辑上并行的执行进行连接。许多开发人员发现，事件模型很难处理，因为它处于太底层了，并且掩盖了有用的高层原始信息。例如，客户端应用程序的开发人员自然会将 RPC 请求视为具有开始事件（客户端发送）和结束事件（客户端接收）的单个操作。然而，在事件图中，这两个节点相距很远。

图 3.8 显示了一个更极端的例子，其中一个相当简单的工作流在被表示为事件图时非常难以解读。在 Tomcat 上运行的前端 Spring 应用程序正在调用另一个名为 remotesrv 的应用程序，该应用程序正在 JBoss 上运行。remotesrv 应用程序正在对 PostgreSQL 数据库进行两次调用。

我们很容易注意到，除圆角框中显示的 "info" 事件外，所有其他记录都是成对进入和退出事件的。info 事件有趣的是，它们看起来几乎像一个噪声：如果深入研究此工作流，则很可能会发现它们含有有用的信息，但是它们并不能增加我们对工作流本身的理解。我们可以将它们视为 info 日志，仅通过跟踪点捕获。我们还看到 fork 和 join 的一个例子，因为来自 tomcat-jbossclient 的 info 事件与 remotesrv 应用程序中的执行并行发生。

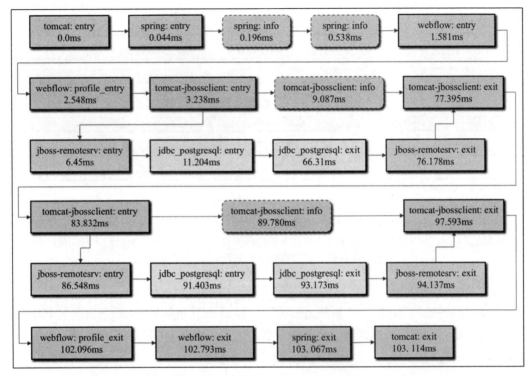

图 3.8 运行在 Tomcat 上的 Spring 应用程序和运行在 JBoss 上的 remotesrv 应用程序之间的 RPC 请求的事件模型图，以及与 PostgreSQL 数据库的会话。圆角框表示简单的"info"事件发生的时间点

span 模型

正如所观测到的，与前面的示例一样，大多数执行图都包括定义良好的进入/退出事件对，这些事件对表示通过应用程序执行的某些操作，Sigelman 等人[7]简化了跟踪模型，使跟踪图更容易理解。在 Dapper[7]（Google 的重量级 RPC 架构设计）中，跟踪被表示为树，其中树节点是称为 **span** 的基本工作单元，树的边线表示 span 与其父 **span** 之间的因果关系。每个 span 都是时间戳记录的简单日志，包括开始时间和结束时间、易于阅读的操作名称，以及零个或多个中间应用程序的以（时间戳，说明）对的形式表示的特定注释，这些注释等同于上一个示例中的 info 事件（见图 3.9）。

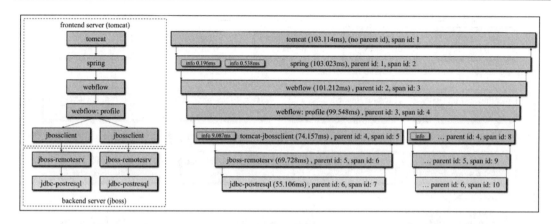

图 3.9 使用 span 模型表示与图 3.8 中相同的 RPC 执行。左图：作为 span 树的结果跟踪。右图：用甘特图显示的相同跟踪。info 事件不再作为单独的节点包含在图表中；而是作为时间戳注释在 span 中建模，在甘特图中显示为 span 内的条目

每个 span 都被分配一个唯一的 ID（例如，一个随机的 64 位值），该 ID 与执行 ID 一起通过元数据传播。当开始一个新的 span 时，它将前一个 span 的 ID 记录为其**父 ID**，从而捕获因果关系。在前面的示例中，远程服务器的主要工作在 ID 为 6 的 span 内。当它调用数据库时，它将开始 ID 为 7 和父 ID 为 6 的另一个 span。

Dapper 最初提倡的是**多服务器 span** 模型，在该模型中，进行 RPC 调用的客户端应用程序创建一个新的 span ID，并将其作为调用的一部分传递，接收 RPC 的服务器使用相同的 span ID 记录其事件。与前面的图不同，多服务器 span 模型导致树中的 span 更少，因为每个 RPC 调用都仅由一个 span 表示——即使有两个服务作为该 RPC 的一部分参与到工作中。这种多服务器 span 模型被其他跟踪系统所使用，例如 Zipkin[9]（其中 span 通常被称为**共享 span**）。后来发现，这种模型没有必要使采集后跟踪处理和分析复杂化，所以像 Jaeger[10]这样的新跟踪系统选择了一种**单主机** span 模型，其中一个 RPC 调用由两个独立的 span 表示：一个在客户端上，另一个在服务器上，client span 是父 span。

对于程序员来说，树形 span 模型很容易理解——不管是给应用程序埋点，还是从跟踪系统中检索跟踪进行分析。因为每个 span 只有一个父 span，所以因果关系用一个简单的调用链路类型的计算视图来表示，这个视图很容易实现和解释。

实际上，这种模型中的跟踪看起来像**分布式链路跟踪**，这个概念对所有开发人员都非常直观。这使得跟踪的 span 模型在行业中最受欢迎，并得到大多数跟踪基础设施的支持。即使是以单点时间事件的形式收集埋点数据的跟踪系统（例如，Canopy[11]），也要付出额外的成本将跟踪事件转换为与 span 模型非常相似的东西。Canopy 的作者声称"事件是一个不恰当的抽象，暴露给工程师对系统进行埋点"，他提出了另一种称为**建模跟踪**的表示方法，该方法根据执行单元、块、点和边线来描述请求。

Dapper 中原始的 span 模型只能将执行表示为树，它很难表示其他执行模型，例如队列、异步执行和多父因果关系（分叉和连接）。Canopy 通过允许埋点记录两点之间非明显因果关系的边线来绕过这一点。另一方面，OpenTracing API 坚持使用传统的、简单的 span 模型，但允许 span 包含对其他 span 的多个"引用"，以便支持连接和异步执行。

时钟偏差调整

任何从事分布式系统编程的人都知道没有精确的时间。每台计算机都内置了一个硬件时钟，但该时钟往往会漂移，即使使用像 NTP 这样的同步协议，也只能让服务器彼此同步到相差 1ms。然而，我们已经看到，端到端跟踪工具将捕获大多数跟踪事件的时间戳。我们如何信任这些时间戳呢？

显然，我们不能相信时间戳是正确的，但这不是我们在分析分布式跟踪时经常关注的事情。更重要的是，跟踪中的时间戳相对彼此正确对齐。当时间戳来自同一个进程时，例如服务器 span 的开始和图 3.10 中的额外 info 注释，我们可以假定它们的相对位置是正确的。来自同一台主机上不同进程的时间戳通常是不可比的，因为即使它们不受硬件时钟偏差的影响，时间戳的准确性也取决于许多其他因素，例如给定进程所使用的编程语言、它所使用的时间库及如何使用等。由于硬件时钟的漂移，来自不同服务器的时间戳绝对是不可比的，但是我们可以对此做些事情。

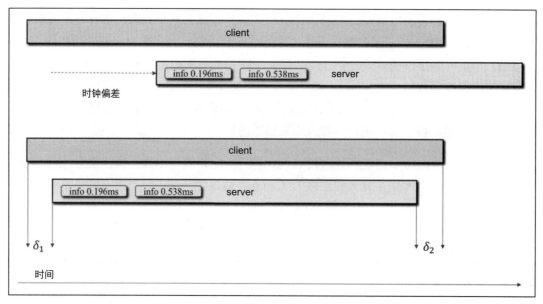

图 3.10 时钟偏差调整。当我们知道事件之间的因果关系时,例如"客户端发送必须在服务器接收之前发生",可以一致地调整这两个服务的时间戳,以确保满足因果约束。span 内的注释不需要调整,因为可以假定它们的时间戳相对于 span 的开始和结束时间戳是准确的

考虑图 3.10 中图表顶部的 `client` span 和 `server` span。假设我们从埋点中知道这是一个阻塞的 RPC 请求,也就是说,在客户端发送请求之前,服务器无法接收到该请求,在服务器完成执行之前,客户端无法接收到响应(只有当 `client` span 大于 `server` span 时,这种推理才有效,而情况并非总是如此)。这些基本的因果关系规则允许我们根据所报告的时间戳来检测 `server` span 在时间线上是否错位,如在示例中所看到的。然而,我们不知道它错位多少。

我们可以通过向左移动时间戳来调整来自 `server` 进程的所有事件的时间戳,直到其开始和结束事件落在较大时间范围的 `client` span 内,如图表的底部所示。经过这个调整,我们得到了两个变量,即 δ_1 和 δ_2,其对我们来说仍然是未知的。如果在给定的跟踪中不再发生客户端和服务器的交互,并且没有其他因果关系信息,我们就可以做任意决定来设置变量,例如,通过将 `server` span 精确地定位在 `client` span 的中间:

$$\delta_1 = \delta_2 = \frac{\text{len(client)} - \text{len(server)}}{2}$$

这里的 δ_1 和 δ_2 为我们提供了 RPC 在网络通信中所花费的时间估计——假设请求和响

应在网络上传输所用的时间大致相同。在其他情况下，我们可能有来自跟踪的额外因果关系信息，例如，服务器可能调用了数据库，然后跟踪图中的另一个节点调用了相同的数据库服务器。这给了我们两组关于数据库 span 可能的时钟偏差调整的约束。例如，我们希望将第一个父级的数据库 span 调整为 -2.5ms，将第二个父级的数据库 span 调整为 -5.5ms。由于是同一台数据库服务器，因此只需要对其时钟偏差进行一次调整即可。我们可以尝试找到对两个调用节点都有效的调整（可能是 -3.5ms），即使子 span 可能不完全位于父 span 的中间，正如我们在前面的公式中所做的那样。

通常，我们可以使用这种方法遍历跟踪并聚合大量约束，然后使用一组线性方程来求解全套时钟偏差调整，使整个跟踪的 span 对齐。

最后，时钟偏差调整过程总是启发式的，因为我们通常没有其他可靠的信号来精确计算它。在有些场景中，这种启发式技术会出错，结果跟踪视图对用户毫无意义。因此，建议跟踪系统提供跟踪的调整和未调整的视图，并清楚地指示何时应用调整。

跟踪分析

一旦跟踪记录被跟踪基础设施收集和规范化，我们就可以使用可视化或数据挖掘算法进行分析。我们将在第 12 章 "通过数据挖掘提炼洞见" 中介绍一些数据挖掘技术。

跟踪系统实施人员总是在寻找对数据的新的创造性可视化技术，并且最终用户常常也基于其所关注的特定特性构建他们自己的视图。一些最流行的和易于实现的视图有甘特图、服务图和请求流图等。

在这一章中，我们看到了甘特图的例子。甘特图主要用于可视化单个跟踪。x 轴显示相对时间，通常从请求开始，y 轴表示参与请求执行的系统架构的不同层和组件。甘特图有助于分析请求的延迟，因为它很容易显示跟踪中哪些 span 花费的时间最长，并且与关键路径分析相结合可以放大有问题的区域。图表的整体形状可以揭示其他性能问题，例如子请求之间缺乏并行性或意外的同步/阻塞，一目了然。

服务图是由大量的跟踪语料构建的。节点的扇出表示对其他组件的调用。这种可视化可以用于分析大型基于微服务的应用程序中的服务依赖性。边线可以用于附加额外的信息，例如，在跟踪语料中两个给定组件之间的调用频率。

请求流图表示单个请求的执行，正如我们在事件模型部分的示例中所看到的那样。在使用事件模型时，请求流图中的扇出表示并行执行，扇入表示执行中的连接。使用 span 模型，请求流图可以以不同的方式显示；例如，扇出可以简单地表示对与服务图类似的其他组件的调用，而不是表示并发性。

总结

本章介绍了大多数开源的、商业的和学术的分布式跟踪系统的基本原理，以及对它们如何实现的典型剖析。元数据传播是将跟踪记录与特定执行相关联，并捕获因果关系的最流行和频繁实现的方法。事件模型和 span 模型是两种完整的跟踪表示，它们以表达性换取易用性。

在这一章中，我们简要地提到了一些可视化技术，在后面的章节中将讨论更多可视化和数据挖掘的例子。

在下一章中，我们将通过练习来使用 OpenTracing API，对一个简单的 "Hello,World!" 应用程序进行分布式跟踪。

参考资料

[1] Bryan M. Cantrill, Michael W. Shapiro, Adam H. Leventhal. Dynamic Instrumentation of Production Systems. Proceedings of the 2004 USENIX Annual Technical Conference, June 27-July 2, 2004.

[2] Michael Chow, David Meisner, Jason Flinn, Daniel Peek, Thomas F. Wenisch. The Mystery Machine: End-to-end Performance Analysis of Large-scale Internet Services. Proceedings of the 11th USENIX Symposium on Operating Systems Design and Implementation. October 6-8, 2014.

[3] Paul Barham, Austin Donnelly, Rebecca Isaacs, Richard Mortier. Using Magpie for request extraction and workload modelling. OSDI '04: Proceedings of the 6th USENIX Symposium on Operating Systems Design and Implementation, 2004.

[4] The OpenTracing Project. 链接 1.

[5] Leslie Lamport. Time, clocks, and the ordering of events in a distributed system. Communications of the ACM, 21 (7), July 1978.

[6] Rodrigo Fonseca, George Porter, Randy H. Katz, Scott Shenker, Ion Stoica. X-Trace: a pervasive network tracing framework. NSDI '07: Proceedings of the 4th USENIX Symposium on Networked Systems Design and Implementation, 2007.

[7] Benjamin H. Sigelman, Luiz A. Barroso, Michael Burrows, Pat Stephenson, Manoj Plakal, Donald Beaver, Saul Jaspan, Chandan Shanbhag. Dapper, a large-scale distributed system tracing infrastructure. Technical Report dapper-2010-1, Google, April 2010.

[8] Raja R. Sambasivan, Rodrigo Fonseca, Ilari Shafer, Gregory R. Ganger. So, You Want To Trace Your Distributed System? Key Design Insights from Years of Practical Experience. Carnegie Mellon University Parallel Data Lab Technical Report CMU-PDL-14-102, April 2014.

[9] Chris Aniszczyk. Distributed Systems Tracing with Zipkin. Twitter Engineering blog, June 2012. 链接 2.

[10] Yuri Shkuro. Evolving Distributed Tracing at Uber Engineering. Uber Engineering blog, February 2017. 链接 3.

[11] Jonathan Kaldor, Jonathan Mace, Michał Bejda, Edison Gao, Wiktor Kuropatwa, Joe O'Neill, Kian Win Ong, Bill Schaller, Pingjia Shan, Brendan Viscomi, Vinod Venkataraman, Kaushik Veeraraghavan, Yee Jiun Song. Canopy: An End-to-End Performance Tracing and Analysis System. Symposium on Operating Systems Principles, October 2017.

II
数据收集问题

4

OpenTracing 的埋点基础

在第 3 章中，我们介绍了端到端跟踪背后的理论，以及在构建分布式跟踪基础设施时必须做出的各种架构决策，包括哪些数据格式可用于在进程之间传播元数据，以及将跟踪数据导出到跟踪后端。幸运的是，正如我们将在本章中所看到的，跟踪基础设施的最终用户、希望为其业务系统或开源框架或库埋点的人员，通常不需要担心这些决策。

我们之前只简单地提到了埋点和跟踪点的概念，因此在本章中，我们将分别基于用 Go、Java 和 Python 三种语言实现的规范的 "Hello,World!" 应用程序，深入探讨埋点的问题。你现在可能有跟 Jules Winnfield 同样的反应："Say Hello,World! Again.",但我保证会让这件事有趣些。

该应用程序将用微服务构建，使用数据库，偶尔会做出"不那么正确"的响应。我们将使用 OpenTracing 项目[1]中的 OpenTracing API 使埋点能够在许多跟踪供应商中移植，并且讨论诸如创建跟踪入口点/出口点，用标记和时间戳事件注释 span，编码和解码元数据，以便通过网络传输，以及 OpenTracing API 提供的进程内上下文传播机制等主题。

我们将使用三种编程语言，展示 OpenTracing API 的同一个概念在每种语言中的实现，以及由于语言限制，它们有时候有何不同。

本章将以一系列练习来组织，每个练习涉及一个特定的主题。

- 练习 1：Hello 应用程序
  - 运行应用程序
  - 审查其结构
- 练习 2：第一个跟踪
  - 实例化跟踪器
  - 创建简单跟踪
  - 注释跟踪
- 练习 3：跟踪函数和传递上下文
  - 跟踪单个函数和数据库调用
  - 将多个 span 合并为一个跟踪
  - 传播进程内请求上下文
- 练习 4：跟踪 RPC 请求
  - 拆解单体
  - 跨多个微服务跟踪事务
  - 使用注入和提取跟踪点在进程之间传递上下文
  - 应用 OpenTracing 推荐的标记
- 练习 5：使用 baggage
  - 了解分布式上下文传播
  - 使用 baggage 通过调用图传递数据
- 练习 6：自动埋点
  - 使用现有的开源埋点

- 使用非侵入式埋点
- 练习 7：额外练习

在学习完本章内容之后，你将了解如何将埋点技术应用到自己的应用程序或框架中，以实现分布式跟踪。

先决条件

为了运行本章中的示例，我们需要为三种编程语言分别准备开发环境，并运行跟踪后端。本节提供有关设置所需依赖项的说明。

项目源代码

三分之一的示例是用 Go 语言编写的，最好将源代码[2]放在 GOPATH 指定的特定目录中（这些示例是在 Go 1.11 和模块支持之前编写的）。示例已使用 Go 1.10 版本进行了测试。请按照以下步骤下载源代码：

```
$ mkdir -p $GOPATH/src/github.com/PacktPublishing
$ cd $GOPATH/src/github.com/PacktPublishing
$ git clone https://github.com/PacktPublishing/Mastering-Distributed-Tracing.git Mastering-Distributed-Tracing
```

git clone 命令的最后一个参数是确保不使用.git 后缀创建目录，否则会与 Go 编译器混淆。如果你不打算运行 Go 示例，则可以选择在任何目录中克隆源代码，因为 Python 和 Java 对此并不关心。

为了在本章中更容易地引用主目录，为方便起见，我们定义一个环境变量：

```
$ cd Mastering-Distributed-Tracing/Chapter04
$ export CH04=`pwd`
$ echo $CH04
/Users/yurishkuro/gopath/src/github.com/PacktPublishing/Mastering-Distributed-Tracing/Chapter04
```

示例的源代码按以下结构组织：

```
Mastering-Distributed-Tracing/
```

```
Chapter04/
  go/
    exercise1/
    exercise2/
    lib/
    ...
  java/
    src/main/java/
      exercise1/
      exercise2/
      ...
    pom.xml
  python/
    exercise1/
    exercise2/
    lib/
    ...
    requirements.txt
```

所有示例都先按语言分组。各语言的主目录中包含项目文件，如 `pom.xml` 或 `requirements.txt`，以及每个练习最终代码的 `exercise#` 目录列表。你还可以发现 `lib` 目录，该目录用于存放跨练习共享的代码。

除 `exercise1` 和 `exercise4a` 外，所有代码示例都建立在先前练习的基础上。你可以以 `{lang}/exercise1` 模块中的代码为基础，在本章的前半部分继续改进它，然后转到 `{lang}/exercise4a` 进行相同的操作。

Go 开发环境

请参阅 Go 官方文档，了解 Go 开发环境的安装说明。示例已经用 Go 1.10.x 版本进行了测试。除了标准的工具链，你还需要安装依赖管理工具 `dep`。安装后，运行 `dep ensure` 下载所有必要的依赖项：

```
$ cd $CH04/go
$ dep ensure
```

在 `Gopkg.toml` 文件中声明依赖项，例如：

```
[[constraint]]
  name = "github.com/uber/jaeger-client-go"
  version = "^2.14.0"
```

为了确保可重复构建，dep 使用 Gopkg.lock 文件，在该文件中，将依赖项解析为特定版本或 Git 提交。当运行 dep ensure 时，它会下载所有依赖项并将它们存储在 vendor 文件夹中。

Java 开发环境

Java 示例已经用 Java 8 进行了测试，但很可能也适用于更新的 JDK 版本。你可以下载 OpenJDK。我使用 Maven 构建和运行示例，包括 Maven 包装器脚本 mvnw 和 mvnw.cmd，这样就不必全局安装 Maven 了。运行 mvnw，下载所有必要的依赖项：

```
$ cd $CH04/java
$ ./mvnw install
```

Python 开发环境

要运行 Python 示例，请安装 Python 2.7.x 或 3.7.x 版本。我们还需要安装依赖管理工具 pip 和虚拟环境管理器 virtualenv。请初始化 workspace 并按如下方式安装依赖项：

```
$ cd $CH04/python
$ virtualenv env
$ source env/bin/activate
$ pip install -r requirements.txt
```

这将创建一个包含虚拟环境的子目录 env，然后激活它，并运行 pip 来安装依赖项。如果你更熟悉其他的 Python 环境工具，比如 pipenv 或 pyenv，则可以随意使用它们。

MySQL 数据库

我们的应用程序将调用 MySQL 数据库。我们没有外来的需求，所以任何版本的 MySQL 都可以工作，但是我特别测试了 MySQL Community Server 5.6 版本。你可以本地下载并安装它，但我建议将其作为 Docker 容器运行：

```
$ docker run -d --name mysql56 -p 3306:3306 \
    -e MYSQL_ROOT_PASSWORD=mysqlpwd mysql:5.6
```

```
cae5461f5354c9efd4a3a997a2786494a405c7b7e5b8159912f691a5b3071cf6
$ docker logs mysql56 | tail -2
2018-xx-xx 20:01:17 1 [Note] mysqld: ready for connections.
Version: '5.6.42'  socket: '/var/run/mysqld/mysqld.sock'  port: 3306
MySQL Community Server (GPL)
```

你可能需要定义一个用户和权限来创建数据库，这超出了本书的讨论范围。为简单起见，我们使用默认的 `root` 用户来访问数据库（在生产环境中不应该这样做），并使用 `mysqlpwd` 密码。

源代码包含一个名为 `database.sql` 的文件，其中包含创建 `chapter04` 数据库和 `people` 表的 SQL 指令，并将一些数据输入这个表中：

```
$ docker exec -i mysql56 mysql -uroot -pmysqlpwd < $CH04/database.sql
Warning: Using a password on the command line interface can be insecure.
```

如果你使用的是本地安装，则可以直接运行 `mysql`：

```
$ mysql -u root -p < $CH04/database.sql
Enter password:
```

查询工具（curl 或 wget）

示例应用程序将暴露一个 REST API，因此我们需要一种与之交互的方法。一种选择是在浏览器中键入 URL。还有一种更简单的方法，是使用命令行实用工具，如 `curl`：

```
$ curl http://some-domain.com/some/url
```

或者 `wget`，它需要一些额外的参数将响应打印到屏幕上：

```
$ wget -q -o- http://some-domain.com/some/url
```

跟踪后端（Jaeger）

最后，我们将使用 Jaeger[3] 作为跟踪后端，因此建议启动它并保持运行。请参阅第 2 章 "跟踪一次 HotROD 之旅" 中的关于如何运行其 all-in-one 二进制文件或 Docker 容器的说明。启动后端后，请验证是否可以在 `http://localhost:16686/` 上打开 Web 前端。

OpenTracing

在开始练习之前，让我们先讨论一下 OpenTracing 项目。2015 年 10 月，Zipkin 的首席维护者 Adrian Cole 在旧金山的 Pivotal 办公室组织并主持了一场"分布式跟踪与 Zipkin 工作坊"会议。与会者包括商业跟踪供应商、开源开发人员和来自多个公司的工程师，他们负责在其组织中构建或部署跟踪基础设施。

走廊讨论的一个共同主题是，在大型组织中广泛采用跟踪实践的最大障碍是由于缺乏标准 API，大量开源框架和库缺乏可重用的工具。这迫使所有的供应商、开源跟踪系统（比如 Zipkin）及最终用户重复实现对相同的流行软件和框架的埋点。

该团队合作开发了通用埋点 API 的第一个版本，该 API 最终成为 OpenTracing 项目，**在云原生计算基金会（CNCF）**孵化。它现在包含许多主要编程语言中的标准跟踪 API，并维护一百多个模块，这些模块为各种流行的开源框架提供了埋点工具。在最后一个练习中，我们将使用现成的埋点工具，但是先让我们讨论一下 OpenTracing 的一般原则。

关于 OpenTracing 项目，人们犯的一个常见错误是认为它提供了实际的端到端跟踪基础设施。我们将在第 6 章"跟踪标准与生态系统"中看到，在组织中部署跟踪系统需要解决五个不同的问题。OpenTracing 项目解决了这些问题中的一个且只有一个：为埋点提供与供应商无关的 API，以及为流行框架提供可重用的埋点工具。这很可能是受众最多的问题，因为即使一个组织有数千名软件工程师，也只有少数工程师实际从事部署跟踪基础设施的工作。其余的工程师将开发他们自己的应用程序，并希望在其基础设施库中包含跟踪埋点工具，或者希望有一个清晰的、定义良好的 API 用于检测自己的代码。

OpenTracing API 允许开发人员专注于他们最了解的事情：描述由他们的软件执行的分布式事务的语义行为。跟踪的所有其他关注点，例如元数据的精确联系和 span 数据的格式，都委托给 OpenTracing API 实现，最终用户可以在不更改代码的情况下对具体的实现进行替换。

OpenTracing API 定义了两个主要实体：**tracer** 和 **span**。tracer 是一个单例对象，负责创建跨流程与组件边界传输上下文的 span 和暴露的方法。例如，在 Go 语言中，`Tracer` 接口只有三个方法：

```
type Tracer interface {
    StartSpan(operationName string, opts
...StartSpanOption) Span
    Inject(sc SpanContext, format interface{}, carrier
interface{}) error
    Extract(format interface{}, carrier interface{})
(SpanContext, error)
}
```

span 是在应用程序中实现给定跟踪点的接口。正如我们在第 3 章中所讨论的，在 span 模型的上下文中，span 表示代表特定分布式执行的应用程序完成的工作单元。这个工作单元有一个名称，在 OpenTracing 中称为"操作名称"（有时也称为"span 名称"）。每个 span 都有一个开始时间和结束时间，并且在大多数情况下都包括一个与同一个执行上下文中的先前 span 之间的因果连接，以"span 引用"的形式提供给 `StartSpan()` 方法。

跟踪器启动的所有 span 都必须通过调用 `Finish()` 方法来完成，此时 tracer 实现可以立即将累加的数据发送到跟踪后端或者缓冲数据，然后将其作为更大批处理的一部分与其他完成的 span 一起发送，以提高效率。span 接口还具有用标记（键值对）和日志（带有自己标记的时间戳事件）注释 span 的方法。Go 语言中的 `span` 接口如下（这里排除了一些重载方法）：

```
type Span interface {
    SetOperationName(operationName string) Span
    SetTag(key string, value interface{}) Span
    LogFields(fields ...log.Field)

    SetBaggageItem(restrictedKey, value string) Span
    BaggageItem(restrictedKey string) string

    Finish()

    Context() SpanContext
    Tracer() Tracer
}
```

正如我们所看到的，span 主要是一个只写 API。除 baggage API（稍后我们将讨论）之外，所有其他方法都用于将数据写入 span，无法读取。这是有意的，因为要求为记录的数据提供一个读取 API 会对如何在内部处理这些数据增加额外的限制。

span 上下文是 OpenTracing API 中的另一个重要概念。在第 3 章中，我们讨论了跟踪系统能够通过沿着请求的执行路径传播元数据来跟踪分布式执行。span 上下文是该元数据在内存中的表示形式。它实际上没有任何方法，除了 baggage 迭代器，因为元数据的实际表示是特定于实现的。相反，Tracer 接口提供了 Inject() 和 Extract() 方法，这些方法允许埋点对 span 上下文表示的元数据进行编码，并且这些元数据可以与一些连接进行编码。

两个 span 之间的因果关系用 **span** 引用表示，span 引用是两个值的组合：引用类型（描述关系的性质）和一个 span 上下文（标识引用的 span）。span 引用只能在 span 启动时被记录在该 span 中，这防止了因果关系图中的循环。我们将在本章的后续部分对 span 引用进行深入讨论。

为了完成对 OpenTracing 概念模型的简要介绍，让我们查看图 4.1 中关于 Jaeger 的具体表示形式。在左边，我们看到 Span 结构，它包含预期的字段，如 operationName、startTime、duration、tags 和 logs。我们还看到 traceId 和 spanId 字段，它们是 Jaeger 特有的，因为 OpenTracing API 的另一个实现可能对这些字段有不同的表示，甚至是完全不同的字段。

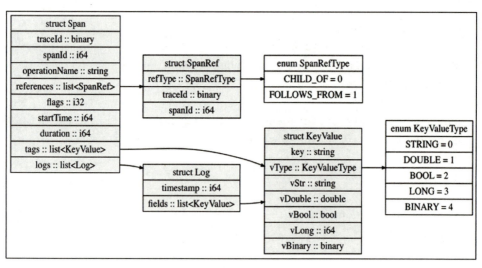

图 4.1　Jaeger 简化的物理数据模型中的 OpenTracing 概念模型的表示

references 列表包含因果关系 DAG 中到祖先 span 的链接。标记由 KeyValue 结构表示，该结构包含一个键和一个五种类型之一的值。

Log 结构是时间戳和嵌套的键值对列表（在 OpenTracing API 中称为"日志字段"）的组合。span 上下文没有数据类型，因为这是 Jaeger 的后端数据模型，只有在执行过程中才需要 span 上下文，以便传递元数据，并在 span 之间建立因果关系引用。如果查看 Go 语言中 OpenTracing API 的 Jaeger 实现，将发现 SpanContext 接口的如下实现：

```
type SpanContext struct {
    traceID  TraceID
    spanID   SpanID
    flags    byte
    baggage  map[string]string
    debugID  string
}
```

现在我们已经回顾了 OpenTracing API 的基础知识，让我们看看它的实际应用。

练习 1：Hello 应用程序

在第一个练习中，我们将运行一个简单的单进程 "Hello" 应用程序，并检查它的源代码，以便稍后将其应用于分布式跟踪中。应用程序作为 Web 服务实现，我们可以通过发送 HTTP 请求来访问：

```
$ curl http://localhost:8080/sayHello/John
Hello, John!

$ curl http://localhost:8080/sayHello/Margo
Hello, Margo!
```

然而，该应用程序有一些令人惊悚的"暴露狂"倾向，偶尔会自愿提供额外更多的信息：

```
$ curl http://localhost:8080/sayHello/Vector
Hello, Vector! Committing crimes with both direction and magnitude!

$ curl http://localhost:8080/sayHello/Nefario
```

```
Hello, Dr. Nefario! Why ... why are you so old?
```

它在我们先前创建和设定的 MySQL 数据库中查找信息。在后面的练习中,我们将扩展这个应用程序以运行几个微服务。

用 Go 语言实现 Hello 应用程序

所有 Go 练习的工作目录是 `$CH04/go`。

让我们运行应用程序(为简洁起见,我从日志中删除了日期和时间戳):

```
$ go run ./exercise1/hello.go
Listening on http://localhost:8080/
```

现在 HTTP 服务器已经运行,让我们从另一个终端窗口查询它:

```
$ curl http://localhost:8080/sayHello/Gru
Hello, Felonius Gru! Where are the minions?%
```

让我们回顾一下应用程序代码的结构:

```
$ ls exercise1/*
exercise1/hello.go

exercise1/people:
repository.go
```

我们可以看到应用程序由主文件 `hello.go` 和名为 `people` 的数据存储库模块组成。数据存储库使用在共享位置 `lib/model/person.go` 中定义的自解释 `Person` 类型:

```
package model

// Person represents a person.
type Person struct {
    Name        string
    Title       string
    Description string
}
```

数据存储库 `people/repository.go` 也相当简单。它从 `import` 开始:

```go
package people

import (
    "database/sql"
    "log"

    "github.com/go-sql-driver/mysql"

    "github.com/PacktPublishing/Mastering-Distributed-Tracing/Chapter04/go/lib/model"
)
```

我们可以看到它导入了 MySQL 驱动程序和定义 Person 结构的 model 包。然后有几个声明：MySQL 数据库的连接 URL（其中 root:mysqlpwd 表示用户名和密码）和 Repository 类型：

```go
const dburl = "root:mysqlpwd@tcp(127.0.0.1:3306)/chapter04"
// Repository 读取 people 的信息
type Repository struct {
    db *sql.DB
}
```

使用构造函数创建一个数据库连接并将其存储在 Repository 对象中：

```go
// NewRepository 创建了一个 MySQL 数据库的 repository
func NewRepository() *Repository {
    db, err := sql.Open("mysql", dburl)
    if err != nil {
        log.Fatal(err)
    }
    err = db.Ping()
    if err != nil {
        log.Fatalf("Cannot ping the db: %v", err)
    }
    return &Repository{
        db: db,
    }
}
```

它使用 `log.Fatal` 立即引起程序崩溃，因为没有数据库连接，它将无法运行。主方法 `GetPerson()` 从给定人名的数据库中查找此人的信息：

```go
// GetPerson 尝试通过名字在数据库中查找对应的人
// 如果找不到，它还是会返回一个只带有名字的 Person 对象
func (r *Repository) GetPerson(name string) (model.Person, error) {
    query := "select title, description from people where name = ?"
    rows, err := r.db.Query(query, name)
    if err != nil {
        return model.Person{}, err
    }
    defer rows.Close()

    for rows.Next() {
        var title, descr string
        err := rows.Scan(&title, &descr)
        if err != nil {
            return model.Person{}, err
        }
        return model.Person{
            Name:        name,
            Title:       title,
            Description: descr,
        }, nil
    }
    return model.Person{
        Name: name,
    }, nil
}
```

使用 `Close()` 方法关闭数据库连接：

```go
// Close 关闭数据库连接
func (r *Repository) Close() {
    r.db.Close()
}
```

这是 Go 语言的 database/sql 模块的标准用法。接下来，让我们看看 hello.go 中的主要应用程序代码。我们需要导入 people 包才能访问存储库：

```go
package main

import (
    "log"
    "net/http"
    "strings"

    "github.com/PacktPublishing/Mastering-Distributed-Tracing/chapter-04/go/exercise1/people"
)
```

使用主函数创建存储库并启动一台 HTTP 服务器，侦听 8080 端口，为 sayHello 这个端点提供服务：

```go
var repo *people.Repository

func main() {
    repo = people.NewRepository()
    defer repo.Close()

    http.HandleFunc("/sayHello/", handleSayHello)

    log.Print("Listening on http://localhost:8080/")
    log.Fatal(http.ListenAndServe(":8080", nil))
}
```

端点由 handleSayHello() 函数实现。从 URL 路径读取人名并调用另一个函数 SayHello(name)：

```go
func handleSayHello(w http.ResponseWriter, r *http.Request) {
    name := strings.TrimPrefix(r.URL.Path, "/sayHello/")
    greeting, err := SayHello(name)
    if err != nil {
        http.Error(w, err.Error(), http.StatusInternalServerError)
        return
```

```
        }
        w.Write([]byte(greeting))
    }
```

使用 SayHello() 函数读取存储库按人名加载 Person 对象,并使用可能找到的信息格式化问候语:

```
// SayHello creates a greeting for the named person.
func SayHello(name string) (string, error) {
    person, err := repo.GetPerson(name)
    if err != nil {
        return "", err
    }
    return FormatGreeting(
        person.Name,
        person.Title,
        person.Description,
    ), nil
}

// FormatGreeting combines information about a person into a
greeting.
func FormatGreeting(name, title, description string) string {
    response := "Hello, "
    if title != "" {
        response += title + " "
    }
    response += name + "!"
    if description != "" {
        response += " " + description
    }
    return response
}
```

用 Java 语言实现 Hello 应用程序

所有 Java 练习的工作目录是 $CH04/Java。应用程序使用 Spring Boot 框架。我们使用

Maven 包装器来构建和运行应用程序。在 `pom.xml` 文件中定义依赖项，包括用于 Spring Boot 的依赖、用于访问数据库的 JPA 适配器、MySQL 连接，最后是 Jaeger 客户端库：

```xml
<dependency>
    <groupId>io.jaegertracing</groupId>
    <artifactId>jaeger-client</artifactId>
    <version>0.31.0</version>
</dependency>
```

该文件还包括一个注释掉的依赖项 `opentracing-spring-cloud-starter`：

```xml
<!--
<dependency>
    <groupId>io.opentracing.contrib</groupId>
    <artifactId>opentracing-spring-cloud-starter</artifactId>
    <version>0.1.13</version>
</dependency>
-->
```

请在"练习 6"之前不要取消注释。因为所有练习都被定义在同一个模块中，有多个定义 `main()` 函数的类，所以必须告诉 Spring 要运行哪个主类，如下所示：

```
$ ./mvnw spring-boot:run -Dmain.class=exercise1.HelloApp
[... a lot of logs ...]
INFO 57474 --- [main] exercise1.HelloApp: Started HelloApp in 3.844 seconds
```

与 Go 和 Python 应用程序相比，Maven 和 Spring 生成了大量日志。最后的日志应该说明应用程序已经启动。我们可以像测试其他两种语言的程序那样测试它：

```
$ curl http://localhost:8080/sayHello/Gru
Hello, Felonius Gru! Where are the minions?%
```

应用程序的源代码由两个包组成。其中一个（`lib.people`）在所有练习中共享，并将 Person 类定义为数据模型，将 PeopleRepository 定义为数据访问接口：

```java
@Entity
@Table(name = "people")
public class Person {
    @Id
```

```
    private String name;

    @Column(nullable = false)
    private String title;

    @Column(nullable = false)
    private String description;

    public Person() {}

    public Person(String name) { this.name = name; }
}

public interface PersonRepository
    extends CrudRepository<Person, String> {
}
```

Person类还包括其成员的getter，此处省略。总之，这两个类允许我们使用Spring Data访问数据库。数据库连接的详细信息在 src/main/resources/application.properties 中定义：

```
spring.jpa.hibernate.ddl-auto=none
spring.datasource.url=jdbc:mysql://localhost:3306/Chapter04
spring.datasource.username=root
spring.datasource.password=mysqlpwd
```

主应用程序代码可以在 exercise1 包中找到。它包含一个非常简单的主类HelloApp，这里将Spring指向 lib.people 包以自动发现数据模型和存储库接口：

```
@EnableJpaRepositories("lib.people")
@EntityScan("lib.people") @SpringBootApplication
public class HelloApp {
    public static void main(String[] args) {
        SpringApplication.run(HelloApp.class, args);
    }
}
```

主要逻辑在HelloController类中：

```java
@RestController
public class HelloController {

    @Autowired
    private PersonRepository personRepository;

    @GetMapping("/sayHello/{name}")
    public String sayHello(@PathVariable String name) {
        Person person = getPerson(name);
        String response = formatGreeting(person);
        return response;
    }

    private Person getPerson(String name) { ... }

    private String formatGreeting(Person person) { ... }
}
```

它定义了一个端点 sayHello,调用两个函数按人名来获取人员并为该人员设置问候语格式:

```java
private Person getPerson(String name) {
    Optional<Person> personOpt = personRepository.findById(name);
    if (personOpt.isPresent()) {
        return personOpt.get();
    }
    return new Person(name);
}

private String formatGreeting(Person person) {
    String response = "Hello, ";
    if (!person.getTitle().isEmpty()) {
        response += person.getTitle() + " ";
    }
    response += person.getName() + "!";
    if (!person.getDescription().isEmpty()) {
        response += " " + person.getDescription();
```

```
    }
    return response;
}
```

用 Python 语言实现 Hello 应用程序

所有 Python 练习的工作目录是 `$CH04/python`。我们可以在 `exercise1` 模块中找到基本的 Hello 应用程序，它使用 Flask 框架来实现 HTTP 服务器。让我们运行它：

```
$ python -m exercise1.hello
 * Serving Flask app "py-1-hello" (lazy loading)
 * Environment: production
   WARNING: Do not use the development server in a production environment.
   Use a production WSGI server instead.
 * Debug mode: off
 * Running on http://127.0.0.1:8080/ (Press CTRL+C to quit)
```

现在用 `curl` 查询它：

```
$ curl http://localhost:8080/sayHello/Gru
Hello, Felonius Gru! Where are the minions?
```

应用程序由两个文件组成。`database.py` 模块包含使用 ORM 框架 SQL Alchemy 从数据库中查询数据的基本代码：

```
from sqlalchemy import create_engine
from sqlalchemy.ext.declarative import declarative_base
from sqlalchemy.orm import sessionmaker
from sqlalchemy.schema import Column
from sqlalchemy.types import String

db_url = 'mysql+pymysql://root:mysqlpwd@localhost:3306/chapter04'
engine = create_engine(db_url, echo=False)
Session = sessionmaker(bind=engine)
session = Session()
Base = declarative_base()

class Person(Base):
    __tablename__ = 'people'
```

```
        name = Column(String, primary_key=True)
        title = Column(String)
        description = Column(String)

        @staticmethod
        def get(name):
            return session.query(Person).get(name)
```

它允许我们执行像 `Person.get("name")` 这样的查询。主应用程序定义了一个HTTP处理程序函数和两个帮助函数,用于从数据库中读取人员数据并格式化问候语:

```
from flask import Flask
from .database import Person

app = Flask('py-1-hello')

@app.route("/sayHello/<name>")
def say_hello(name):
    person = get_person(name)
    resp = format_greeting(
        name=person.name,
        title=person.title,
        description=person.description,
    )
    return resp

def get_person(name):
    person = Person.get(name)
    if person is None:
        person = Person()
        person.name = name
    return person

def format_greeting(name, title, description):
    greeting = 'Hello, '
    if title:
        greeting += title + ' '
```

```
        greeting += name + '!'
        if description:
            greeting += ' ' + description
        return greeting

    if __name__ == "__main__":
        app.run(port=8080)
```

练习总结

在第一个练习中，我们熟悉了"Hello"应用程序的源代码，并学习了如何运行它。在下面的练习中，我们将使用 OpenTracing API 对该程序进行埋点，并将其重构为多个微服务。

练习 2：第一个跟踪

既然我们已经熟悉了示例应用程序，那么再添加一些非常基本的埋点来为它处理的每个 HTTP 请求创建跟踪。我们将分三步进行：

1. 创建跟踪器实例。

2. 在 HTTP 处理程序函数中启动 span。

3. 在代码中的一些地方用额外的细节注释 span。

步骤 1：创建跟踪器实例

如前所述，OpenTracing 只是一个 API，因此需要实例化跟踪器的具体实现。我们以 Jaeger 跟踪器为例，但是创建跟踪器的函数将是整个程序中唯一特定于 Jaeger 的地方。它可以很容易地被替换为任何其他 OpenTracing 兼容的跟踪器，例如 Zipkin 或来自商业供应商的跟踪器。

跟踪器应作为单例使用：每个应用程序一个跟踪器。一个应用程序需要多个跟踪器的情况很少见。例如，我们将在第 7 章"使用服务网格进行跟踪"中看到，服务网格可以代表不同的应用程序创建 span，这可能需要跟踪器的多个实例。确保跟踪器的单例实例的确切机制是特定于语言和框架的。OpenTracing API 库通常提供一种使用全局变量定义全局跟踪器的机制，但是，应用程序不需要使用该机制，而是选择相信依赖注入。

不同语言的 Jaeger 库有一个约定,即它们提供一个 Configuration 类,可以充当 Tracer 的构建器。在默认情况下,构建器创建一个生产环境级别的跟踪器,包括一个采样策略,该策略只对大约 1000 个跟踪中的一个进行采样。出于我们的目的,我们希望对所有跟踪进行采样,因此将通过配置 Configuration 类使用"const"策略来覆盖采样策略,这意味着它总是以参数 param=1 做出相同的决策,即该决策始终是"yes"(此采样器将参数视为布尔值)。我们对默认值做的另一个小调整是指示报告程序为所有完成的 span 写一个日志条目。报告程序是 Jaeger 跟踪器的一个内部组件,负责将流程外已完成的 span 导出到跟踪后端。

Configuration 类希望我们提供一个**服务名称**,跟踪后端使用它来标识分布式调用图中的服务实例。在这个练习中,我们只有一个服务,但是在后面的练习中,我们将把它分成多个微服务,通过给它们赋予不同的名称,将能够更清楚地看到分布式执行调用图的形状。我们将使用简单的符号来命名服务:

{language}-{exercise number}-{microservice name}

例如,本练习中的 Go 服务将被称为"go-2-Hello"。此命名方案使我们在跟踪 UI 中可以清楚地辨别服务。

在 Go 中创建跟踪器

创建跟踪器是我们在所有练习中都需要做的事情,因此,我将它放入 $CH04/go/lib/tracing 下的共享模块 init.go 文件中,而不是在每个练习中都重复编写该代码。让我们看看它的 import:

```
package tracing

import (
    "io"
    "log"

    opentracing "github.com/opentracing/opentracing-go"
    jaeger "github.com/uber/jaeger-client-go"
    config "github.com/uber/jaeger-client-go/config"
)
```

这里导入的 `opentracing-go` 模块定义了 Go 语言的官方的 OpenTracing API。我们将它重命名为 `opentracing`，严格来说，这是不必要的，因为这是包名，但是我们只想更明确一点，因为它的导入路径是以不同的名称结束的。

我们还从 Jaeger 客户端库导入两个模块来实现 OpenTracing API。`config` 模块用于创建一些设置参数化的跟踪器。我们只需要 `jaeger` 模块，因为要使用 `jaeger.StdLogger` 类型将 Jaeger 跟踪器绑定到标准库日志程序，我们在程序的其他地方使用它。主函数如下：

```
// Init 返回了一个跟踪采样率为 100% 的 Jaeger 跟踪器，并且
// 把所有的 span 都输出到 stdout
func Init(service string) (opentracing.Tracer, io.Closer) {
    cfg := &config.Configuration{
        Sampler: &config.SamplerConfig{
            Type:  "const",
            Param: 1,
        },
        Reporter: &config.ReporterConfig{
            LogSpans: true,
        },
    }
    tracer, closer, err := cfg.New(
        service,
        config.Logger(jaeger.StdLogger),
    )
    if err != nil {
        log.Fatalf("ERROR: cannot init Jaeger: %v", err)
    }
    return tracer, closer
}
```

函数返回实现 `opentracing.Tracer` 接口的跟踪器实例，并且 `Closer` 接口的实例可用于在程序结束前关闭跟踪器，以确保它刷新可能仍存储在内部内存缓冲区中的任何 span。`Init()` 函数接受服务名称作为参数，因为我们将根据不同的练习对其进行更改。

现在，我们可以在 `hello.go` 文件中将对此函数的调用添加到主应用程序中。首先，添加 `import`：

```
import (
    "log"
    "net/http"
    "strings"
    opentracing "github.com/opentracing/opentracing-go"

    "github.com/PacktPublishing/Mastering-Distributed-Tracing/
Chapter04/go/exercise2/people"
    "github.com/PacktPublishing/Mastering-Distributed-Tracing/
Chapter04/go/lib/tracing"
)
```

然后，声明一个名为 `tracer` 的全局变量（这样就不必将它传递给函数了），并通过在 `main()` 中调用 `tracing.Init()` 来初始化它：

```
var repo *people.Repository
var tracer opentracing.Tracer

func main() {
    repo = people.NewRepository()
    defer repo.Close()

    tr, closer := tracing.Init("go-2-hello")
    defer closer.Close()
    tracer = tr
```

如前所述，我们将传递"go-2-hello"字符串作为服务名称。为了确保跟踪器能够在程序停止运行时刷新它在缓冲区中累积的任何 span，我们延迟调用 `closer.Close()`。

在 Java 中创建跟踪器

与 Go 和 Python 不同，在 Java 中创建跟踪器是最简洁的，因此直接将其包含在主 HelloApp 中。我们将其声明为 bean，这样就可以通过依赖注入在其他地方提供它：

```
@Bean
public io.opentracing.Tracer initTracer() {
    SamplerConfiguration samplerConfig =
        new SamplerConfiguration()
```

```
            .withType("const").withParam(1);
        ReporterConfiguration reporterConfig =
            new ReporterConfiguration().withLogSpans(true);
        return new Configuration("java-2-hello")
            .withSampler(samplerConfig)
            .withReporter(reporterConfig)
            .getTracer();
}
```

在 Python 中创建跟踪器

与 Go 程序类似,创建跟踪器是我们在所有练习中都需要做的事情,因此,我将它放入$CH04/python/lib下名为tracing.py 的共享模块中,而不是每次都重复编写该代码:

```
import logging
from jaeger_client import Config

def init_tracer(service):
    logging.getLogger('').handlers = []
    logging.basicConfig(format='%(message)s', level=logging.DEBUG)

    config = Config(
        config={
            'sampler': {
                'type': 'const',
                'param': 1,
            },
            'logging': True,
            'reporter_batch_size': 1,
        },
        service_name=service,
    )

    # 这个调用设置全局变量 opentracing.tracer
    config.initialize_tracer()
```

我们在这里做的第一件事情是配置 Python 的日志记录。这可能不是最理想的地方,但跟踪器是使用它的唯一组件，所以在这里配置日志记录是为了方便。然后将看到我们已经相当熟悉的配置。附加参数 `reporter_batch_size=1` 用于指示跟踪器立即刷新 span，而不是缓存 span。

正如我们在注释中所看到的，最后一个函数 `config.initialize_tracer()` 不仅创建并返回 Jaeger 跟踪器的实例（我们实际上忽略了返回值），而且在 Jaeger 客户端隐式导入的 Python OpenTracing 库提供的全局变量 `opentracing.tracer` 中设置它。稍后我们将使用这个实例，将它放在全局变量中很方便，这样可以避免实现依赖注入。

有了这个实用函数，我们只需要从主文件 `hello.py` 中调用它即可：

```
from flask import Flask
from .database import Person
from lib.tracing import init_tracer

app = Flask('py-2-hello')
init_tracer('py-2-hello')
```

注意，我们正在将服务名称 `py-2-hello` 传递给跟踪器。

步骤 2：启动 span

为了启动跟踪器，我们需要创建至少一个 span。当在跟踪中创建第一个 span 时，跟踪器会做一些一次性的内部工作。例如，Jaeger 跟踪器将生成一个唯一的跟踪 ID，并将执行一个采样策略来决定是否应该对给定的执行进行采样。通过采样策略所做的决定具有"黏性"：一旦做出决定，它就被应用于同一个跟踪中的所有 span，它们将是第一个 span 的后代，第一个 span 通常被称为"根 span"。

当采样决策为"no"时，对 span 的一些 API 调用可能会短路，例如，试图用标记注释 span 将不可行。但是，跟踪 ID、span ID 和其他元数据仍将与分布式执行一起传播，即使对于未采样的跟踪也是如此。我们将在第 8 章"关于采样"中更详细地介绍采样，在那里我们将看到 Jaeger 实现的所谓"预先"或"基于头部的采样"并不是唯一可能的采样技术，尽管其是行业中最流行的。

由于我们希望通过应用程序处理的每个 HTTP 请求都有一个新的跟踪，所以将向 HTTP 处理程序函数中添加埋点代码。每次启动一个 span 时，都需要给它一个名字，在 OpenTracing

中称为"操作名称"。操作名称有助于以后分析跟踪，并可用于对跟踪进行分组、构建延迟柱状图、跟踪端点**服务级别目标（SLO）**等。现在，由于在聚合中频繁使用，操作名称不应该具有很高的基数。例如，在 Hello 应用程序中，人名被编码为 HTTP 路径参数，例如 `/sayHello/Margo`。使用这个精确的字符串作为操作名称是一个坏主意，因为可能会用数千个不同的名称查询服务，每个名称都会产生一个唯一的 span 名称，这将使得对 span 的任何聚合分析（如对端点的延迟分析）都非常困难。

如果应用程序使用 Web 框架，正如我们在 Java 和 Python 示例中所做的那样，那么其往往会为 URL 定义一种模式，通常称为路由，例如 Java 示例中的"`/sayHello/{name}`"模式：

```
@GetMapping("/sayHello/{name}")
public String hello(@PathVariable String name) { ... }
```

路由模式是固定的，不依赖 `{name}` 参数的实际值，因此将其用作 span 操作名称是一个很好的选择。然而，在本练习中，为了实现跨语言的一致性，我们将使用"`say-hello`"字符串作为操作名称。

正如我们前面所讨论的，span 是一个带有开始和结束时间戳的工作单元。为了捕获 span 的结束时间戳，埋点代码必须对其调用 `Finish()` 方法。如果不调用 `Finish()` 方法，则可能根本不会向跟踪后端报告 span，因为通常对 span 对象的唯一引用在创建它的函数中。一些跟踪器实现可能提供了额外的跟踪功能，并且仍然报告未完成的 span，但这并不是一个确定的行为。因此，OpenTracing 规范要求显式调用 `Finish()` 方法。

在 Go 中启动 span

在 Go 中，HTTP 处理程序函数是 `handleSayHello`。我们可以从一开始就启动一个 span：

```go
func handleSayHello(w http.ResponseWriter, r *http.Request) {
    span := tracer.StartSpan("say-hello")
    defer span.Finish()

    name := strings.TrimPrefix(r.URL.Path, "/sayHello/")
    ...
}
```

为了确保在处理程序返回时完成 span（成功或者出现错误），我们在启动 span 后立即使用 `defer` 关键字调用 `Finish()`。

在 Java 中启动 span

在 Java 中启动 span，看起来与在 Go 和 Python 中启动 span 有点不同。没有使用带有可变参数的 `startSpan()` 函数，Java OpenTracing API 使用了 Builder 模式，它允许通过流式语法添加选项，我们将在本章的后面看到。此时不需要任何选项，在 `sayHello()` 函数中启动 span：

```
@GetMapping("/sayHello/{name}")
public String sayHello(@PathVariable String name) {
    Span span = tracer.buildSpan("say-hello").start();
    try {
        ...
        return response;
    } finally {
        span.finish();
    }
}
```

为了确保 span 总是完成的，即使在异常情况下，我们使用的也是 `try-finally` 语句。为了访问跟踪器，我们需要声明它是由 Spring 框架自动注入的：

```
@Autowired
private Tracer tracer;
```

在 Python 中启动 span

Python 中 OpenTracing 的 `Span` 类实现了上下文管理器，并且可以在 `with` 语句中使用。它很有用，因为它允许自动完成 span——即使其中的代码引发异常。我们可以在处理程序函数中启动一个 span：

```
import opentracing

@app.route("/sayHello/<name>")
def say_hello(name):
    with opentracing.tracer.start_span('say-hello'):
```

```
person = get_person(name)
resp = format_greeting(
    name=person.name,
    title=person.title,
    description=person.description,
)
return resp
```

步骤3：注释span

如果运行启动和完成span的埋点代码，则能够在Jaeger用户界面中看到跟踪。虽然这些跟踪十分精简，但是我们确实看到了服务名称、操作名称和延迟。我们还看到了Jaeger自动添加的一些标记，包括采样策略和过程信息的细节，比如IP地址。除此之外，没有关于应用程序的自定义信息，跟踪看起来与我们在HotROD演示应用程序中看到的非常不同（见图4.2）。

图4.2　没有任何自定义注释的单个span

span的主要目标是展示它所代表的操作。有时一个名称和几个时间戳就足够了。在其他情况下，如果想分析系统的行为，则可能需要更多的信息。

作为开发人员，我们最清楚在上下文中什么可能有用：调用的服务器的远程地址、访问的数据库副本的标识、遇到异常的详细信息和堆栈跟踪、尝试访问的账号、从存储中检索的记录的数量，等等。这里的规则类似于日志记录：记录你认为可能有用的内容，并通过采样控制开销。如果你发现一些关键的数据丢失了，那么就添加它！这就是埋点的意义所在。

OpenTracing API 提供了两个工具来记录 span 中的自定义信息:"标记"和"日志"。标记是应用于整个 span 的键值对,通常用于查询和筛选跟踪数据。例如,如果 span 表示 HTTP 调用,那么最好使用标记记录 HTTP 方法,比如 GET 或 POST。

日志表示时间点事件。从这个意义上说,它们与我们在整个程序中经常使用的传统日志密切相关,只是它们与单个 span 相关。OpenTracing 日志也是结构化的,即表示为时间戳和键值对的嵌套集合。如果不想使用嵌套 span,则可以使用 span 日志来记录在 span 生命周期内发生的其他事件。例如,对于 HTTP 请求 span,我们可能需要记录以下较低级别的事件:

- 开始 DNS 查找。
- DNS 查找已完成。
- 正在尝试建立 TCP 连接。
- TCP 连接已建立。
- HTTP 头已写入。
- 已完成写入 HTTP 请求正文。

将这些事件记录为 span 日志,根据记录顺序和时间戳在它们之间建立基本的因果关系。在某些情况下,其可能是用于分析性能问题的足够详细的事件级别。在其他情况下,可能需要更结构化的表示,例如,将 DNS 查找和 TCP 握手表示为它们自己的 span,因为它们也有定义良好的起点和终点。

span 记录被称为"日志"这一事实经常令人困惑,并导致产生诸如"何时应该使用常规日志,以及何时应该使用 span 日志"之类的问题。这个问题没有一个放之四海而皆准的答案。有些日志只作为 span 的一部分,并没有什么意义;我们已经在 HotROD 演示应用程序中看到了一些例子,其中自定义日志 API 为那些作为应用程序生命周期的一部分,而不是作为特定的请求执行的一部分发生的事件保留了术语"后台日志"。

对于与单个请求相关的日志,还需要考虑其他方面。大多数跟踪系统都不是作为日志聚合服务设计的,因此它们可能不提供与 **Elasticsearch-Logstash-Kibana(ELK)** 相同的功能。对于日志和跟踪,采样的工作方式通常不同:日志有时对每个进程采样(或节流),而跟踪总是对每个请求(分布式执行)采样。回顾过去,如果 OpenTracing 规范使用"事件"而不是"日志"这个术语,直到业界决定如何处理这两种情况,那就更好了。事实上,OpenTracing 建议每个 span 日志中的一个键值对都是一个 key="event"对,它描述了被记录的整个事件,而事件的其他属性作为附加字段提供。

在对 Hello 应用程序中的某些问题进行故障排除时,可能需要在 span 中记录哪些信息?了解服务返回的响应字符串(格式化的问候语),以及从数据库加载的详细信息,可能会很有用。对于应该将这些记录为标记还是日志,还没有明确的答案(稍后我们将看到更多相关的例子)。我们选择将响应字符串记录为一个标记,因为它对应于整个 span,并使用日志记录从数据库加载的 Person 对象的内容,因为它是结构化数据,并且 span 日志允许有多个字段。

还有一种特殊情况,在这种情况下,我们可能希望向 span 中添加自定义注释:错误处理。在这三种语言中,对数据库的查询可能会由于某种原因而失败,我们将接收到某种类型的错误。当在生产环境中对应用程序进行故障排除时,如果它能够在正确的 span 内记录这些错误,这将是非常有用的。

标记和日志 API 不会把任何特定的语义或含义强加在作为键值对记录的值上。这允许埋点轻松地添加完全自定义的数据。例如,在示例中,我们可以将响应字符串存储为名为 "response" 的标记。但是,在 span 中经常记录具有相同含义的数据元素,比如 HTTP URL、HTTP 状态码、数据库语句、错误/异常等。为了确保所有不同的埋点仍然以一致的方式记录这些公共概念,OpenTracing 项目在一个名为"语义约定"[4]的文档中提供了一组"标准标记"和"字段",以及关于使用它们的确切方式的指南。

在这个文档中规定的标记和字段名通常可以作为各自的 OpenTracing API 暴露的常量使用,在本练习中将使用这些常量以标准化的方式记录错误信息。在后面的练习中,将使用这些常量来记录其他数据,比如 HTTP 属性和 SQL 查询。

在 Go 中注释 span

首先,让我们添加代码来注释 handleSayHello() 函数中的 span:

```
func handleSayHello(w http.ResponseWriter, r *http.Request) {
    span := tracer.StartSpan("say-hello")
    defer span.Finish()
```

```go
    name := strings.TrimPrefix(r.URL.Path, "/sayHello/")
    greeting, err := SayHello(name, span)
    if err != nil {
        span.SetTag("error", true)
        span.LogFields(otlog.Error(err))
        http.Error(w, err.Error(), http.StatusInternalServerError)
        return
    }

    span.SetTag("response", greeting)
    w.Write([]byte(greeting))
}
```

在这里，有三处改变。在错误处理分支中，在 span 上设置了一个 error=true 的标记，以指示操作失败，并使用 span.LogFields() 方法记录错误。它是一种将日志字段传递给 span 以最大限度地减少内存分配的结构化方法。我们需要导入另外一个标记为 otlog 的包：

```go
otlog "github.com/opentracing/opentracing-go/log"
```

在成功请求的情况下，在编写响应之前，我们将 greeting 字符串存储在名为 response 的 span 标记中。我们还更改了 SayHello() 函数的签名，并将 span 传递给它，以便它可以执行自己的注释，如下所示：

```go
func SayHello(name string, span opentracing.Span) (string, error) {
    person, err := repo.GetPerson(name)
    if err != nil {
        return "", err
    }
    span.LogKV(
        "name", person.Name,
        "title", person.Title,
        "description", person.Description,
    )
    ...
}
```

在这里，我们使用的是一个不同的 span 日志函数 LogKV，虽然在概念上还是一样的，但是它将参数作为一个等长的值列表，即交替出现的键值对（键、值、键、值、…）。

在 Java 中注释 span

从数据库中加载人员的详细信息后，记录到 span 中，并将响应捕获为该 span 上的标记：

```java
@GetMapping("/sayHello/{name}")
public String sayHello(@PathVariable String name) {
    Span span = tracer.buildSpan("say-hello").start();
    try {
        Person person = getPerson(name);
        Map<String, String> fields = new LinkedHashMap<>();
        fields.put("name", person.getName());
        fields.put("title", person.getTitle());
        fields.put("description", person.getDescription());
        span.log(fields);

        String response = formatGreeting(person);
        span.setTag("response", response);

        return response;
    } finally {
        span.finish();
    }
}
```

目前，用于 span 日志的 Java OpenTracing API 相当低效，需要我们创建一个 map 的新实例。也许将来会添加一个具有可变键值对的新 API。

在 Python 中注释 span

要在 say_hello() 函数中记录 response 标记，首先需要捕获在 with 语句中创建的 span 作为一个已命名的变量：

```python
@app.route("/sayHello/<name>")
def say_hello(name):
```

```python
with opentracing.tracer.start_span('say-hello') as span:
    person = get_person(name, span)
    resp = format_greeting(
        name=person.name,
        title=person.title,
        description=person.description,
    )
    span.set_tag('response', resp)
    return resp
```

我们还希望将该 span 传递给 get_person() 函数，在该函数中，可以将人员信息记录到该 span 中：

```python
def get_person(name, span):
    person = Person.get(name)
    if person is None:
        person = Person()
        person.name = name
    span.log_kv({
        'name': person.name,
        'title': person.title,
        'description': person.description,
    })
    return person
```

练习总结

如果现在运行这个程序（例如，`go run ./exercise2/hello.go`）并使用 `curl` 查询它，我们将看到一个看起来稍微有趣一些的 span（见图 4.3）。日志条目的相对时间是 451.85ms，只比 span 结束时的 451.87ms 稍早一点，这并不奇怪，因为大部分时间都花费在了数据库查询上。

图 4.3　带有自定义注释的单 span 跟踪

在第二个练习中，我们了解到，为了使用 OpenTracing API，需要实例化一个具体的跟踪器，就像如果想使用 Java 中的 SLF4J 日志 API，需要一个具体的日志实例一样。我们编写了启动和结束一个 span 的埋点代码，该 span 表示 Hello 应用程序的 HTTP 处理程序所完成的工作。接下来，我们以标记和日志的形式向 span 中添加了自定义注释。

练习 3：跟踪函数和传递上下文

在查看第二个练习中的 Hello 应用程序版本生成的跟踪时，我们注意到添加到 span 中的日志条目出现在非常接近于 span 末尾的地方。假设这是因为大部分时间都花费在了查询数据库上，但这正是我们最初进行分布式跟踪的原因：不是为了猜测，而是为了度量！我们已经有了主要逻辑的代码，数据库访问和格式化问候语被划分为功能，所以需要为它们分别创建一个 span，并获得更有意义的跟踪信息。

在本练习中，我们将：

- 跟踪单个函数。
- 将多个 span 合并为一个跟踪。
- 学习传播进程内上下文。

步骤 1：跟踪单个函数

让我们从在两个工作函数中添加 span 开始：从数据库中读取数据和格式化问候语。

在 Go 中跟踪单个函数

`FormatGreeting()` 函数位于 `main` 包中，因此它可以访问全局变量 `tracer`，我们需要使用该变量来启动一个 span。但是，数据库访问代码在另一个包中，我们不希望它们之间存在循环依赖关系。由于这是一个相当常见的问题，OpenTracing API 提供了一个专用的全局变量，可用来访问跟踪器。通常，依赖全局变量不是一个好主意，但是为了简单起见，我们将在 Hello 应用程序中使用它。

我们将 `main()` 更改为不具有自己的全局变量 `tracer`，而是初始化 OpenTracing 库中的 `tracer` 变量：

```go
// var tracer opentracing.Tracer - commented out

func main() {
    repo = people.NewRepository()
    defer repo.Close()

    tracer, closer := tracing.Init("go-3-hello")
    defer closer.Close()
    opentracing.SetGlobalTracer(tracer)

    ...
}
```

然后用 `opentracing.GlobalTracer()` 替换对 `tracer` 变量的所有引用。这样一来，我们就可以从 Repository（在 `people/repository.go` 文件中）开始，向工作函数中添加新的 span：

```go
func (r *Repository) GetPerson(name string) (model.Person, error) {
    query := "select title, description from people where name = ?"

    span := opentracing.GlobalTracer().StartSpan(
        "get-person",
```

```
        opentracing.Tag{Key: "db.statement", Value: query},
    )
    defer span.Finish()

    rows, err := r.db.Query(query, name
    ...
}
```

注意，我们将即将执行的SQL查询记录为一个span标记。我们对FormatGreeting()函数进行类似的更改：

```
func FormatGreeting(name, title, description string) string {
    span := opentracing.GlobalTracer().StartSpan("format-greeting")
    defer span.Finish()

    response := "Hello, "
    ...
}
```

在Java中跟踪单个函数

在hello.go中为getPerson()和formatGreeting()函数添加新的span，与我们在sayHello()函数中所做的非常相似：

```
private Person getPerson(String name) {
    Span span = tracer.buildSpan("get-person").start();
    try {
        ...
        return new Person(name);
    } finally {
        span.finish();
    }
}

private String formatGreeting(Person person) {
    Span span = tracer.buildSpan("format-greeting").start();
    try {
        ...
```

```
        return response;
    } finally {
        span.finish();
    }
}
```

即使 `get-person` span 表示对数据库的调用,也不能得到关于该调用的很多信息,因为它是由 ORM 框架为我们处理的。在本章的后面,我们还将看到如何使埋点达到那个级别,例如,将 SQL 语句保存在 span 中。

在 Python 中跟踪单个函数

让我们在 `get_person()` 和 `format_greeting()` 函数中启动新的 span:

```python
def get_person(name, span):
    with opentracing.tracer.start_span('get-person') as span:
        person = Person.get(name)
        ...
        return person

def format_greeting(name, title, description):
    with opentracing.tracer.start_span('format-greeting'):
        greeting = 'Hello, '
        ...
        return greeting
```

我们还可以向 `Person.get()` 方法中添加一个 span,但是,如果能够访问 SQL 查询,它将会更有用——我们无法访问,因为它被 ORM 框架隐藏了。在"练习 6"中,我们将看到如何实现这一点。

步骤 2:将多个 span 合并为一个跟踪

现在已经有了额外的埋点,可以运行示例了。遗憾的是,我们很快就会发现结果并不是所期望的。我们甚至不需要查看 Jaeger 用户界面,而是查看如 Go 应用程序打印的日志:

```
Initializing logging reporter
Listening on http://localhost:8080/
Reporting span 419747aa37e1a31c:419747aa37e1a31c:0:1
```

```
Reporting span 1ffddd91dd63e202:1ffddd91dd63e202:0:1
Reporting span 796caf0b9ddb47f3:796caf0b9ddb47f3:0:1
```

正如预期的那样，该埋点确实创建了三个 span。十六进制字符串表示每个 span 的 span 上下文，格式为 `trace-id:span-id:parent-id:flags`。重要的部分是第一段，表示跟踪 ID——它们都是不同的！我们没有创建一个具有三个 span 的跟踪，而是创建了三个独立的跟踪。这是新手会犯的错误。我们需要建立 span 之间的因果关系，这样跟踪器就知道它们属于同一个跟踪。正如我们在本章前面所讨论的，这些关系由 OpenTracing 中的 **span 引用**表示。

OpenTracing 规范目前定义了两种类型的 span 引用：child-of 和 follows-from。例如，我们可以说 span B 是 span A 的一个 "child-of"，或者说它 "follows-from" span A。在这两种情况下，都意味着 span A 是 span B 的祖先，也就是 A happens-before B。两者的区别在于，按照 OpenTracing 规范的定义，如果 B 是 A 的子级，那么 A 将依赖 B 的结果。例如，在 Hello 应用程序中，span "say-hello" 依赖 span "get-person" 和 "format-greeting" 的结果，因此，应该使用前者的子引用来创建后者。

然而，在某些情况下，happens-before 关系的 span 并不依赖后代 span 的结果。一个典型的例子是，当第二个 span 是一种 fire-and-forget 类型的操作时，例如对缓存的随机写操作。另一个典型的例子是消息通信系统中的生产者-消费者模式，生产者通常不知道消费者何时、如何处理消息，然而生产者的 span（写入队列的行为）应该与消费者的 span（从队列中读取的行为）有因果关系。这种关系适合使用 follows-from span 的引用建模。

为了在创建新的 span B 时给 happens-before 关系的 span A 添加适当的引用，我们需要访问 span A，或者更精确地访问其 span 上下文。

在 Go 中将多个 span 合并为一个跟踪

让我们将父 span 传递给工作函数，并使用其 span 上下文创建一个子引用：

```
func FormatGreeting(
    name, title, description string,
    span opentracing.Span,
) string {
    span = opentracing.GlobalTracer().StartSpan(
        "format-greeting",
```

```go
        opentracing.ChildOf(span.Context()),
    )
    defer span.Finish()
    ...
}

func (r *Repository) GetPerson(
    name string,
    span opentracing.Span,
) (model.Person, error) {
    query := "select title, description from people where name = ?"
    span = opentracing.GlobalTracer().StartSpan(
        "get-person",
        opentracing.ChildOf(span.Context()),
        opentracing.Tag{Key: "db.statement", Value: query},
    )
    defer span.Finish()
    ...
}

func SayHello(name string, span opentracing.Span) (string, error) {
    person, err := repo.GetPerson(name, span)
    if err != nil {
        return "", err
    }

    span.LogKV(...)

    return FormatGreeting(
        person.Name,
        person.Title,
        person.Description,
        span,
    ), nil
}
```

结果代码可以在 exercise3a 包中找到。

在 Java 中将多个 span 合并为一个跟踪

让我们更改代码,将第一个 span 传递给 `getPerson()` 和 `formatGreeting()` 函数,并使用它创建子引用:

```
private Person getPerson(String name, Span parent) {
    Span span = tracer
        .buildSpan("get-person")
        .asChildOf(parent)
        .start();
    ...
}

private String formatGreeting(Person person, Span parent) {
    Span span = tracer
        .buildSpan("format-greeting")
        .asChildOf(parent)
        .start();
    ...
}
```

在这里我们看到了 span 构建器的流式语法的使用。`asChildOf()` 方法需要一个 span 上下文,但它有一个重载版本,接受一个完整的 span 并从中提取上下文。对 `sayHello()` 函数的更改是微不足道的,因此这里将省略它们。结果代码可以在 `exercise3a` 包中找到。

在 Python 中将多个 span 合并为一个跟踪

让我们将下面函数中的两个 span 链接到在 HTTP 处理程序中创建的第一个 span。我们已经将该 span 传递给 `get_person()` 函数作为其一个参数,现在需要对 `format_greeting()` 函数执行相同的操作:

```
@app.route("/sayHello/<name>")
def say_hello(name):
    with opentracing.tracer.start_span('say-hello') as span:
        person = get_person(name, span)
        resp = format_greeting(
            name=person.name,
            title=person.title,
```

```
            description=person.description,
            span=span,
        )
        span.set_tag('response', resp)
        return resp
```

接下来，让我们将调用更改为 `start_span()` 并传递子引用：

```
def get_person(name, span):
    with opentracing.tracer.start_span(
        'get-person', child_of=span,
    ) as span:
        person = Person.get(name)
        ...
        return person

def format_greeting(name, title, description, span):
    with opentracing.tracer.start_span(
        'format-greeting', child_of=span,
    ):
        greeting = 'Hello, '
        ...
        return greeting
```

注意，`child_of` 参数通常需要一个 span 上下文，但是 Python 库有一个方便的回退功能，它允许我们传递完整的 span，并且库将自动从中检索 span 上下文。结果代码可以在 `exercise3a` 目录中找到。

步骤 3：传播进程内上下文

如果在最后一次更改之后运行应用程序，那么将看到它正确地为每个请求生成了一个跟踪（见图 4.4）。

正如预期的那样，每个跟踪包含三个 span，我们可以确认先前的猜测，数据库查询确实是占用了系统处理请求所花费的大部分时间。打开数据库 span，可以看到 SQL 查询的标记（仅在不使用 ORM 框架的 Go 版本中）。

图 4.4　工作函数的 span 包含三个 span 的跟踪

然而，这种方法的一个主要缺点是，我们必须显式地更改应用程序中许多方法的签名以接受 span，这样才可以在创建子引用时使用它的 span 上下文。这种方法显然不能被应用于大型应用程序。一般来说，这个问题被称为**进程内上下文传播**，在异步的框架和编程风格使用越来越频繁的世界中，这是最难解决的问题之一。

更为复杂的是，解决方案在不同的编程语言和框架中有所不同。例如，在 Node.js 中，可以使用 **CLS（Continuation Local Storage）** 传递上下文，而上下文本身在语言中不是标准的并且有多个实现。在 Java 和 Python 中，我们可以使用本地线程变量，除非应用程序使用异步编程风格，如 Python 中的 `asyncio`。Go 语言既没有 CLS 也没有本地线程机制，它需要一种完全不同的方法。OpenTracing 项目定义了一种称为**作用域管理器**的高级方法，它允许从进程内上下文传播机制的细节中抽取出（大部分）埋点数据。

在这一步中，我们将修改函数埋点，避免将 span 显式地作为参数传递，而是使用 OpenTracing 的进程内传播机制。由于 Go 语言比较特殊，我们将从 Python 和 Java 开始。在 Python 和 Java 中，OpenTracing API 都引入了"活动 span"、"作用域"和"作用域管理器"的概念。探讨它们最简单的方式就是想象一个应用程序，其中每个请求都在它自己的线程中执行（非常常见的模型）。当服务器接收到一个新请求时，它将启动一个 span，并使该 span 成为"活动的"，这意味着任何其他埋点希望向其添加注释时，都可以直接从跟踪器访问活动 span（仅针对该线程）。如果服务器执行一些长操作，或者远程调用，那么它将创建另一个 span 作为当前活动 span 的子级，并使新的 span 成为"活动的"。实际上，在子 span 执行时，旧的活动 span 被推到堆栈上。一旦子 span 完成，它的父 span 就将从堆栈中弹出并被再次激活。作用域管理器是负责管理和存储这些活动 span 的组件。

使用堆栈的概念只是做一个类比，在实践中，它并不总是作为堆栈来实现的，特别是当我们处理的不是一个请求一个线程的线程模型，而是一些基于事件循环的框架时。然而，作用域管理器以相当于堆栈的方式进行了抽象。适用于特定编程风格和框架的作用域管理器有不同的实现。这样的限制使我们不能在同一个应用程序中混合和匹配不同的作用域管理器，因为对于给定的跟踪器实例，每个作用域管理器都是单例的。

对活动 span 的管理是通过作用域来完成的。当请求作用域管理器激活一个 span 时，我们会得到一个包含该 span 的作用域对象。一个作用域一旦被关闭，就会将其从堆栈顶部移除，并使前一个作用域（及其 span）处于活动状态。作用域可以被配置为在关闭时自动关闭 span，或者使 span 保持打开状态——这取决于代码的线程模型。例如，如果使用基于 future 的异步编程并进行远程调用，那么该调用的结果处理程序很可能会在另一个线程中处理。因此，在启动请求的线程中创建的作用域不应该关闭 span。我们将在第 5 章"异步应用程序埋点"中讨论这一点。

使用活动 span 的一个非常方便的特性是，不再需要显式地告诉跟踪器新 span 应该是当前活动 span 的子级。如果没有显式地传递另一个 span 引用，那么跟踪器将自动建立该关系，但前提是当时有一个活动 span。这使得启动 span 的代码更简单。

编写完全依赖作用域管理器的埋点代码有风险。如果应用程序流未正确埋点，则可能会触及程序中存储在作用域管理器中的作用域堆栈为空的某个位置，并且存在无条件预期活动 span 的语句（例如 `tracer.activeSpan().setTag(k,v)` 语句），这可能会引发空指针异常或类似的错误。防御性编码和检查 null 可以解决这个问题，但是在具有清晰流的结构良好的应用程序中，这可能不是问题。本章中的示例不包括这些 null 检查，因为它们的结构使得在预期活动 span 为空的情况下无法继续。另一个建议是保持访问作用域的代码靠近启动它的代码，这样也可以完全避免 null 的情况。

Python 中进程内上下文传播

要使用作用域管理器和活动 span，我们需要调用跟踪器的 `start_active_span()` 方法，该方法返回作用域对象而不是 span。首先，让我们更改 HTTP 处理程序：

```
@app.route("/sayHello/<name>")

def say_hello(name):
    with opentracing.tracer.start_active_span('say-hello') as scope:
        person = get_person(name)
        resp = format_greeting(
```

```
            name=person.name,
            title=person.title,
            description=person.description,
        )
        scope.span.set_tag('response', resp)
        return resp
```

由于活动 span 可以从跟踪器直接访问,因此不再需要将其传递给其他两个函数。但是,当我们想要设置 response 标记时,则需要从其作用域中检索 span。

对其他两个函数也以类似的方式更改。主要区别在于,我们得到了一个作用域,并且不再需要指定父 span:

```
def get_person(name):
    with opentracing.tracer.start_active_span(
        'get-person',
    ) as scope:
        person = Person.get(name)
        if person is None:
            person = Person()
            person.name = name
        scope.span.log_kv({
            'name': person.name,
            'title': person.title, 'description': person.description,
        })
        return person

def format_greeting(name, title, description):
    with opentracing.tracer.start_active_span(
        'format-greeting',
    ):
        greeting = 'Hello, '
        ...
        return greeting
```

此代码可以在 exercise3b 目录中找到。

Java 中进程内上下文传播

要使用作用域管理器和活动 span，我们需要将 span 传递给作用域管理器的 `activate()` 方法，该方法返回一个作用域对象。首先，让我们更改 HTTP 处理程序：

```
@GetMapping("/sayHello/{name}")
public String sayHello(@PathVariable String name) {
    Span span = tracer.buildSpan("say-hello").start();
    try (Scope s = tracer.scopeManager().activate(span, false)) {
        ...
    } finally {
        span.finish();
    }
}
```

我们使用的是带资源的 try 语句，该语句会自动调用作用域上的 `close()` 方法，这将恢复作用域管理器中以前活动的 span。我们把 `false` 作为第二个参数传递给 `activate()` 方法，该方法告诉作用域管理器在关闭作用域时不要关闭 span。这与在 Python 中所做的不同。OpenTracing API 的 Java v0.31 版本支持具有自动关闭行为的作用域，但它们在以后版本中被弃用了，因为它们在埋点中可能会导致意外错误。此外，根据带资源的 try 语句的变量作用域规则，在 `try()` 部分声明的可关闭变量仅在其主体内可见，在 `catch()` 和 `finally` 块中不可见。

这意味着不可能将异常或错误状态记录到 span 中，也就是说，以下代码是无效的，即使这样做要简单得多：

```
try (Scope scope = tracer.buildSpan("get-person").startActive(true)) {
    ...
} catch (Exception e) {
    // will not compile since the scope variable is not visible
    scope.span().setTag("error", true);
    scope.span().log(...);
}
```

对 `getPerson()` 和 `formatGreeting()` 函数的更改类似。我们不再需要显式地将父 span 作为函数参数传递，并使用它来创建子引用，因为只要当前存在活动 span，跟踪器就会自动这样做：

```
private Person getPerson(String name) {
    Span span = tracer.buildSpan("get-person").start();
    try (Scope s = tracer.scopeManager().activate(span, false)) {
        ...
    } finally {
        span.finish();
    }
}

private String formatGreeting(Person person) {
    Span span = tracer.buildSpan("format-greeting").start();
    try (Scope s = tracer.scopeManager().activate(span, false)) {
        ...
    } finally {
        span.finish();
    }
}
```

新代码看起来并不比以前简单得多；但是，在一个真正的程序中，可能有许多嵌套的函数，并且不必在所有函数中都传递 span 对象，最终会节省大量的输入和 API 转换。

代码的最终版本可以在 exercise3b 包中找到。

Go 中进程内上下文传播

Python 和 Java 中的本地线程变量使得进程内的传播相对容易。Go 没有这样的机制，甚至没有提供任何获取 goroutine 唯一标识的方法，它允许我们构建一些内部映射来跟踪上下文。其中一个原因来自 Go 的设计原则之一，"没有魔法"，它鼓励程序行为显而易见的编程风格，并且易于遵循。即使是在 Java 中广受欢迎的基于反射的依赖注入框架，在 Go 中也不受待见，因为它们看起来像是通过魔法从某个地方获取函数的参数。

此外，Go 是开发云原生软件最流行的语言之一。进程内上下文传播不仅对分布式跟踪有用，而且对其他技术也有用，例如实现 RPC 截止、超时和取消，这对于高性能应用程序很重要。为了解决这个问题，Go 标准库提供了一个标准模块 context，它定义了一个名为 context.Context 的接口，用作保存和传递进程内请求上下文的容器。如果你不熟悉这一点，则可以阅读官方博客中介绍 Context 类型的文章。下面这段有趣的内容引用自这个博客：

> "在 Google 中，要求 Go 程序员将 Context 参数作为第一个参数传递给传入和传出请求之间调用路径上的每个函数。这使得许多不同团队开发的 Go 代码能够很好地进行互操作。它提供了对超时和取消的简单控制，并确保安全凭证等关键值被正确地传输到程序中。"

因此，Go 的解决方案是确保应用程序在所有函数调用之间显式地传递 Context 对象。这在很大程度上符合"没有魔法"原则的精神，因为程序本身完全负责传播上下文。它完全解决了分布式跟踪的进程内传播问题。它当然比 Java 或 Python 更具侵入性，看起来只是把一个东西(span)换成另一个东西(context)。然而，由于它是语言标准，而且 Go 的 Context 有着比分布式跟踪更广泛的应用，在一个组织中，许多 Go 应用程序已经按照标准库推荐的样式来编写，所以对其推广使用应该不是什么难事。

OpenTracing API 的 Go 版本在早期就认识到了这一点，并提供了帮助函数，简化了将当前 span 作为 Context 对象的一部分传递并启动新的 span。让我们用它来简化 Hello 应用程序。第一个 span 是在 HTTP 处理程序函数中创建的，我们需要通过调用 ContextWithSpan() 将该 span 存储在要传递的上下文中。http.Request 对象已经提供了上下文本身。接下来我们传递新的 ctx 对象给 SayHello() 函数作为第一个参数，而不是传递 span：

```
func handleSayHello(w http.ResponseWriter, r *http.Request) {
    span := opentracing.GlobalTracer().StartSpan("say-hello")
    defer span.Finish()
    ctx := opentracing.ContextWithSpan(r.Context(), span)

    name := strings.TrimPrefix(r.URL.Path, "/sayHello/")
    greeting, err := SayHello(ctx, name)
    ...
}
```

与更改 SayHello() 函数类似，我们将上下文传递给 GetPerson() 和 FormatGreeting() 函数。按照惯例，我们总是把 ctx 作为第一个参数。由于不再具有调用 LogKV() 方法的引用 span，因此我们调用另一个 OpenTracing 帮助函数 SpanFromContext() 来检索当前 span：

```go
func SayHello(ctx context.Context, name string) (string, error) {
    person, err := repo.GetPerson(ctx, name)
    if err != nil {
        return "", err
    }

    opentracing.SpanFromContext(ctx).LogKV(
        "name", person.Name,
        "title", person.Title,
        "description", person.Description,
    )

    return FormatGreeting(
        ctx,
        person.Name,
        person.Title,
        person.Description,
    ), nil
}
```

现在,让我们更改 GetPerson() 函数来使用上下文:

```go
func (r *Repository) GetPerson(
    ctx context.Context,
    name string,
) (model.Person, error) {
    query := "select title, description from people where name = ?"

    span, ctx := opentracing.StartSpanFromContext(
        ctx,
        "get-person",
        opentracing.Tag{Key: "db.statement", Value: query},
    )
    defer span.Finish()

    rows, err := r.db.QueryContext(ctx, query, name)
    ...
}
```

我们正在使用 `opentracing.StartSpanFromContext()` 帮助函数来启动一个新的 span 作为当前存储在上下文中的 span 的子级。函数返回一个新的 span 和一个新的包含新 span 的 `Context` 实例。我们不需要显式地传递子引用：它是由帮助函数完成的。由于代码现在是上下文感知的，所以我们尝试好人做到底，将其进一步传递给数据库 API——`db.QueryContext()`。我们现在不需要它来跟踪，但是可以使用它来取消请求，等等。

最后，我们对 `FormatGreeting()` 函数进行类似的更改：

```
func FormatGreeting(
    ctx context.Context,
    name, title, description string,
) string {
    span, ctx := opentracing.StartSpanFromContext(
        ctx,
        "format-greeting",
    )
    defer span.Finish()
    ...
}
```

代码的最终版本可以在 `exercise3b` 包中找到。我们可以通过运行程序并检查所有跟踪 ID 是否相同来验证 span 连接正确与否：

```
$ go run ./exercise3b/hello.go
Initializing logging reporter
Listening on http://localhost:8080/
Reporting span 158aa3f9bfa0f1e1:1c11913f74ab9019:158aa3f9bfa0f1e1:1
Reporting span 158aa3f9bfa0f1e1:1d752c6d320b912c:158aa3f9bfa0f1e1:1
Reporting span 158aa3f9bfa0f1e1:158aa3f9bfa0f1e1:0:1
```

练习总结

在这个练习中，我们将埋点覆盖范围扩大到为应用程序中的三个函数建立三个 span。我们讨论了 OpenTracing 如何允许通过使用 span 引用来描述 span 之间的因果关系。此外，我们使用了 OpenTracing 作用域管理器和 Go 的上下文。上下文机制用来在函数调用之间传播进程内上下文。在下一个练习中，我们将用对其他微服务的 RPC 调用来替换两个内部函数，并将看到需要什么额外的埋点来支持**进程间上下文传播**。

练习 4：跟踪 RPC 请求

我在本章开头承诺要使这个应用程序变得有趣。到目前为止，它只是一个单一的进程，作为分布式跟踪的测试程序来说并不是特别令人兴奋。在本练习中，我们将把 Hello 应用程序从一个单体转换为一个基于微服务的应用程序。在这样做的同时，我们将学习如何：

- 跨多个微服务跟踪事务。
- 使用注入和提取跟踪点在进程之间传递上下文。
- 应用 OpenTracing 推荐的标记。

步骤 1：拆解单体

我们的主应用程序在内部执行两个主要函数，用于从数据库中检索个人信息并将其格式化为问候语。我们可以将这两个函数提取到它们自己的微服务中。我们将两个微服务分别命名为 "Big Brother" 和 "Formatter"。Big Brother 服务将侦听 HTTP 端口 8081，并为 `getPerson` 端点服务，读取人名作为路径参数，类似于 Hello 应用程序本身。

它将以 JSON 字符串的形式返回有关人员的信息。我们可以这样测试该服务：

```
$ curl http://localhost:8081/getPerson/Gru
{"Name":"Gru","Title":"Felonius","Description":"Where are the minions?"}
```

Formatter 服务将侦听 HTTP 端口 8082，并为 `formatGreeting` 端点服务。它将接收三个参数：名称、标题和描述，它们被编码为 URL 查询参数，然后返回纯文本的字符串响应。以下是调用它的示例：

```
$ curl 'http://localhost:8082/formatGreeting?name=Smith&title=Agent'
Hello, Agent Smith!
```

由于现在使用三个微服务，因此需要在一个单独的终端窗口中分别启动它们。

Go 中的微服务

在 `exercise4a` 包中可以找到关于 Hello 应用程序被分解为三个微服务的重构代码。由于大多数代码和以前一样，只是换了位置，所以这里不再详细列出。主要的 `hello.go` 应用程序被重构为两个本地函数——`getPerson()` 和 `formatGreeting()`，分别对 Big

Brother 和 Formatter 服务进行 HTTP 调用。它们使用共享模块 `lib/http/` 中的一个帮助函数 `xhttp.Get()` 来执行 HTTP 请求并处理错误。

我们添加了两个子模块，即 `bigbrother` 和 `formatter`，每个子模块都包含一个 `main.go` 文件，它类似于前者 `hello.go`，它实例化了一个具有唯一服务名称的新跟踪器，并启动了一个 HTTP 服务器。例如，Formatter 服务的 `main()` 函数如下：

```
func main() {
    tracer, closer := tracing.Init("go-4-formatter")
    defer closer.Close()
    opentracing.SetGlobalTracer(tracer)

    http.HandleFunc("/formatGreeting", handleFormatGreeting)

    log.Print("Listening on http://localhost:8082/")
    log.Fatal(http.ListenAndServe(":8082", nil))
}
```

数据存储库的初始化从 `hello.go` 移到 `bigbrother/main.go`，因为它是唯一需要访问数据库的服务。

Java 中的微服务

`exercise4a` 包包含来自"练习 3：跟踪函数和传递上下文"的重构代码，它将 Hello 应用程序重新实现为三个微服务。`HelloController` 类仍然具有相同的 `getPerson()` 和 `formatGreeting()` 函数，但它们现在对两个新服务执行 HTTP 请求，在 `exercise4a.bigbrother` 和 `exercise4a.formatter` 包中实现，使用被自动注入的 Spring 的 `RestTemplate`：

```
@Autowired
private RestTemplate restTemplate;
```

每个子包都有一个 `App` 类（`BBApp` 和 `FApp`）和一个 `controller` 类。所有 `App` 类都用一个唯一的名称来实例化它们自己的跟踪器，这样就可以在跟踪中分离服务。JPA 注释从 `HelloApp` 移到 `BBApp`，因为它是唯一访问数据库的地方。由于需要两个新服务在不同的端口上运行，所以它们都会覆盖 `main()` 函数中的 `server.port` 环境变量：

```
@EnableJpaRepositories("lib.people")
@EntityScan("lib.people")
@SpringBootApplication
public class BBApp {

    @Bean
    public io.opentracing.Tracer initTracer() {
        ...
        return new Configuration("java-4-bigbrother")
            .withSampler(samplerConfig)
            .withReporter(reporterConfig)
            .getTracer();
    }

    public static void main(String[] args) {
        System.setProperty("server.port", "8081");
        SpringApplication.run(BBApp.class, args);
    }
}
```

这两个新的 controller 类似于 `HelloController`，并且包含以前 `getPerson()` 和 `formatGreeting()` 函数中的代码。我们还在 HTTP 处理程序函数的顶部添加了新的 span。

与主服务类似，新服务可以在单独的终端窗口中运行：

```
$ ./mvnw spring-boot:run -Dmain.class=exercise4a.bigbrother.BBApp
$ ./mvnw spring-boot:run -Dmain.class=exercise4a.formatter.FApp
```

Python 中的微服务

Hello 应用程序被分解为三个微服务的重构代码可以在 `exercise4a` 包中找到。由于大多数代码和以前一样，只是换了位置，所以这里不再详细列出。`hello.py` 中的 `get_person()` 和 `format_greeting()` 函数被更改为针对两个新的微服务执行 HTTP 请求，这两个微服务是由 `bigbrother.py` 和 `formatter.py` 模块实现的。它们都创建了自己的跟踪器。例如，Big Brother 代码如下：

```
from flask import Flask
import json
```

```
from .database import Person
from lib.tracing import init_tracer
import opentracing

app = Flask('py-4-bigbrother')
init_tracer('py-4-bigbrother')

@app.route("/getPerson/<name>")
def get_person_http(name):
    with opentracing.tracer.start_active_span('/getPerson') as scope:
        person = Person.get(name)
        if person is None:
            person = Person()
            person.name = name
        scope.span.log_kv({
            'name': person.name,
            'title': person.title,
            'description': person.description,
        })
        return json.dumps({
            'name': person.name,
            'title': person.title,
            'description': person.description,
        })

if __name__ == "__main__":
    app.run(port=8081)
```

与主服务类似，新服务可以在单独的终端窗口中运行：

```
$ python -m exercise4a.bigbrother
$ python -m exercise4a.formatter
```

步骤2：在进程之间传递上下文

你可以用自己喜欢的语言对重构的应用程序运行测试。以下是使用 Go 语言运行后的结果：

```
$ go run exercise4a/hello.go
Initializing logging reporter
Listening on http://localhost:8080/
Reporting span 2de55ae657a7ddd7:2de55ae657a7ddd7:0:1

$ go run exercise4a/bigbrother/main.go
Initializing logging reporter
Listening on http://localhost:8081/
Reporting span e62f4ea4bfb1e34:21a7ef50eb869546:e62f4ea4bfb1e34:1
Reporting span e62f4ea4bfb1e34:e62f4ea4bfb1e34:0:1

$ go run exercise4a/formatter/main.go
Initializing logging reporter
Listening on http://localhost:8082/
Reporting span 38a840df04d76643:441462665fe089bf:38a840df04d76643:1
Reporting span 38a840df04d76643:38a840df04d76643:0:1

$ curl http://localhost:8080/sayHello/Gru
Hello, Felonius Gru! Where are the minions?
```

就其问候语输出而言，应用程序按预期工作。遗憾的是，重构重新引入了中断跟踪的老问题，即对 Hello 应用程序的单个请求会导致三个独立的跟踪，由日志中的不同跟踪 ID 可以看出来。当然，我们应该预料到这一点。在单体应用程序中，我们使用进程内上下文传播来确保所有 span 彼此连接并组合成一个跟踪。发出 RPC 请求会破坏上下文传播，因此需要另一种机制。OpenTracing API 要求所有跟踪实现一对方法，即 Inject() 和 Extract()，这对方法用于在进程之间传递上下文。

这个 API 的设计有一段有趣的历史，因为它必须在一定的假设条件下工作：

- 假设对跟踪实现所使用的元数据的内容没有任何了解，因为几乎所有现有的跟踪系统都使用不同的表示。
- 假设对元数据的序列化格式没有任何了解，因为即使是具有在概念上非常相似的元数据的系统（如 Zipkin、Jaeger 和 StackDriver），也使用非常不同的格式通过网络来传输。
- 假设对传输协议及元数据在该协议中的编码没有任何了解。例如，在使用 HTTP 时将元数据作为纯文本头传递是很常见的，但是当通过 Kafka 或许多存储系统（如

Cassandra)使用的自定义传输协议传输元数据时,纯文本 HTTP 格式可能不适用。
- 假设不需要跟踪者知道所有不同的传输协议,这样维护跟踪器的团队就可以专注于一个相对较小且定义良好的作用域,不必担心可能存在的所有自定义协议。

OpenTracing 能够通过抽象这些关注内容的大部分并将它们委托给跟踪器实现来解决这一问题。在 OpenTracing API 中引入的第一个抽象是,注入/提取方法是在 span 上下文接口上操作的。为了解决传输中的差异问题,引入了 "格式" 的概念。它不是指实际的序列化格式,而是指存在于不同传输中的元数据支持的类型。在 OpenTracing 中定义了三种格式: "文本映射"、"二进制" 和 "HTTP 头"。后者特别强调了 HTTP 作为一种主流协议,具有一些不太友好的特性,例如不区分大小写的头名称及其他方面。从概念上讲,HTTP 头格式类似于文本映射格式,因为它期望传输支持将元数据作为字符串键值对集合的概念。将二进制格式用于协议中,元数据只能被表示为不透明的字节序列(例如,在 Cassandra Wire 协议中)。

在 OpenTracing API 中引入的第二个抽象是载体的概念。载体实际上与格式紧密耦合(在 OpenTracing 中讨论过把它们合并为一个单一的类型),它提供了一个物理容器,跟踪器可以使用该容器根据所选格式存储元数据。例如,对于文本映射格式,载体在 Java 中可以是 `Map<String,String>`,在 Go 中可以是 `map[string]string`;而在 Go 中二进制格式的载体是标准的 `io.Writer` 或者 `io.Reader`(这取决于是注入还是提取 span 上下文)。调用这些 OpenTracing API 来注入/提取元数据的埋点始终知道它处理的是哪个传输,因此它可以构造适当的载体,通常绑定到底层的 RPC 请求对象,并让跟踪器通过定义良好的载体接口填充(注入)或从中读取(提取)。这允许将跟踪器的注入/提取实现与应用程序使用的实际传输分离。

如果要在 Hello 应用程序中使用这种机制,则需要在主 Hello 服务中添加 `Inject()` 调用,在 Big Brother 和 Formatter 服务中添加 `Extract()` 调用。我们还将启动新的 span 来表示每个出站 HTTP 调用。这是分布式跟踪中的惯例,因为我们不想将在下游服务中所花费的时间归因于最初的 `say-hello` span。作为一般规则,每次应用程序对另一个服务(例如,对数据库)进行远程调用时,我们都希望创建一个仅包装该调用的新的 span。

在 Go 中的进程之间传递上下文

让我们先更改 `hello.go`,在调用其他服务之前将元数据注入 HTTP 请求中。两个内部函数 `getPerson()` 和 `formatGreeting()` 使用帮助函数 `xhttp.Get()` 来执行 HTTP

请求。让我们用一个新的本地函数 get() 来替换它们,如下所示:

```go
func get(ctx context.Context, operationName, url string) ([]byte, error) {
    req, err := http.NewRequest("GET", url, nil)
    if err != nil {
        return nil, err
    }

    span, ctx := opentracing.StartSpanFromContext(ctx, operationName)
    defer span.Finish()

    opentracing.GlobalTracer().Inject(
        span.Context(),
        opentracing.HTTPHeaders,
        opentracing.HTTPHeadersCarrier(req.Header),
    )

    return xhttp.Do(req)
}
```

这里发生了一些新的事情。首先,我们启动一个新的 span 来包装 HTTP 请求,如前所述。然后,在跟踪器上调用 Inject() 函数,并将 span 上下文、opentracing.HTTPHeaders 格式及作为包装器(适配器)创建的载体(carrier)传递给此函数。剩下的事情就是把调用地址替换掉:

```go
func getPerson(ctx context.Context, name string) (*model.Person, error) {
    url := "http://localhost:8081/getPerson/"+name
    res, err := get(ctx, "getPerson", url)
    ...
}

func formatGreeting(
    ctx context.Context,
    person *model.Person,
) (string, error) {
```

```
    ...
    url := "http://localhost:8082/formatGreeting?" + v.Encode()
    res, err := get(ctx, "formatGreeting", url)
    ...
}
```

现在,我们需要更改另外两个服务从请求中提取编码的元数据,并在创建新的 span 时使用它。例如,在 Big Brother 服务中,它看起来如下:

```
func handleGetPerson(w http.ResponseWriter, r *http.Request) {
    spanCtx, _ := opentracing.GlobalTracer().Extract(
        opentracing.HTTPHeaders,
        opentracing.HTTPHeadersCarrier(r.Header),
    )
    span := opentracing.GlobalTracer().StartSpan(
        "/getPerson",
        opentracing.ChildOf(spanCtx),
    )
    defer span.Finish()

    ctx := opentracing.ContextWithSpan(r.Context(), span)
    ...
}
```

与调用端类似,我们使用带有 `HTTPHeaders` 格式和载体的跟踪器的 `Extract()` 方法从请求头解码 span 上下文。然后,启动一个新的 span,使用提取的 span 上下文建立对调用者 span 的子引用。我们可以对 Formatter 服务中的处理程序做出类似的更改。另外,由于最初的 Hello 服务也是一个 HTTP 服务器,可以想象,它可能是由已经启动跟踪的客户端调用的。所以,让我们用类似的提取和启动 span 的代码来替换启动 say-hello span 的代码。

我们忽略了 `Extract()` 函数返回的错误,因为它不会影响代码的其余部分,例如,如果跟踪器无法从请求中提取上下文,则可能是因为它的格式不正确或丢失,它将返回 `nil` 和一个错误。我们可以将 `nil` 传递到 `ChildOf()` 函数中,不会产生不良影响:它将被忽略,跟踪器将启动一个新的跟踪。

在 Java 中的进程之间传递上下文

在 Java 中，调用跟踪器的 `inject()` 和 `extract()` 方法需要做更多的工作，因为没有与在 Go 和 Python 中表示 HTTP 头的相同的标准约定，也就是说，HTTP 头的表示依赖 HTTP 框架。为了节省一些输入，我们可以使用其他三个 controller 扩展的帮助基类 `TracedController`。这个新类提供了两个帮助方法：`get()` 和 `startServerSpan()`：

```
protected <T> T get(
        String operationName,
        URI uri,
        Class<T> entityClass,
        RestTemplate restTemplate) {
    Span span = tracer.buildSpan(operationName).start();
    try (Scope s = tracer.scopeManager().activate(span, false)) {
        HttpHeaders headers = new HttpHeaders();
        HttpHeaderInjectAdapter carrier =
            new HttpHeaderInjectAdapter(headers);
        tracer.inject(scope.span().context(),
            Format.Builtin.HTTP_HEADERS, carrier);
        HttpEntity<String> entity = new HttpEntity<>(headers);
        return restTemplate.exchange(
            uri, HttpMethod.GET, entity,
            entityClass).getBody();
    } finally {
        span.finish();
    }
}
```

`get()` 方法用于执行出站 HTTP 请求。我们需要将跟踪上下文注入请求头中，所以使用 Spring 的 `HttpHeaders` 对象，并将其包装在适配器类 `HttpHeaderInjectAdapter` 中，这使得它看起来像 OpenTracing 的 `TextMap` 接口的实现。`TextMap` 是一个接口，它具有 `tracer.extract()` 使用的 `iterator()` 方法和 `tracer.inject()` 使用的 `put()` 方法。因为在这里只执行 `inject()` 调用，所以不实现 iterator：

```
private static class HttpHeaderInjectAdapter implements TextMap {
    private final HttpHeaders headers;
```

```
    HttpHeaderInjectAdapter(HttpHeaders headers) {
        this.headers = headers;
    }

    @Override
    public Iterator<Entry<String, String>> iterator() {
    throw new UnsupportedOperationException();
    }

    @Override
    public void put(String key, String value) {
        headers.set(key, value);
    }
}
```

一旦跟踪器通过适配器填充了 `HttpHeaders` 对象，并且头中包含跟踪上下文，我们就可以创建 `HttpEntity`，Spring 的 `restTemplate` 使用它来执行请求。

对于由 controller 中的 HTTP 处理程序实现的入站 HTTP 请求，我们实现了一个 `startServerSpan()` 方法，该方法执行 `get()` 的相反操作：它从头中提取 span 上下文，并在启动新的服务器端 span 时将其作为父级传递：

```
protected Span startServerSpan(
    String operationName, HttpServletRequest request)
{
    HttpServletRequestExtractAdapter carrier =
        new HttpServletRequestExtractAdapter(request);
    SpanContext parent = tracer.extract(
        Format.Builtin.HTTP_HEADERS, carrier);
    Span span = tracer.buildSpan(operationName)
        .asChildOf(parent).start();
    return span;
}
```

现在，我们将处理来自 `HttpServletRequest` 的 HTTP 头——不是通过暴露一个 API 来获取所有头部参数的，而是一次只获取一个。由于同样需要跟踪器的 `TextMap` 接口，因此我们使用另一个适配器类：

```java
private static class HttpServletRequestExtractAdapter
    implements TextMap
{
    private final Map<String, String> headers;

    HttpServletRequestExtractAdapter(HttpServletRequest request) {
        this.headers = new LinkedHashMap<>();
        Enumeration<String> keys = request.getHeaderNames();
        while (keys.hasMoreElements()) {
            String key = keys.nextElement();
            String value = request.getHeader(key);
            headers.put(key, value);
        }
    }

    @Override
    public Iterator<Entry<String, String>> iterator() {
        return headers.entrySet().iterator();
    }

    @Override
    public void put(String key, String value) {
        throw new UnsupportedOperationException();
    }
}
```

现在我们只对 iterator() 方法感兴趣,所以另一个方法(put())总是抛出一个异常。构造函数接受 Servlet 请求并将所有 HTTP 头复制到一个普通映射中,该映射稍后用于获取 iterator。还有更有效的实现,例如,HttpServletRequestExtractAdapter 更复杂,因此我们提供了自己的版本,虽然简单,但是效率低下,因为它总是复制头文件。

在基本的 controller 类就位后,我们对主 controller 进行了一些小的更改,例如:

```java
@RestController
public class HelloController extends TracedController {

    @Autowired
```

```
    private RestTemplate restTemplate;

@GetMapping("/sayHello/{name}")
public String sayHello(@PathVariable String name,
                    HttpServletRequest request) {
    Span span = startServerSpan("/sayHello", request);
    try (Scope s = tracer.scopeManager().activate(span, false)) {
        ...
        return response;
    } finally {
        span.finish();
    }
}

private Person getPerson(String name) {
    String url = "http://localhost:8081/getPerson/" + name; URI uri =
    UriComponentsBuilder
        .fromHttpUrl(url).build(Collections.emptyMap());
    return get("get-person", uri, Person.class, restTemplate);
}
```

对 `BBController` 和 `FController` 中的 HTTP 处理程序也进行了类似的更改。

在 Python 中的进程之间传递上下文

让我们先更改 `hello.py` 发出 HTTP 请求的方式。以前，我们直接使用 `requests` 模块，现在把它包装成_get()函数：

```
def _get(url, params=None):
    span = opentracing.tracer.active_span
    headers = {}
    opentracing.tracer.inject(
        span.context,
        opentracing.Format.HTTP_HEADERS,
        headers,
    )
    r = requests.get(url, params=params, headers=headers)
    assert r.status_code == 200
    return r.text
```

为了注入 span 上下文，我们需要访问当前的 span，这可以通过 `tracer.active_span` 属性来完成。然后，创建一个载体 `headers` 作为空字典，并使用跟踪器的 `inject()` 方法以 HTTP 头格式来填充它。最后，简单地将结果字典作为 HTTP 头传递给 `requests` 模块。

在接收端，我们需要从这些相同的头中读取内容，以提取上下文并使用它来创建子引用。Flask 公开了一个 `request` 对象，我们可以使用它来访问入站 HTTP 头。以下是我们在 `bigbrother.py` 中的做法：

```python
from flask import request

@app.route("/getPerson/<name>")
def get_person_http(name):
    span_ctx = opentracing.tracer.extract(
        opentracing.Format.HTTP_HEADERS,
        request.headers,
    )
    with opentracing.tracer.start_active_span(
        '/getPerson',
        child_of=span_ctx,
    ) as scope:
        person = Person.get(name)
        ...
```

我们需要在 `hello.py` 和 `formatter.py` 中对 HTTP 处理程序进行相同的更改。之后，三个微服务发出的所有 span 都应该具有相同的跟踪 ID。

步骤 3：应用 OpenTracing 推荐的标记

如果重复应用程序的测试，现在将看到所有三个服务，span 被归于同一个跟踪 ID。该跟踪看起来更有趣了。特别是，我们看到数据库调用不再占用最初请求的大部分时间，因为在调用图中引入了另外两个网络调用。我们甚至可以看到这些网络调用带来的延迟，特别是在请求开始的时候。这仅仅说明将微服务引入应用程序中是如何使其分布式行为变复杂的（见图 4.5）。

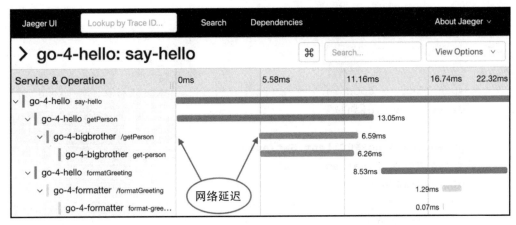

图 4.5 三个微服务的 span 跟踪。当从 go-4-hello 服务的内部 span 下探到下游微服务中表示 HTTP 服务器端点的 span 时，可以清楚地观察到网络延迟

还有一件事要做。前面我们讨论了 OpenTracing 语义约定。HTTP 请求是一种常见的模式，OpenTracing 定义了一些推荐的标记，我们应该使用这些标记来注释表示 HTTP 请求的 span。

这些标记允许跟踪后端执行标准的聚合和分析，并更好地理解跟踪的语义。在最后一步中，我们要应用以下标准标记。

- `span.kind`：此标记用于标识服务在 RPC 请求中的角色。最常用的值是 `client` 和 `server`，我们希望在示例中使用它们。在消息通信系统中使用的另一对值是 `producer` 和 `consumer`。
- `http.url`：此标记记录客户端请求的或服务器提供的 URL。客户端 URL 通常更有趣，因为服务器已知的 URL 可能已被上游代理重写。
- `http.method`：GET 或 POST 等。

Go 中的标准标记

我们已经为出站 HTTP 调用封装了跟踪埋点，因此在 `get()` 函数中添加标准标记很容易。只需要额外导入一个扩展包 `ext`（我们将其重命名为 `ottag`），它将标记定义为具有强类型 `Set()` 方法的对象，例如 `Set(Span,string)`，而不是更通用的 `span.SetTag(key,value)` 方法，其中第二个参数可以是任何类型：

```
import ottag "github.com/opentracing/opentracing-go/ext"
```

```go
func get(ctx context.Context, operationName, url string) ([]byte,
error) {
    ...
    span, ctx := opentracing.StartSpanFromContext(ctx, operationName)
    defer span.Finish()

    ottag.SpanKindRPCClient.Set(span)
    ottag.HTTPUrl.Set(span, url)
    ottag.HTTPMethod.Set(span, "GET")
    opentracing.GlobalTracer().Inject(
        span.Context(),
        opentracing.HTTPHeaders,
        opentracing.HTTPHeadersCarrier(req.Header),
    )

    return xhttp.Do(req)
}
```

在服务器端,只添加 `span.kind` 标记。OpenTracing API 为 `StartSpan()` 方法提供了一个 `RPCServerOption` 选项,该方法结合设置 `span.kind=server` 标记和添加子引用:

```go
func handleFormatGreeting(w http.ResponseWriter, r *http.Request)
{
    spanCtx, _ := opentracing.GlobalTracer().Extract(
        opentracing.HTTPHeaders,
        opentracing.HTTPHeadersCarrier(r.Header),
    )
    span := opentracing.GlobalTracer().StartSpan(
        "/formatGreeting",
        ottag.RPCServerOption(spanCtx),
    )
    defer span.Finish()
    ...
}
```

练习的完整代码可以在 `exercise4b` 包中找到。

Java 中的标准标记

我们可以将出站调用的三个标记添加到 `TracedController` 的 `get()` 方法中。与 Go 类似,OpenTracing 库将标准标记定义为公开强类型 `set(span,value)` 方法的对象。例如,常量 `Tags.HTTP_URL` 要求值为字符串,而 `Tags.HTTP_STATUS`(此处不使用)希望值为整数:

```java
import io.opentracing.tag.Tags;

protected <T> T get(String operationName, URI uri,
                    Class<T> entityClass,
                    RestTemplate restTemplate) {
    Span span = tracer.buildSpan(operationName).start();
    try (Scope s = tracer.scopeManager().activate(span, false)) {
        Tags.SPAN_KIND.set(scope.span(), Tags.SPAN_KIND_CLIENT);
        Tags.HTTP_URL.set(scope.span(), uri.toString());
        Tags.HTTP_METHOD.set(scope.span(), "GET");
        ...
    } finally {
        span.finish();
    }
}
```

`span.kind=server` 标记可以被添加到 `startServerSpan()` 方法中:

```java
protected Span startServerSpan(
    String operationName, HttpServletRequest request)
{
    ...
    Span span = tracer.buildSpan(operationName)
        .asChildOf(parent).start();
    Tags.SPAN_KIND.set(span, Tags.SPAN_KIND_SERVER);
    return span;
}
```

最终代码(包括所有修改)可以在 `exercise4b` 包中获得。

Python 中的标准标记

我们可以先将出站 HTTP 请求的标记添加到 `_get()` 函数中。与 Go 和 Java 不同,Python 的 OpenTracing 库将标记常量定义为简单的字符串,因此我们需要在 span 上使用 `set_tag()` 方法:

```
from opentracing.ext import tags

def _get(url, params=None):
    span = opentracing.tracer.active_span
    span.set_tag(tags.HTTP_URL, url)
    span.set_tag(tags.HTTP_METHOD, 'GET')
    span.set_tag(tags.SPAN_KIND, tags.SPAN_KIND_RPC_CLIENT)
    headers = {}
    ...
```

在服务器端,在创建新的 span 时只添加 `span.kind=server` 标记(这里只显示 `formatter.py` 中的代码段):

```
from opentracing.ext import tags

@app.route("/formatGreeting")
def handle_format_greeting():
    span_ctx = opentracing.tracer.extract(
        opentracing.Format.HTTP_HEADERS,
        request.headers,
    )
    with opentracing.tracer.start_active_span(
        '/formatGreeting',
        child_of=span_ctx,
        tags={tags.SPAN_KIND: tags.SPAN_KIND_RPC_SERVER},
    ) as scope:
        ...
```

最终代码(包括所有修改)可以在 `exercise4b` 包中获得。

练习总结

在本练习中，我们将以前的单体 Hello 应用程序拆分为三个微服务。我们讨论了 OpenTracing API 提供的注入/提取机制，其用于在各种网络协议的进程之间传播跟踪元数据。我们还使用了 OpenTracing 推荐的标准标记，通过附加的语义注释来增强客户端和服务器的 span。

练习 5：使用 baggage

在前面的练习中，我们在微服务中实现了分布式上下文传播机制。很容易看出，进程内和进程间上下文传播机制都不是特定于分布式跟踪元数据的：它们足够通用，可以通过分布式执行的调用图来传递其他类型的元数据。OpenTracing 的作者认识到了这一事实，并为任意元数据定义了另一个通用容器，称为 "baggage"。这个术语最初是由 X-Trace 系统的作者之一 Rodrigo Fonseca 教授创造的。OpenTracing baggage 是由应用程序本身定义和使用的任意键值对集合。在第 10 章 "分布式上下文传播" 中，我们将讨论该机制的各种用途。在本练习中，我们希望在 Hello 应用程序中进行尝试。

baggage 最大的优点之一是它可以在不改变微服务 API 的情况下通过调用关系传递数据。也就是说，这只能用于合法的场景，而不能作为一个借口来欺骗你设计正确的服务 API。在 Hello 应用程序的情况下，它可以被视为此类欺骗的一个例子，但这样做只是为了演示。

具体来说，Formatter 服务总是返回一个以 "Hello" 开头的字符串。我们将构建一个 "复活节彩蛋"，允许通过指定它作为请求的 baggage 来更改问候语。Jaeger 埋点库能识别一个特殊的 HTTP 头，看起来像这样：`jaeger-baggage:k1=v1,k2=v2,…`。这对于为测试目的手动提供一些 baggage 项很有用，我们可以对这些 bagagge 项加以利用。或者，可以使用 `Span.SetBaggageItem()` API 在应用程序内部的 span 内显式设置 baggage。

在本练习中，我们将简单地更改 Formatter 服务中的 `FormatGreeting()` 函数，从名为 `greeting` 的 baggage 项中读取问候语。如果未设置该 baggage 项，则将继续默认为 "Hello"。在应用程序中没有其他更改的情况下，我们将能够运行以下查询：

```
$ curl -H 'jaeger-baggage: greeting=Bonjour' \
       http://localhost:8080/sayHello/Kevin
Bonjour, Kevin!
```

在 Go 中使用 baggage

```go
func FormatGreeting(
    ctx context.Context,
    name, title, description string,
) string {
    span, ctx := opentracing.StartSpanFromContext(
        ctx,
        "format-greeting",
    )
    defer span.Finish()

    greeting := span.BaggageItem("greeting")
    if greeting == "" {
        greeting = "Hello"
    }
    response := greeting + ", "
    ...
}
```

在 Java 中使用 baggage

```java
@GetMapping("/formatGreeting")
public String formatGreeting(
        @RequestParam String name,
        @RequestParam String title,
        @RequestParam String description,
        HttpServletRequest request)
{
    Scope scope = startServerSpan("/formatGreeting", request);
    try {
        String greeting = tracer
            .activeSpan().getBaggageItem("greeting");
        if (greeting == null) {
            greeting = "Hello";
        }
        String response = greeting + ", ";
```

```
            ...
            return response;
        finally {
            scope.close();
        }
    }
```

在 Python 中使用 baggage

```
    def format_greeting(name, title, description):
        with opentracing.tracer.start_active_span(
            'format-greeting',
        ) as scope:
            greeting = scope.span.get_baggage_item('greeting') or 'Hello'
            greeting += ', '
            if title:
                greeting += title + ' '
            greeting += name + '!'
            if description:
                greeting += ' ' + description
            return greeting
```

练习总结

本练习演示了如何使用 OpenTracing baggage 在整个分布式调用图中透明地传递数据，而不对应用程序 API 进行任何更改。这只是一个例子，我们将在第 10 章 "分布式上下文传播"中讨论 baggage 的严谨用法。

练习 6：自动埋点

在前面的练习中，我们向应用程序中添加了许多手动埋点。人们可能会有这样一种印象，即为分布式跟踪编写埋点代码总是要做很多工作。实际上，由于 OpenTracing 项目的社区贡献组织为流行框架提供了大量已经创建的、开源的、与供应商无关的埋点，情况已经好多了。在本练习中，我们将探讨其中的一些模块，以尽量减少 Hello 应用程序中手动埋点、样板埋点的数量。

Go 中的开源埋点

由于"没有魔法"的设计原则,与其他语言相比,Go 摆脱显式代码埋点有点困难。在本练习中,我们将重点关注 HTTP 服务器和客户端埋点。我们将使用其中的一个贡献库 opentracing-contrib/go-stdlib,它包含一个 nethttp 模块,其函数允许用 OpenTracing 中间件包装 HTTP 服务器和客户端。对于服务器端,我们在新的内部包 othttp 中定义 ListenAndServe() 函数:

```go
package othttp

import (
    "log"
    "net/http"

    "github.com/opentracing-contrib/go-stdlib/nethttp"
    "github.com/opentracing/opentracing-go"
)

// ListenAndServe starts an instrumented server with a single endpoint.
func ListenAndServe(hostPort string, endpoint string) {
    mw := nethttp.Middleware(
        opentracing.GlobalTracer(),
        http.DefaultServeMux,
        nethttp.OperationNameFunc(func(r *http.Request) string {
            return "HTTP " + r.Method + ":" + endpoint
        }),
    )

    log.Print("Listening on http://" + hostPort)
    log.Fatal(http.ListenAndServe(hostPort, mw))
}
```

nethttp.Middleware() 负责从传入的请求中提取元数据并启动一个新的 span。这允许我们简化主函数和处理程序函数,例如,在 hello.go 中:

```go
func main() {
    tracer, closer := tracing.Init("go-6-hello")
```

```go
    defer closer.Close()
    opentracing.SetGlobalTracer(tracer)

    http.HandleFunc("/sayHello/", handleSayHello)
    othttp.ListenAndServe(":8080", "/sayHello")
}

func handleSayHello(w http.ResponseWriter, r *http.Request) {
    span := opentracing.SpanFromContext(r.Context())

    name := strings.TrimPrefix(r.URL.Path, "/sayHello/")
    greeting, err := SayHello(r.Context(), name)
    if err != nil {
        span.SetTag("error", true)
        span.LogFields(otlog.Error(err))
        http.Error(w, err.Error(), http.StatusInternalServerError)
        return
    }

    span.SetTag("response", greeting)
    w.Write([]byte(greeting))
}
```

我们不再创建任何 span，但仍然有一些 OpenTracing 代码。这是不可避免的，因为它完全是自定义的逻辑，比如在 span 上设置 response 标记。错误处理代码有点可惜，因为它完全是样板代码，我们宁愿避免编写它（当然，它应该被封装在较大代码库中的帮助函数中）。然而，由于 Go 定义了 HTTP API 的方式，它并不能完全避免，因为 HTTP API 不包含任何错误处理工具。如果我们使用的是比标准库更高级的 RPC 框架，也就是说，它实际上允许处理程序返回错误（例如，gRPC），那么错误处理代码也可以被封装在标准埋点中。

用 opentracing-contrib/go-stdlib 替换自定义埋点之后的 Go 跟踪示例如图 4.6 所示。

我们还使用 nethttp 模块对出站 HTTP 调用埋点，这也减少了一些样板代码。在 exercise6 包中可以找到完整的代码。

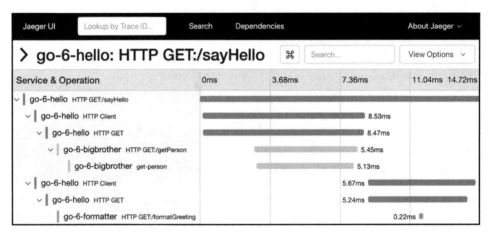

图 4.6　用 opentracing-contrib/go-stdlib 替换自定义埋点之后的 Go 跟踪示例

Java 中的自动埋点

Java 的自动埋点练习特别有趣，因为可以删除所有的埋点，并且仍然可以获得一个非常详细的跟踪，显示所有 HTTP 调用和数据库调用。

这部分应归功于 Spring 框架的设计，因为它允许我们通过向类路径中添加一个 JAR 文件来提供埋点类。我们需要做的就是取消 `pom.xml` 文件中依赖项的注释：

```
<dependency>
    <groupId>io.opentracing.contrib</groupId>
    <artifactId>opentracing-spring-cloud-starter</artifactId>
    <version>0.1.13</version>
</dependency>
```

之后，尝试运行 `exercise6` 包中的代码（在单独的终端窗口中）：

```
$ ./mvnw spring-boot:run -Dmain.class=exercise6.bigbrother.BBApp
$ ./mvnw spring-boot:run -Dmain.class=exercise6.formatter.FApp
$ ./mvnw spring-boot:run -Dmain.class=exercise6.HelloApp
$ curl http://localhost:8080/sayHello/Gru
Hello, Felonius Gru! Where are the minions?%
```

移除所有自定义埋点并添加 `opentracing-spring-cloud-starter` JAR 后的 Java 跟踪示例如图 4.7 所示。

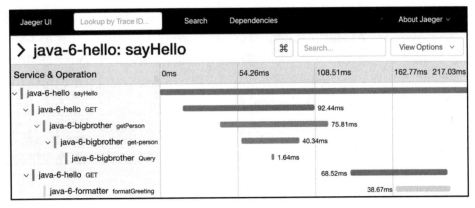

图 4.7　移除所有自定义埋点并添加 opentracing-spring-cloud-starter JAR 后的 Java 跟踪示例

跟踪看起来仍然非常详细，包括在 Big Brother 服务中唯一剩下的用于 `get-person` span 的手动埋点。表示 HTTP 处理程序的服务器端 span 从处理程序方法名中获取名称，也就是说，`/sayHello/{name}` 路由被 `sayHello()` 方法处理，并生成 span 名称 `sayHello`。

另一方面，出站 HTTP 请求有一个非常通用的 span 名称 `GET`（正是 HTTP 方法）。这并不奇怪，因为客户端并不真正知道服务器如何调用其端点，而自动埋点只有目标 URL，正如前面所讨论的，由于可能存在大量同名的 HTTP 方法，它并不适合用来作为操作名称。

数据库查询由指定的 `Query` span 表示。如果打开这个 span，我们将发现通过自动埋点添加了很多有用的 span 标记，包括数据库查询（见图 4.8）。

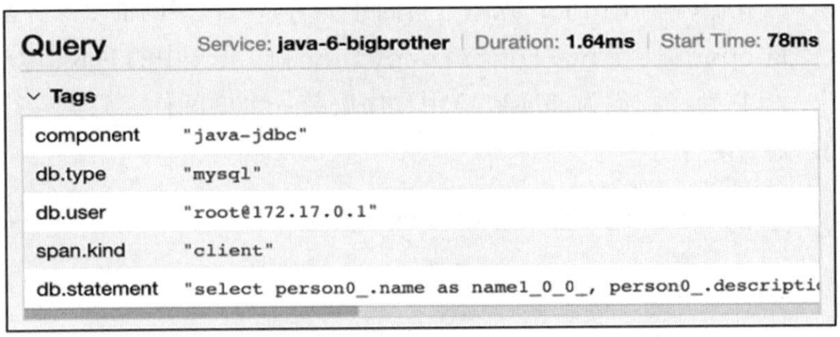

图 4.8　通过自动埋点添加到数据库查询 span 中的一些有用的标记

对于一个全自动、近似无侵入的埋点来说，这还不错！但是，你可能注意到了这个跟踪的一些特殊之处：表示下游微服务中 HTTP 端点的 span 比其父 span 晚结束。我多次重新运行测试，并且总是得到相同的结果，而在"练习 5：使用 baggage"中使用手动埋点的跟踪总是"正常"的。对此，一个可能的解释是，自动埋点可能是在 Spring 框架中较低的级别上完成的。在该框架中，span 在服务器向客户端发送响应后完成，也就是说，span 是在框架执行一些请求管道清理工作期间完成的。

这种类型的埋点有点类似于商业 APM 供应商通常提供的所谓的"基于代理的埋点"。基于代理的埋点通常通过使用各种技术（如猴子补丁和字节码重写）来扩充应用程序或库的代码，从而不需要对应用程序进行任何更改。

我们的版本也差不多是无侵入的，但是在 App 类中仍然有代码实例化 Jaeger 跟踪器。使用 `traceresolver` 模块可以实现完全无侵入（将 JAR 添加到类路径中除外），这将允许实现 API 把跟踪器注册为一个全局跟踪器。然后，通过使用 OpenTracing 中的另一个模块 `opentracing-contrib/java-spring-tracer-configuration`，可以将全局跟踪器自动注册为 Spring bean。

Java 社区中的一些人可能会对 `traceresolver` 有看法，认为是反模式，因为它创建了对全局变量的依赖。另一种选择（特别是 Spring 框架）是使用模块 `opentracing-contrib/java-spring-jaeger`，它将 Jaeger 配置导出到 Spring 中，并向应用程序提供跟踪 bean。我把这作为一个练习留给你去尝试这些模块。

Python 中的自动埋点

在本练习中，我们将使用两个开源库，它们几乎为应用程序的许多部分都提供了自动埋点。第一个库是 `opentracing-contrib/python-flask` 中的 Flask 埋点。虽然它不是完全自动的，但它允许我们为 Flask 应用程序安装一个中间件，只需一行（如果算上 `import` 语句，则为两行）：

```
from flask_opentracing import FlaskTracer

app = Flask('py-6-hello')
init_tracer('py-6-hello')
flask_tracer = FlaskTracer(opentracing.tracer, True, app)
```

遗憾的是，这个库在编写时还没有升级到支持为 Python 发布的作用域管理器 API。因此，即使框架为每个入站请求都创建了一个 span，它也不会将其设置为活动 span。为了解决这个问题，在 `lib/tracing.py` 中包含了一个简单的适配器函数：

```python
def flask_to_scope(flask_tracer, request):
    return opentracing.tracer.scope_manager.activate(
        flask_tracer.get_span(request),
        False,
    )
```

使用 Flask `request` 对象，我们要求 FlaskTracer 给出它为当前请求创建的 span。然后，通过 OpenTracing 作用域管理器激活该 span，但将 False 作为最后一个参数传递，这表明我们不希望在作用域关闭后关闭该 span，因为 FlaskTracer 会负责关闭它启动的 span。有了 flask_to_scope() 这个帮助函数，我们可以用一行代码来替换 HTTP 处理程序中相当冗长的埋点代码：

```python
@app.route("/getPerson/<name>")
def get_person_http(name):
    with flask_to_scope(flask_tracer, request) as scope:
        person = Person.get(name)
        ...
```

让我们继续在其他两个微服务中进行相同的更改。一旦 flask_opentracing 库升级为与作用域管理器和活动 span 一起使用，那么对 flask_to_scope() 的调用也不再需要了：该 span 将自动生效。如果想在不使用 scope 变量的情况下访问它，则总是可以通过 active_span 属性从跟踪器中获取它：

```python
opentracing.tracer.active_span.set_tag('response', resp)
```

我们要使用的第二个库是 Uber 的 uber-common/opentracing-python-instrumentation。

这个库有一个名为 client_hooks 的子模块，它使用猴子补丁技术（即动态重写公共库函数）向许多模块中添加跟踪，例如 urllib2、requests、SQLAlchemy、redis（客户端）等。除在主模块中激活此库之外，不需要更改应用程序的源代码：

```
from opentracing_instrumentation.client_hooks import install_all_patches

app = Flask('py-6-hello')
init_tracer('py-6-hello')
install_all_patches()
```

这意味着我们可以在 `_get()` 函数中删除对 HTTP 请求的手动埋点，该函数如下：

```
def _get(url, params=None):
    r = requests.get(url, params=params)
    assert r.status_code == 200
    return r.text
```

它还意味着我们可以获得 SQL 查询更深入的埋点，这些查询是由 SQL Alchemy 中的 ORM 封装的。同时，如果仍然想保留一些自定义埋点，比如 `get_person()` 函数中的额外 span，则可以很容易地做到，并且所包含的两个库都与之兼容。

用 `Flask-OpenTracing` 和 Uber 的 `opentracing-python-instrumentation` 替换自定义埋点之后的 Python 跟踪示例如图 4.9 所示。

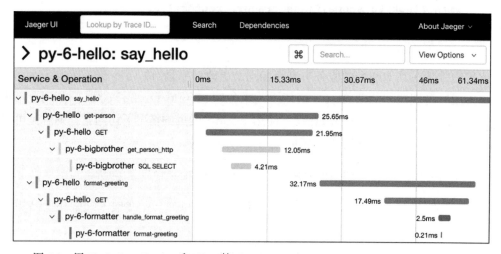

图 4.9　用 Flask-OpenTracing 和 Uber 的 uber-common/opentracing-python-instrumentation 替换自定义埋点之后的 Python 跟踪示例

在应用这些更改（可以在 `exercise6` 模块中找到）之后，我们仍然可以获得与前面屏幕截图中类似的详细跟踪。我们可以看到自动埋点添加了一个称为"SQL SELECT"的

span。如果查看该 span，则将看到它的一个标记包含由 ORM 框架执行的完整 SQL 查询：

```
SELECT people.name AS people_name, people.title AS people_title,
people.description AS people_description
FROM people
WHERE people.name = %(param_1)s
```

练习 7：额外练习

这个练习没有任何具体的代码示例，甚至没有建议。相反，它将邀请你去探索 OpenTracing Registry[5]中列出的大量社区贡献的埋点工具库。检查你在应用程序中使用的框架是否已经得到支持，然后再试一试。如果不支持，你可以使用通过阅读本章获得的技能来贡献一个新模块。或者，如果你认识框架的开发人员，则可以请他们添加 OpenTracing 埋点并在其框架中启用跟踪。

另一个探索是尝试对同一个 Hello 应用程序实现不同的 OpenTracing 跟踪。你可以使用 Zipkin 的 OpenTracing 兼容的库，或者其他免费的或商业的跟踪系统[5]。练习中唯一需要更改的地方是 `InitTracer` 函数。

总结

在本章中，我们谈论了跟踪埋点。我们讨论了需要通过埋点处理的常见任务，从简单的注释到进程内上下文传播，再到使用注入/提取跟踪点跨进程传输分布式上下文。

我们绕了一个小弯，介绍了如何使用 baggage API 在分布式调用图中传递额外的元数据。

我们最后回顾了如何为流行的库使用现成的开源埋点工具，这些埋点工具可以在对应用程序更改尽量少的情况下应用，从几行代码到真正的零修改。最重要的是，我们介绍的所有埋点工具都是与供应商无关的。我们把它们和 Jaeger 跟踪器一起使用，但是它们可以很容易地被替换为任何其他 OpenTracing 兼容的跟踪器。

在下一章中，我们将介绍一个更高级的埋点案例，涉及具有异步行为的应用程序：内部使用 future 或外部使用微服务之间的消息通信。

参考资料

[1] The OpenTracing Project. 链接 1.

[2] Codeexamples. 链接 2.

[3] The Jaeger Project. 链接 3.

[4] The OpenTracing Semantic Conventions. 链接 4.

[5] Inventory of OpenTracing-compatible tracers and instrumentation libraries. 链接 5.

5

异步应用程序埋点

在第 4 章 "OpenTracing 的埋点基础"中,我们介绍了使用 OpenTracing API 对基于微服务的分布式跟踪应用程序进行埋点的基础知识。如果你通过了所有的练习,你应该得到一枚奖章!Hello 应用程序非常简单,只涉及阻塞微服务之间的同步调用。

在本章中,我们将尝试对在线聊天应用程序 Tracing Talk 进行埋点,该应用程序在基于 Apache Kafka 的微服务之间使用异步消息通信进行交互。我们将看到如何使用已经讨论过的同一个 OpenTracing 原语通过消息通信系统传递元数据上下文,以及如何以不同于普通 RPC 场景的方式建立 span 之间的因果关系。

我们将继续使用 OpenTracing API——尽管同样的埋点原则也适用于其他跟踪 API，如 Zipkin 的 Brave 和 OpenCensus。由于聊天应用程序稍微复杂一些，所以我们只考虑在 Java 中使用 Spring 框架实现。

在学习完本章之后，你将了解到如何将埋点应用于自己的异步应用程序中。

先决条件

为了运行 Tracing Talk 聊天应用程序，我们需要部署一些基础设施依赖项：

- Apache Kafka，作为消息通信平台。
- Redis，作为聊天信息的后端存储。
- Apache ZooKeeper，由 Kafka 使用。
- Jaeger 跟踪后端，用于收集和分析跟踪。

本节提供有关设置环境以运行聊天应用程序的说明。

项目源代码

本章示例可以在本书源代码库的 `Chapter05` 目录中找到。有关如何下载的说明，请参阅第 4 章 "OpenTracing 的埋点基础"，然后切换到 `Chapter05` 目录以运行示例。

应用程序的源代码按以下结构组织：

```
Mastering-Distributed-Tracing/
  Chapter05/
    exercise1/
      chat-api/
      giphy-service/
      storage-service/
    lib/
    webapp/
    pom.xml
```

应用程序由子模块 `exercise1` 中定义的三个微服务组成。我们将在下面的章节中介绍它们的角色。微服务使用 `lib` 模块中定义的一些共享组件和类。`webapp` 目录包含聊天应用程序的 JavaScript 前端的源代码；但是，它生成的静态 HTML 文件已经预编译好并提交到了 `webapp/public` 下，因此我们不需要构建它们。

Java 开发环境

与第 4 章 "OpenTracing 的埋点基础" 中的示例类似，我们需要 JDK 8 或更高版本。Maven 包装器已被包含在代码中，我们可以根据需要下载 Maven。在 pom.xml 中将 Maven 项目设置为多模块项目，因此请确保运行 `install` 以在 Maven 的本地存储库中安装依赖项：

```
$ ./mvnw install
[... skip a lot of Maven logs ...]
[INFO] Reactor Summary:
[INFO]
[INFO] Tracing Talk 0.0.1-SNAPSHOT .......... SUCCESS [  0.420 s]
[INFO] lib .................................. SUCCESS [  1.575 s]
[INFO] exercise1 ............................ SUCCESS [  0.018 s]
[INFO] chat-api-1 ........................... SUCCESS [  0.701 s]
[INFO] giphy-service-1 ...................... SUCCESS [  0.124 s]
[INFO] storage-service-1 0.0.1-SNAPSHOT ..... SUCCESS [  0.110 s]
[INFO] ------------------------------------------------------------
[INFO] BUILD SUCCESS
[INFO] ------------------------------------------------------------
```

Kafka、ZooKeeper、Redis 与 Jaeger

下载和安装这些系统需要相当大的工作量。我并没有独立运行它们，而是提供了一个 Docker Compose 配置，它将所有必需的依赖项组合为 Docker 容器。

请参阅 Docker 文档了解如何在计算机上安装 Docker。`docker-compose` 工具可以与它一起安装，你也可以手动安装。我们可以通过 `docker-compose` 启动所有依赖项：

```
$ docker-compose up
Starting chapter-06_kafka_1                ... done
Starting chapter-06_jaeger-all-in-one_1    ... done
Starting chapter-06_redis_1                ... done
Starting chapter-06_zookeeper_1            ... done
```

```
[... lots and lots of logs ...]
```

你应该在一个单独的终端窗口中运行这个命令,但是,如果你想在后台运行所有内容,则可以传递 `--detach` 标志:`docker-compose up --detach`。要检查所有依赖项是否已成功启动,请运行 `docker ps` 或 `docker-compose ps` 命令。你将看到四个处于 Up 状态的进程,例如:

```
$ docker ps | cut -c1-55,100-120
CONTAINER ID        IMAGE                              STATUS
b6723ee0b9e7        jaegertracing/all-in-one:1.6       Up 6 minutes
278eee5c1e13        confluentinc/cp-zookeeper:5.0.0-2  Up 6 minutes
84bd8d0e1456        confluentinc/cp-kafka:5.0.0-2      Up 6 minutes
60d721a94418        redis:alpine                       Up 6 minutes
```

如果你喜欢在不使用 Docker 的情况下安装和运行每个依赖项,那么 Tracing Talk 应用程序仍然可以在不做任何额外更改的情况下工作,但是安装说明不在本书的范围之内。

在学习完本章之后,你可能想通过终止 `docker-compose` 命令来停止所有依赖项,如果在后台运行,则通过执行以下命令来停止:

```
$ docker-compose down
```

Tracing Talk 聊天应用程序

在讨论埋点之前,让我们回顾一下聊天应用程序。它来自一个代码演示,机器学习公司 Agolo 的 SRE 工程师 Mahmoud (Moody) Saada 在首次举行的分布式跟踪 NYC Meetup[1] 上展示了它。

一旦应用程序运行起来,我们就可以访问它的 Web 前端页面:http://localhost:8080/。每个访问者都会得到一个随机的屏幕名称,如 **Guest-1324**,可以使用 **EDIT** 按钮更改该名称。聊天功能非常基础:新消息显示在底部,附有发送者的名称和相对时间戳。你可以以 **/giphy<topic>** 的形式输入消息,使应用程序调用 giphy.com REST API 并在指定的主题下随机显示图像(见图 5.1)。

5 异步应用程序埋点

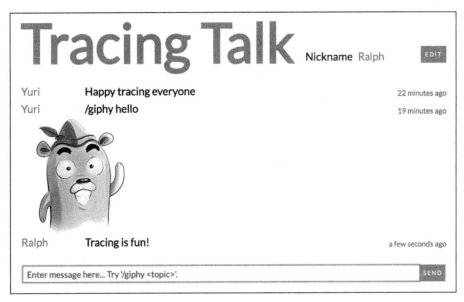

图 5.1　Tracing Talk 聊天应用程序的前端界面

应用程序由几个前端和后端的组件组成，在如图 5.2 所示的架构图中：

- JavaScript 前端是使用 React 实现的。静态页面由在端口 8080 上运行的 `chat-api` 微服务提供服务。前端每隔几秒钟就对所有消息进行一次轮询，虽然这不是实现聊天应用程序的最有效方法，但是可以使我们能够简单地关注后端消息通信。
- `chat-api` 微服务从前端接收 API 调用，以记录新消息或检索所有已累积的消息。它将新消息发布到 Kafka 主题，作为与其他微服务异步通信的方式。它从 Redis 读取累积的消息，这些消息由 `storage-service` 微服务存储在 Redis 中。
- `storage-service` 微服务从 Kafka 读取消息并将它们存储在 Redis 中。
- `giphy-service` 微服务也读取来自 Kafka 的消息，并检查它们是否以/giphy <topic>字符串开头。内部消息结构有一个 image 字段，如果该字段为空，则服务将对 giphy.com REST API 进行远程 HTTP 调用，查询与<topic>相关的 10 张图像。然后，服务随机选择其中一张，将其 URL 存储在消息的 image 字段中，并将消息发布到同一个 Kafka 主题，在该主题中，`storage-service` 微服务将再次读取该消息，并在 Redis 中进行更新。
- Kafka 内部使用 Apache ZooKeeper 来保持主题和订阅的状态。

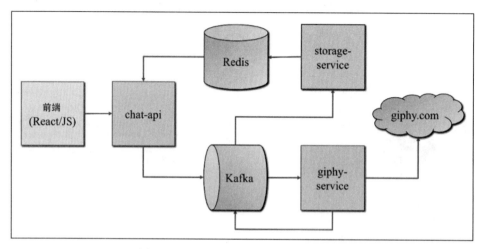

图 5.2 Tracing Talk 聊天应用程序的架构

实现

现在我们介绍应用程序主要组件的实现和源代码。

lib 模块

`lib` 模块包含三个微服务使用的几个类。其中一些是简单的值对象（`AppId` 和 `Message`），而另一些是注册其他 bean 的 Spring 配置 bean（`KafkaConfig` 和 `RedisConfig`），其余的（`GiphyService`、`KafkaService` 和 `RedisService`）是进程内服务，分别封装了与 `giphy.com`、**Kafka** 和 **Redis** 通信的功能。

AppId

`AppId` 类定义了一个暴露当前服务名称的 bean。它是在所有三个服务的 `App` 类中创建的，例如：

```
@Bean
public AppId appId() {
    return new AppId("chat-api");
}
```

服务名称用于由 `KafkaConfig` 组合 **Kafka** 驱动程序使用的客户端 ID 字符串。

消息

`Message` 类是一个值对象，它定义了整个应用程序使用的聊天消息的结构：

```
public class Message {
    public String event;
    public String id;
    public String author;
    public String message;
    public String room;
    public String date;
    public String image;
}
```

它有一个 `init()` 方法，当接收到来自前端的新消息时，chat-api 服务会调用该方法。它用于填充消息中的一些元数据，例如唯一 ID 和时间戳。

KafkaConfig 与 KafkaService

`KafkaConfig` 类是一个 Spring 配置，它暴露了两个 bean：Kafka 模板，用于发送消息；监听器容器工厂，用于接收 Kafka 消息和执行特定于应用程序的处理程序。`KafkaService` 类是其他微服务用来向 Kafka 发送消息和在消息处理程序中启动 OpenTracing span 的帮助类。稍后我们将讨论埋点的细节。

RedisConfig 与 RedisService

与 Kafka 类类似，`RedisConfig` 类定义了与 Redis 通信的 bean，`RedisService` 类是使用 `Message` 类存储和检索消息的帮助类。

GiphyService

`GiphyService` 类是一个封装调用 giphy.com REST API 的逻辑和随机获取 10 张图像之一的 URL 的帮助程序。它使用 Spring 的 `RestTemplate` 来进行 HTTP 调用，由 OpenTracing 自动埋点。

chat-api 服务

chat-api 服务由两个类组成：App（包含主函数并填充 `AppId` bean）和

ChatController（实现 REST API）。Spring 自动为前端提供静态 HTML 页面，因为我们将它们包含在了模块的 `pom.xml` 文件的 artefact 中：

```
<build>
    <resources>
        <resource>
            <directory>../../webapp</directory>
            <includes>
                <include>public/**</include>
            </includes>
        </resource>
    </resources>
</build>
```

controller 定义了两个主要方法：`getMessages()` 和 `postMessages()`。`getMessages()`方法实现了对`/message` 端点的 HTTP GET 请求的处理程序。它使用 RedisService 为聊天室检索当前存储的所有消息，并将它们以 JSON 格式返回到前端。请注意，当前前端的实现不允许创建不同的聊天室，因此始终只有一个聊天室：

```
@RequestMapping(value = "/message", method = RequestMethod.GET)
public @ResponseBody List<Message> index(
    @RequestParam(value = "room", defaultValue = "lobby")
    String room
    )throws Exception {
    List<Message> messages = redis.getMessages(room);
    System.out.println("Retrieved " + messages.size()
        + " messages.");
    return messages;
}
```

`postMessages()`方法处理对同一端点的 HTTP POST 请求。它从请求主体读取 JSON 消息，调用 `msg.init()`初始化一些元数据，并使用 `KafkaService` 帮助类将消息发送给 Kafka。

```
@RequestMapping(value = "/message",
    consumes = { "application/json" },
    produces = { MediaType.APPLICATION_JSON_VALUE },
    method = RequestMethod.POST)
```

```
public ResponseEntity<Message> postMessages(
        @RequestBody Message msg
) throws Exception {
    msg.init();
    System.out.println("Received message: " + msg);

    kafka.sendMessage(msg);
    System.out.println("Message sent sync to Kafka");
    return new ResponseEntity<Message>(msg, HttpStatus.OK);
}
```

在源代码库中，这个方法的实际代码看起来稍微复杂一些，因为它允许基于环境变量在 `kafka.sendMessage()` 和 `kafka.sendMessageAsync()` 方法之间进行选择。我们在本章后面再讨论这个问题。如果使用默认参数运行服务，那么它将使用前面清单中显示的同步方法。

storage-service 微服务

`storage-service` 微服务只有一个 App 类，它实现了主函数和 Kafka 消息处理程序，其最简单的形式如下：

```
@KafkaListener(topics = "message")
public void process(@Payload Message message,
        @Headers MessageHeaders headers) throws Exception
{
    System.out.println("Received message: " + message.message);
    redis.addMessage(message);
    System.out.println("Added message to room.");
}
```

再次说明，源代码库中的代码看起来略有不同，因为它包含了创建 OpenTracing span 和作用域的额外语句，稍后我们将讨论。

giphy-service 微服务

与 `storage-service` 微服务类似，`giphy-service` 微服务是在包含主函数和 Kafka 消息处理程序的 App 类中实现的。处理程序检查消息是否没有附加图像，以及消息中的文本是否以字符串 /giphy 开头，如果是，则通过 GiphyService 的 query() 方法将字符串的其余部分作为主题用于查询 giphy.com REST API。然后，微服务将图像的 URL 存储在 message.image 字段中并将其发送回 Kafka，storage-service 微服务将接收此字段的消息并在 Redis 中更新。请注意，giphy-service 微服务还将再次接收更新的消息，但不会对其进行任何处理，因为消息已经被填充到 image 字段中：

```
@KafkaListener(topics = "message")
public void process(
        @Payload Message message,
        @Headers MessageHeaders headers
) throws Exception {
    System.out.println("Received message: " + message.message);
    if (message.image == null &&
            message.message.trim().startsWith("/giphy")) {
        String query = message.message.split("/giphy")[1].trim();
        System.out.println("Giphy requested: " + query);
        message.image = giphy.query(query);
        if (message.image != null) {
        }
    }
}
```

为了方便阅读，我们再次省略了跟踪代码。

运行应用程序

假设遵循了先决条件，那么你应该已经将 Kafka、Redis 和 Jaeger 作为 Docker 容器运行了。要启动 Tracing Talk 应用程序的其余组件，我们需要使用 Makefile 手动运行它们（请确保你已经先运行了 ./mvnw install）。在单独的终端窗口中，运行以下三个命令：

```
$ make storage
$ make giphy
$ make chatapi
```

它们会产生大量的日志。chat-api 服务就绪后将会记录一条 **Started App in x.xx seconds** 消息。storage-service 和 giphy-service 微服务也会记录此消息，但是你可能没有注意到，因为它后面跟着 Kafka 消费者的日志。我们注意到，当这些服务的记录

像如下这样时,就表示它们准备好了:

```
2018-xx-xx 16:43:53.023  INFO 6144 --- [ntainer#0-0-C-1]
o.s.k.l.KafkaMessageListenerContainer : partitions assigned: [message-0]
```

这里的`[message-0]`指的是应用程序使用的`message`主题的 0 分区。

当所有三个微服务都准备就绪后,访问前端页面:http://localhost:8080/。尝试使用`/giphy`命令发送消息,例如`/giphy hello`。你可以观察到一些特殊的行为——信息出现在聊天中,然后消失,又再次出现,接下来图像出现,一切都延迟了大约 1s。这是由前端的轮询特性造成的,也就是说,在该实例中可能会发生以下情况:

- 前端向`chat-api`服务发送消息。该服务将消息写入 Kafka 并返回到前端,在聊天面板中显示。
- 在 1s 左右的时间内,前端会对`chat-api`服务进行轮询,查找所有当前消息,并且可能无法返回最新消息,因为`storage-service`微服务尚未对其进行处理。前端将其从屏幕上删除。
- `storage-service`微服务接收来自 Kafka 的消息并将其存储在 Redis 中。来自前端的下一次轮询将检索并显示此消息。
- 最后,`giphy-service`微服务更新消息中的图像,在下一次轮询时,前端显示带有图像的消息。

这种触发行为并不是我们在生产应用程序中所期望看到的,因此还有改进的余地,即在前端和`chat-api`服务之间使用持久的 WebSocket 连接。但是,它确实为应用程序的异步特性提供了一个有用的展现。你可能并不总是能注意到这种行为;由于类加载、建立到其他服务器的连接等原因,我经常在微服务冷启动后看到这种行为。

观察跟踪

一旦应用程序运行,并且你使用`/giphy`命令至少发送了一条消息,那么就可以在 Jaeger 用户界面中检查它。Jaeger 用户界面上的 **Service** 下拉列表中应该显示三个微服务的名称:**chat-api-1**、**storage-service-1** 和 **giphy-service-1**。我们要搜索包含 **chat-api-1** 的跟踪信息。但是,该服务会产生许多不同的 span,因此我们还希望在 **Operation** 下拉列表中过滤操作名称 **postMessage**(见图 5.3)。

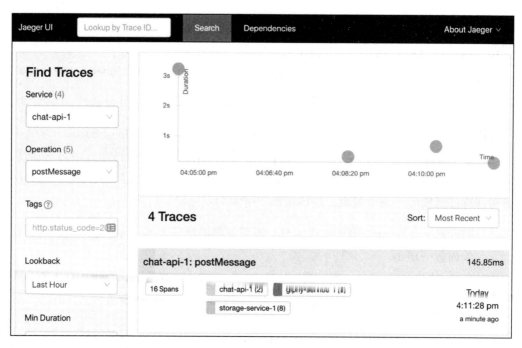

图 5.3 在 chat-api 服务中搜索对 postMessage 端点的跟踪

如果跟踪是针对包含/giphy 命令的消息的,那么我们应该能看到其中的所有三个服务。但是,我们没有看到 Kafka 或 Redis 的任何 span,这是符合预期的。我们在第 4 章"OpenTracing 的埋点基础"中遇到过这种行为,当时没有看到 MySQL 数据库的 span。原因是,所有这些第三方技术还没有使用 OpenTracing 埋点,我们能够观察到的唯一 span 是应用程序与这些后端通信时的客户端 span。我们希望将来情况会有所改变。

在 chat-api 服务中对 postMessage 端点的请求跟踪的甘特图如图 5.4 所示。

如果转到甘特图跟踪视图中查看请求,则将看到有关应用程序中发生的所有交互,以及它们花费的时间的更多详细信息。chat-api 服务通过向 Kafka(send span)发送消息来处理 POST 请求。

5 异步应用程序埋点

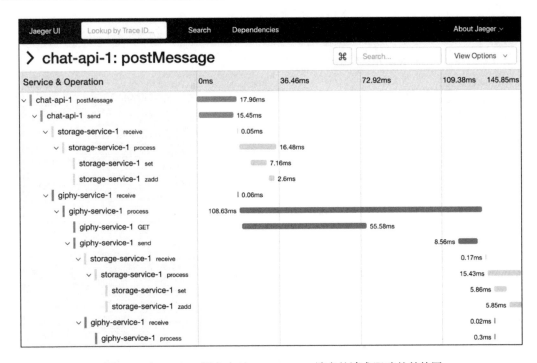

图 5.4 在 chat-api 服务中对 postMessage 端点的请求跟踪的甘特图

当消息发布后，receive span 显示 storage-service 和 giphy-service 几乎同时接收到消息。storage-service 微服务相对快速地把消息存储到 Redis 中，而 giphy-service 微服务则花了一段时间向 giphy.com REST API 进行查询，然后将更新后的消息重新发送到 Kafka 中。

storage-service 和 giphy-service 再次接收到更新消息，这次处理得更快。与其他难以理解其时间线的跟踪相比，最终的 span 相当短。幸运的是，Jaeger 用户界面通过屏幕顶部的跟踪迷你图（图 5.5 中未显示）提供了时间选择器功能，可以通过在感兴趣的区域周围水平拖动鼠标来放大跟踪的最后一部分。

在这个放大的视图中，我们看到 storage-service 微服务再次接收到消息并将其存储在 Redis 中。giphy-service 微服务也接收到了消息，但没有进行 REST API 调用，因为消息已经包含图像 URL。

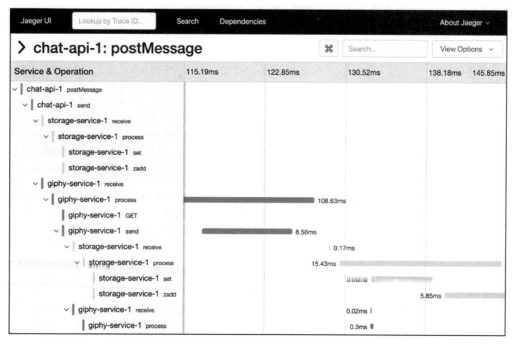

图 5.5　与图 5.4 中相同的跟踪的甘特图，但是放大了第一次与 Giphy 交互的结尾

有时 `giphy-service` 微服务中的 `send` span 看起来有点奇怪，因为它超出了其父 span `process` 的结束时间，甚至超过了 `storage-service` 微服务接收到 Kafka 发送的消息的时间。我们在第 4 章 "OpenTracing 的埋点基础"中看到过针对 Spring 埋点的这种行为。如果不深入研究，或者使用更多的埋点，则最好的猜测是，这是由 Kafka 模板中 `send()` 方法的异步行为造成的，在消息已经被生成到 Kafka 中，甚至被其他服务使用之后，该方法可能会关闭另一个线程中的 `span`。对于异步的应用程序来说，这并不是一种不寻常的情况，它只强调在没有分布式跟踪工具的情况下分析它们的行为是多么困难。

使用 OpenTracing 埋点

现在我们已经运行了应用程序并有了一个漂亮的跟踪，是时候讲解本章的要点，并讨论如何使用埋点来实现了。正如我们前面所讨论的，OpenTracing 项目的主要目标是提供一个允许为其他开源项目和框架创建开源埋点的 API。在 Tracing Talk 应用程序中，Kafka、Redis 和 Spring 框架严重依赖这样的开源埋点，以至于代码中几乎没有手动埋点，仅有的少量手动埋点只是由于各自的埋点库相对不成熟，而不是因为基本的限制。我们还是让这个示例对所使用的跟踪库完全没感知。与第四章"OpenTracing 的埋点基础"不同的是，在这里没有显式的代码实例化 Jaeger 跟踪器，而是使用"tracer resolver"机制，它自动实例化在类路径上可以找到的任何跟踪器。

Spring 埋点

与第 4 章"OpenTracing 的埋点基础"类似，只要 Spring 容器具有类型为 `io.opentracing.Tracer` 的 bean，我们就可以使用 opentracing-spring-cloud-starter 库在许多 Spring 组件中自动启用跟踪埋点，包括 `RestTemplate` 类：

```
<dependency>
    <groupId>io.opentracing.contrib</groupId>
    <artifactId>opentracing-spring-cloud-starter</artifactId>
    <version>0.1.13</version>
</dependency>
```

tracer resolver

tracer resolver 是一个支持使用 Java 的服务加载机制从类路径初始化跟踪器的库。为了使这样的跟踪器在 Spring 容器中可用，我们使用了另一个 artefact，即 opentracing-spring-tracer-configuration-starter（它会拉取 tracerresolver 相关依赖项）：

```
<dependency>
    <groupId>io.opentracing.contrib</groupId>
    <artifactId>
        opentracing-spring-tracer-configuration-starter
    </artifactId>
    <version>0.1.0</version>
</dependency>
<dependency>
    <groupId>io.jaegertracing</groupId>
    <artifactId>jaeger-client</artifactId>
    <version>0.31.0</version>
</dependency>
```

通过包含 `jaeger-client` 依赖项，使得 Jaeger 跟踪器工厂在 `tracerresolver` 模块的类路径上可用。然后，`opentracing-spring-tracer-configuration-starter` 模块将实例化的跟踪器从 `tracerresolver` 绑定到 Spring 上下文。还有其他方法可以实现同样的效果。例如，`opentracing-contrib/java-springing-jaeger` 库避免了使用基于单例的 `tracerresolver` 方法，并将 Jaeger 配置直接与 Spring 集成。然而，tracer resolver 是一种更通用的机制，它可以与其他框架一起工作，而不仅仅是 Spring，不需要跟踪器实现的作者编写与多个框架集成的代码。

由于不再编写任何代码来配置 Jaeger 跟踪器，因此我们使用环境变量来传递一些参数，这些参数在 `Makefile` 中完成。例如，通过-d 开关使用传递给 Maven 的如下参数来启动 `storage-service` 微服务：

```
JAEGER_SAMPLER_TYPE=const
JAEGER_SAMPLER_PARAM=1
JAEGER_SERVICE_NAME=storage-service-1
```

在完成所有这些操作后，如果需要，则可以通过声明一个 auto-wired 依赖项来访问跟踪器，例如，在 `KafkaConfig` 类中：

```
import io.opentracing.Tracer;

@Configuration
public class KafkaConfig {

    @Autowired
    Tracer tracer;

    ...
}
```

Redis 埋点

就 Tracing Talk 应用程序而言，Redis 只是我们调用的另一个服务，类似于使用 Spring 的 `RestTemplate` 调用 `giphy.com` API。遗憾的是，OpenTracing 埋点还不支持 Spring 的 `RedisTemplage`。

因此，我们直接使用其中的一个 Redis 客户端，即 `io.lattuce:lettuce-core`。幸运的是，已经有一个 OpenTracing 库 `java-redis-client`，为这个 Redis 客户端提供了埋点：

```xml
<dependency>
    <groupId>io.opentracing.contrib</groupId>
    <artifactId>opentracing-redis-lettuce</artifactId>
    <version>0.0.5</version>
</dependency>
```

通过这种依赖关系，我们可以通过使用 TracingStatefulRedisConnection 装饰器包装 Redis 连接来创建一个包含跟踪埋点的 RedisCommands bean：

```java
import io.lettuce.core.RedisClient;
import io.lettuce.core.api.StatefulRedisConnection;
import io.lettuce.core.api.sync.RedisCommands;
import io.opentracing.Tracer;
import io.opentracing.contrib.redis.lettuce.
TracingStatefulRedisConnection;

@Configuration
public class RedisConfig {
    @Autowired Tracer tracer;

    @Bean
    public StatefulRedisConnection<String, String> redisConn() {
        RedisClient client = RedisClient.create("redis://localhost");
        return new TracingStatefulRedisConnection<>(
                client.connect(), tracer, false);
    }

    @Autowired StatefulRedisConnection<String, String> redisConn;

    @Bean
    public RedisCommands<String, String> redisClientSync() {
        return redisConn.sync();
```

    }
}
```

这种方法还有一个缺点，就是通过调用 `client.connect()` 创建的连接为显式的 `StatefulRedisConnection<String, String>` 类型；也就是说，它只支持键和值作为字符串。如果使用 Spring Data，那么我们将能够使用 `Message` 类作为值，序列化为 JSON。

相反，我们必须使用来自 FasterXML/Jackson 的 `ObjectMapper` 来做这种转换，正如在 `RedisService` 类中所看到的那样：

```
@Service
public class RedisService {
    @Autowired
    RedisCommands<String, String> syncCommands;

    public void addMessage(Message message) throws Exception {
        ObjectMapper objectMapper = new ObjectMapper();
        String jsonString = objectMapper.writeValueAsString(message);

        syncCommands.set("message:" + message.id, jsonString);

        Long epoch = Instant.parse(message.date).getEpochSecond();
        syncCommands.zadd(message.room,
            epoch.doubleValue(), message.id);
    }
}
```

Kafka 埋点

Kafka 的情况稍好一些，它已经对 Spring 提供了 OpenTracing 支持。我们使用以下依赖项：

```
<dependency>
    <groupId>org.springframework.kafka</groupId>
    <artifactId>spring-kafka</artifactId>
    <version>2.1.8.RELEASE</version>
</dependency>
<dependency>
    <groupId>org.apache.kafka</groupId>
```
```

```xml
    <artifactId>kafka-clients</artifactId>
    <version>2.0.0</version>
</dependency>
<dependency>
    <groupId>io.opentracing.contrib</groupId>
    <artifactId>opentracing-kafka-spring</artifactId>
    <version>0.0.14</version>
</dependency>
```

最后一个模块的低 0.0.14 版本暗示它是早期的实验版本。它为生产者和消费者提供了装饰器，但不能作为 Spring 初始化的一部分自动启用它们。

生产消息

`KafkaConfig` 类注册向 **Kafka** 发送消息的 `KafkaTemplate` bean：

```java
@Bean
public KafkaTemplate<String, Message> kafkaTemplate() throws Exception
{
    return new KafkaTemplate<>(producerFactory());
}
```

生产者工厂是使用 `TracingProducerFactory` 装饰的工厂：

```java
private ProducerFactory<String, Message> producerFactory()
    throws Exception
{
    Map<String, Object> props = new HashMap<>();
    props.put(ProducerConfig.BOOTSTRAP_SERVERS_CONFIG,
            "localhost:9092");
    props.put(ProducerConfig.CLIENT_ID_CONFIG, clientId());
    ProducerFactory<String, Message> producer =
        new DefaultKafkaProducerFactory<String, Message>(
            props,
            new StringSerializer(),
            new JsonSerializer<Message>());
    return new TracingProducerFactory<String, Message>(producer, tracer);
}
```

这非常简单，因为我们使用的是 Spring 模板，所以可以通过为 Message 类注册 JSON 序列化器来利用 Spring 的序列化机制。根据此模板，我们可以向 Kafka 发送如下消息：

```
@Service
public class KafkaService {
    private static final String TOPIC = "message";

    @Autowired
    KafkaTemplate<String, Message> kafkaTemplate;

    public void sendMessage(Message message) throws Exception {
        ProducerRecord<String, Message> record =
            new ProducerRecord<>(TOPIC, message);
        kafkaTemplate.send(record).get();
    }
}
```

由 opentracing-kafka-spring 库中的埋点捕获的 Kafka 生产者 span 中的标记如图 5.6 所示。

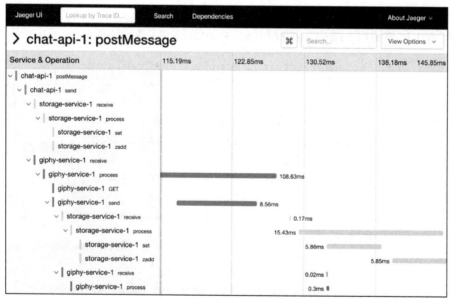

图 5.6　由 opentracing-kafka-spring 库中的埋点捕获的 Kafka 生产者 span 中的标记

如果回到在 Jaeger 用户界面中收集的跟踪，并展开其中的一个 send span，我们将看到它确实是由 `java-kafka` 组件创建的，它带有 `span.kind=producer` 标记，并且在 `message_bus.destination` 标记中捕获了主题名称 `message`。

记录一个 span 本身并不难；在前面的例子中，通过对数据库的调用我们已经做到了。在前面的埋点中，特别的是 span 上下文不会丢失，就像数据库调用经常发生的情况一样，这些调用通常以跟踪中的叶节点结束。相反，span 上下文被记录到 Kafka 消息头中。读者可以从 `TracingProducerFactory` 跟踪执行链，但我们可以直接跳到有趣的地方——`io.opentracing.contrib.kafka.TracingKafkaUtils` 中的 `inject()` 方法：

```
static void inject(SpanContext spanContext, Headers headers,
        Tracer tracer) {
    tracer.inject(spanContext, Format.Builtin.TEXT_MAP,
        new HeadersMapInjectAdapter(headers, false));
}
```

这看起来应该很熟悉。序列化 span 上下文并通过 `tracer.inject()` 调用将其存储在 Kafka 消息头中。唯一的新部分是 `HeadersMapInjectAdapter`，其工作是使 Kafka 记录头适应 OpenTracing 的 `TextMap` Carrier API。

在其他地方，通过传递当前活动 span 中的 span 上下文（通过 `scope.span()` 获取）和记录头来调用该方法：

```
try {
    TracingKafkaUtils.inject(scope.span().context(),
        record.headers(), tracer);
} catch (Exception e) {
    logger.error("failed to inject span context", e);
}
```

消费消息

现在我们介绍跟踪埋点在消费者端是如何工作的。从跟踪中我们已经看到，当前的埋点结果有两个 span：一个称为 `receive`（通常非常短），另一个称为 `process`（封装消息处理程序的实际执行）。

遗憾的是，Jaeger 用户界面目前没有显示这些 span 使用的 span 引用类型（通过消息通信进行跟踪是一个相对较新的领域）。但是我们仍然可以通过使用右上角的 **View Options** 下拉列表并选择 **Trace JSON** 找到它。这将打开一个带有跟踪 JSON 表示的新浏览器窗口。

如果搜索 span 名称 `receive` 和 `process`，我们将看到这两种类型的 span 都被定义了一个 follows-from span 引用类型。正如我们在第 4 章"OpenTracing 的埋点基础"中所讨论的，follows-from 引用用于将当前的 span 连接到它的父级，并标示父级并不依赖当前 span 的结果。对于异步消息通信应用程序，这是有意义的：生产者向队列中写入消息，而不用等待响应。最常见的情况是，它甚至不知道消费者是谁，或者是否有很多消费者，或者它们目前是否都不可用。根据 OpenTracing 中的语义定义，生产者不依赖稍后消费消息的某个进程的结果。因此，使用 follows-from 引用的 `receive` span 非常有意义。

`receive` span 和 `process` span 之间的关系实际上类似于生产者/消费者关系。当从队列中读取整批消息时，`receive` span 在 Kafka 驱动程序的某处执行，`process` span 在应用程序代码中异步启动。`receive` span 不直接依赖 `process` span 的结果，因此可以通过 follows-from 引用将它们连接起来。

刚接触跟踪的人有时会问，为什么我们不能有一个 span，从生产者编写消息的那一刻开始，到消费者接收到消息时结束？

这肯定会使跟踪的甘特图看起来更好，因为当用于消息通信流时，它们会变得非常稀疏。有如下几个原因可以说明这不是最好的方法：

- 这与 OpenTracing 建议的模型相反，每个 span 只与一个进程相关联。这不是强制性的，但是很多跟踪系统并不是被设计来表示多主机 span 的。
- 将队列中等待的时间建模为多主机 span 并不能提供很多好处。通过在生产者和消费者中分别使用单主机 span，仍然可以很容易地从跟踪推断出等待时间，正如我们在前面的跟踪中看到的那样。
- 可能有多个消费者！它们可以在不同的时间读取消息，因此将多主机 span 的末端与单个接收事件关联是不切实际的。

通过对用户界面的改进，较好地解决了甘特图稀疏的问题。

让我们看看如何在消费者端代码中实现所有 span 的创建。`receive` span 由 TracingConsumerFactory 创建，装饰了默认的消费者工厂：

```
private ConsumerFactory<String, Message> consumerFactory()
```

```
            throws Exception
{
    ...

    return new TracingConsumerFactory<>(
            new DefaultKafkaConsumerFactory<String, Message>(
                    props,
                    new StringDeserializer(),
                    new JsonDeserializer<>(Message.class)));
}
```

然后，这个工厂被用来创建一个监听器容器工厂：

```
@Bean
public Object kafkaListenerContainerFactory() throws Exception {
    ConcurrentKafkaListenerContainerFactory<String, Message> factory =
            new ConcurrentKafkaListenerContainerFactory<>();
    factory.setConsumerFactory(consumerFactory());
    return factory;
}
```

遗憾的是，这表现出库的不成熟状态：使用这段代码，只获得了 receive span，而没有获得 process span。我们只能推测原因：也许维护人员没有时间为消息处理程序编写适当的类来给 Spring 装载。另一个原因可能是 Kafka 驱动程序没有提供一个地方来存储 receive span 的 span 上下文，以便稍后 process span 可以引用它。有时，我们不得不处理框架的限制，这些框架没有为中间件提供足够的支持。我们可以看看 io.opentracing.contrib.kafka.TracingKafkaConsumer 代码，在那里找到了如下方法：

```
@Override
public ConsumerRecords<K, V> poll(long timeout) {
    ConsumerRecords<K, V> records = consumer.poll(timeout);
    for (ConsumerRecord<K, V> record : records) {
        TracingKafkaUtils.buildAndFinishChildSpan(
            record, tracer, consumerSpanNameProvider);
    }
    return records;
}
```

正如我们所看到的，消费者一次读取多条 Kafka 记录，然后为每条记录创建一个 span，立即完成它们。没有其他状态，所以埋点使用了一个技巧来保存 receive span 的 span 上下文：将它序列化回一组不同键下的消息头，用字符串 second_span_ 作为前缀。在 TracingKafkaUtils 类的 buildAndFinishChildSpan() 方法中可以找到代码：

```
static <K,V> void buildAndFinishChildSpan(ConsumerRecord<K, V> record,
    Tracer tracer)
{
    SpanContext parentContext = extract(record.headers(), tracer);
    if (parentContext != null) {
        Tracer.SpanBuilder spanBuilder = tracer.buildSpan("receive")
            .withTag(
                Tags.SPAN_KIND.getKey(), Tags.SPAN_KIND_CONSUMER);

        spanBuilder.addReference(References.FOLLOWS_FROM,
            parentContext);

        Span span = spanBuilder.start();
        SpanDecorator.onResponse(record, span);
        span.finish();

        // Inject created span context into record headers
        // for extraction by client to continue span chain
        injectSecond(span.context(), record.headers(), tracer);
    }
}
```

injectSecond() 函数使用了我们熟悉的 tracer.inject() 方法：

```
static void injectSecond(SpanContext spanContext, Headers headers,
                Tracer tracer)
{
    tracer.inject(spanContext, Format.Builtin.TEXT_MAP,
        new HeadersMapInjectAdapter(headers, true));
}
```

5 异步应用程序埋点

自定义 HeadersMapInjectAdapter 类负责为键添加前缀字符串 second_span_：

```java
public class HeadersMapInjectAdapter implements TextMap {

    private final Headers headers;
    private final boolean second;

    HeadersMapInjectAdapter(Headers headers, boolean second) {
        this.headers = headers;
        this.second = second;
    }

    @Override
    public void put(String key, String value) {
        if (second) {
            headers.add("second_span_" + key,
                    value.getBytes(StandardCharsets.UTF_8));
        } else {
            headers.add(key, value.getBytes(StandardCharsets.UTF_8));
        }
    }
}
```

如果埋点没有自动创建 process span，我们如何在跟踪中获得它？前面在介绍 Tracing Talk 应用程序中的消息处理程序示例时，我们提到它们稍微简化了。现在让我们看一下它们的完整形式，例如，在 storage-service 微服务中：

```java
@KafkaListener(topics = "message")
public void process(@Payload Message message,
        @Headers MessageHeaders headers) throws Exception
{
    Span span = kafka.startConsumerSpan("process", headers);
    try (Scope scope = tracer.scopeManager().activate(span, true)) {
        System.out.println("Received message: " + message.message);
        redis.addMessage(message);
        System.out.println("Added message to room.");
    }
}
```

我们使用 KafkaService 中的一个帮助方法 startConsumerSpan 从 KafkaService 手动启动 process span，并使其在当前作用域内处于活动状态。这允许其他埋点，比如在 Redis 连接中，获取当前 span 并继续跟踪。

帮助方法使用另一个适配器来提取带有 second_span_ 前缀的键（遗憾的是，埋点库中相同的类是私有的）：

```
public Span startConsumerSpan(String name, MessageHeaders headers) {
    TextMap carrier = new MessageHeadersExtractAdapter(headers);
    SpanContext parent = tracer.extract(
            Format.Builtin.TEXT_MAP, carrier);
    return tracer.buildSpan(name)
            .addReference(References.FOLLOWS_FROM, parent)
            .start();
}
```

如果不手动启动这个 span，那么最初的跟踪将以 receive span 作为叶节点停止，对 Redis 或 giphy.com API 的调用将启动新的跟踪。我们将它作为练习留给你来验证这一点，方法是在消息处理程序中注释掉 span 创建语句。

埋点异步代码

在服务之间使用消息通信并不是实现异步应用程序的唯一方法。有时，单个服务中的代码是异步的。在如 Node.js 这样的环境中，异步是编写代码的标准方法，需要一种不同形式的进程内上下文传播。

在 Java 中，异步代码通常使用 future 和 executor 来编写。在 Tracing Talk 应用程序中，我们已经使用了这些 API，只不过是以同步的方式。例如，KafkaService.sendMessage() 方法调用 send() 函数，该函数返回 ListenableFuture，这是异步 API 的标志。我们通过调用 get() 和阻塞将其转回同步状态，直到它完成：

```
public void sendMessage(Message message) throws Exception {
    ProducerRecord<String, Message> record =
        new ProducerRecord<>(TOPIC, message);
    kafkaTemplate.send(record).get();
}
```

我们使用的跟踪实现，负责通过异步 API 边界正确传输跟踪上下文。如果我们想自己尝试一下呢？KafkaService 类包含另一个发送消息的方法：sendMessageAsync()。它假定 kafkaTemplate.send() 是一个阻塞调用，使用 CompletableFuture 和 executor 在一个不同于调用者线程的线程上执行该调用：

```java
public void sendMessageAsync(Message message, Executor executor)
        throws Exception
{
    CompletableFuture.supplyAsync(() -> {
        ProducerRecord<String, Message> record =
                new ProducerRecord<>(TOPIC, message);
        kafkaTemplate.send(record);
        return message.id;
    }, executor).get();
}
```

chat-api 服务使用环境变量 KSEND 在 sendMessage() 和 sendMessageAsync() 方法之间进行切换。由于第二个函数需要 executor，所以 chat-api 服务构造了一个 executor，如下所示：

```java
@Bean
public Executor asyncExecutor() {
    ThreadPoolTaskExecutor executor = new ThreadPoolTaskExecutor();
    executor.setCorePoolSize(2);
    executor.setMaxPoolSize(2);
    executor.setQueueCapacity(10);
    executor.setThreadNamePrefix("send-to-kafka-");
    executor.initialize();
    return executor;
}

Executor executor1 = asyncExecutor();
```

要使用这个 executor，我们可以使用 KSEND=async1 参数启动 chat-api：

```
$ make chatapi KSEND=async1
```

为方便起见，我们为这个命令添加了一个单独的 make target：

```
$ make chatapi-async1
```

如果我们在聊天室中发送一条消息，然后查找跟踪，就会发现不是一个跟踪，而是创建了两个跟踪（如我们所愿）：一个是顶层端点，包含一个名为 **postMessage** 的 span；另一个是以 `send span` 作为根，包含其余的正常跟踪（见图 5.7）。请记住，为了找到第二个跟踪，你可能需要在 **Operation** 下拉列表中选择 **send**。

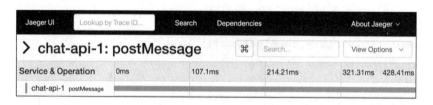

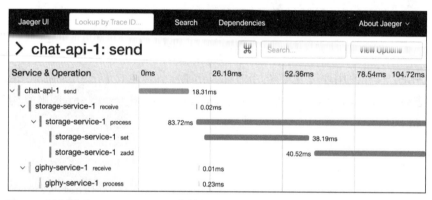

图 5.7 运行带有 KSEND=async1 参数的 chat-api 服务，得到两个跟踪，而不是一个

很明显，我们并不想破坏这样的跟踪。我们使用异步的 `CompletableFuture` 来执行请求，这与 Kafka 模板使用的 future 没有太大的不同。问题是我们没有正确地在线程间传递进程内上下文。传递给 future 的 lambda 函数在另一个线程上执行，该线程不能访问调用者线程的活动 span。为了弥补这一点，我们可以得到当前的活动 span，并在运行在另一个线程上的 lambda 代码中重新激活它：

```
public void sendMessageAsync(Message message, Executor executor)
       throws Exception
{
    final Span span = tracer.activeSpan();
    CompletableFuture.supplyAsync(() -> {
        try (Scope scope = tracer.scopeManager().activate(span, false))
```

```
        {
            ProducerRecord<String, Message> record =
                    new ProducerRecord<>(TOPIC, message);
            kafkaTemplate.send(record);
            return message.id;
        }
    }, executor).get();
}
```

在做出上述更改后,重新运行聊天测试(不要忘记先运行 `mvn install`),我们将看到跟踪已恢复正常,`postMessage` 和 `send` span 已正确连接。遗憾的是,它需要将跟踪代码直接添加到应用程序代码中,而这正是我们要尽量避免的。你可能已经注意到,我们添加的代码并不特定于传递给 future 的 lambda 函数。如果逐步执行对 `supplyAsync()` 代码的调用,则最终会到达一个点,在那里,一个 runnable 被传递给一个 executor。在此之前,所有执行都发生在具有访问当前活动 span 权限的调用者线程上。因此,一般的解决方法是使用 executor(通过装饰它)来执行线程之间的活动 span 传输。这正是 `opentracing-contrib/java-concurrent` 库中的 TracedRunnable 类所做的:

```
public class TracedRunnable implements Runnable {

    private final Runnable delegate;
    private final Span span;
    private final Tracer tracer;

    public TracedRunnable(Runnable delegate, Tracer tracer) {
        this.delegate = delegate;
        this.tracer = tracer;
        this.span = tracer.activeSpan();
    }

    @Override
    public void run() {
        Scope = span == null ? null :
            tracer.scopeManager().activate(span, false);
        try {
            delegate.run();
```

```
            } finally {
                if (scope != null) {
                    scope.close();
                }
            }
        }
    }
```

TracedRunnable 类在创建装饰器时捕获了当前 span，并在调用委托的 run() 之前，在新线程中激活了它。我们可以将 executor 封装到这个库的 TracedExecutor 中，这个库内部使用了 TracedRunnable。然而，这仍然需要修改代码来应用装饰器。相反，我们可以让 Spring 埋点帮助自动做到这一点！

asyncExecutor() 方法使用了 @Bean 注释，这意味着它被注入 Spring 上下文中；在 Spring 上下文中，自动埋点可以检测到它，并自动装饰以进行跟踪。我们只需要从 Spring 上下文中取回这个 bean，而不是调用函数来创建一个新的 bean：

```
Executor executor1 = asyncExecutor();

@Autowired
Executor executor2;
```

正如你可能已经猜到的（或查看了源代码），我们可以告诉 chat-api 服务使用第二个 executor，并使用 KSEND=async2 参数：

$ make chatapi KSEND=async2

或者，使用 make target：make chatapi-async2。

如果再次运行聊天消息测试，则将看到跟踪恢复正常。如果消息包含 /giphy 命令，则最多有 16 个 span。

在本节的最后，我们给出关于在异步编程中使用 follows-from 和 child-of span 引用的最后一条建议。有时，处于堆栈较低级别的代码不知道它与线程中当前活动 span 的真正关系。例如，考虑向 Kafka 发送一条消息，这是使用 Kafka 模板上的异步 send() 方法完成的。

我们已经看到，生产者装饰器总是使用调用者线程中对活动 span 的 child-of 引用来创建 send span。对于 chat-api 服务，它是正确的选择，因为我们总是从 send() 返回后

的某个时刻调用 `get()`，也就是说，直到 `send` span 完成时才生成 HTTP 响应。然而，这并不是严格的依赖关系，而且我们很容易想到一种情况，就是调用异步 API 而不期望它的完成情况影响更高级别的 span。在该场景中，使用 follows-from 引用更合适，但是处于较低级别的埋点不能推断出意图。

在这里最好的建议是让调用者负责将正确的因果关系归结到 span。如果调用者知道它正在执行一个 fire-and-forget 类型的异步调用，那么它可以先发制人启动一个 follows-from span，以便在较低级别创建的 child-of span 具有正确的因果关系引用。幸运的是，很少需要显式地执行此操作，因为即使使用异步编程，通常也期望父 span 依赖子 span 的结果。

总结

在本章中，我们讨论了关于异步应用程序跟踪埋点的更高级的主题。使用 Apache Kafka 作为服务之间异步通信的例子，我们讨论了如何通过消息通信基础设施传播跟踪上下文，以及如何在消息总线的两端创建生产者和消费者 span。最后，我们讨论了埋点使用进程内异步编程的应用程序，比如 Java 中的 future 和 executor。虽然埋点本身是特定于 OpenTracing 的，但是埋点异步应用程序的原则是通用的，并且适用于围绕 span 模型构建的任何跟踪 API。

在本章中使用的大多数埋点都来自 GitHub 上 opentracing-contrib 组织提供的各种现成的开源模块。我们甚至避免了代码实例化 Jaeger 跟踪器，而是使用运行时配置选项。由于所有的埋点工具都与供应商无关，因此可以使用任何其他 OpenTracing 兼容的跟踪器。

OpenTracing 解决了埋点问题，埋点问题可以说是业界广泛采用分布式跟踪的最大障碍，但它不是唯一的问题。

在下一章中，我们将介绍一个更大的跟踪生态系统，以了解正在开发的其他新兴标准。有些项目是相互竞争的，有些是以某种方式重叠的，因此我们将根据项目正在解决的问题类型及它们的主要受众来引入一个分类。

参考资料

[1] Distributed Tracing NYC meetup. 链接 1.

6

跟踪标准与生态系统

在微服务主导的世界中，端到端跟踪不再是一个"锦上添花"的特性，而是理解现代云原生应用程序的"关键一招"。在第 4 章"OpenTracing 的埋点基础"中，我们看到了一个例子，它演示了手动埋点一个简单的分布式跟踪应用程序"Hello, World!"。如果在学习完之后，给你留下的印象是，"哦，这需要做很多工作"，那么它就实现了它的一个目标。为了获得高质量的跟踪数据而开发和部署埋点，绝对是组织中推行分布式跟踪解决方案的最大挑战，但不是唯一的挑战。在第 13 章"在大型组织中实施跟踪"中，我们将从组织的角度介绍一些使过程更容易的实用技术。

在本章中，我们将讨论：

- 旨在减轻或消除埋点挑战的开源项目。
- 试图解决互操作性和烟囱数据问题的标准计划，当公司采用托管云服务（如 AWS Kinesis 或 Cloud Spanner）时，这一问题会加剧。

埋点形式

我们在第 4 章"OpenTracing 的埋点基础"中所做的完全手动埋点对演示核心原则非常有用，但是在实践中，该埋点形式非常少见，因为它非常昂贵，而且对于大型的云原生应用程序来说根本无法伸缩。这也是非常不必要的，因为在基于微服务的应用程序中，大多数埋点跟踪点都发生在进程边界的附近，在那里，通信是通过少量框架（如 RPC 库）执行的。

如果埋点框架，则只需要做一次，然后在应用程序中重用该埋点。这并不意味着在应用程序中完全没有手动埋点的位置，但是通常它是为特殊情况保留的，其中一些独特的应用程序逻辑需要它，例如，监控对一些自定义共享资源的访问。

还有一种通常被称为**基于代理**的埋点形式，它承诺自动、零修改应用程序埋点。在动态语言中，如 Python 和 JavaScript，它们通常通过一种称为**猴子补丁**的技术来完成，这种技术涉及在运行时动态修改类或模块，对应用程序是透明的。例如，流行的 Python 模块 `requests` 有一个静态函数 `request.get()`，用于执行 HTTP 请求。跟踪埋点代理可以用包装器替换该函数，该包装器将创建一个客户端跟踪 span，调用原始函数，然后完成 span，并使用请求的结果进行注释，如 HTTP 状态码。

在 Java 应用程序中，在不允许进行动态代码修改的情况下，通过字节码操作可以实现类似的效果。例如，Java 运行时可执行文件有一个命令行开关 `-javaagent`，它加载一个与 `java.lang.instrument` API 交互的库，用于在加载类时自动应用埋点。

三种类型的跟踪埋点及其与埋点 API 的交互如图 6.1 所示。

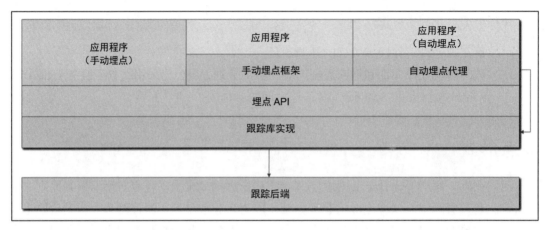

图 6.1 三种类型的跟踪埋点及其与埋点 API 的交互。API 从应用程序和框架开发者那里抽象出确切的元数据传播和跟踪报告格式，并将其委托给跟踪库实现，后者与跟踪后端通信。基于代理的埋点常常绕过 API 直接进入实现中，使得它们不能跨跟踪供应商移植

相比于直接与框架集成的埋点，基于代理的埋点通常维护起来要复杂得多。框架在设计时考虑到了可扩展性，以中间件、拦截器、过滤器等形式添加跟踪代码通常非常简单。遗憾的是，有些框架没有提供扩展途径。在这种情况下，猴子补丁和基于代理的埋点通常是唯一的手段。从历史上看，只有像 New Relic 或 AppDynamics 这样的大型商业 APM 供应商为多种语言提供了代理，随着底层框架的不断发展和壮大，它们投入了大量的工程资源来维护这些代理。如今，基于代理的埋点可以从 DataDog 和 Elastic 等较新的供应商及 Apache SkyWalking 等一些开源项目中找到。遗憾的是，这些库通常与供应商的特定跟踪后端耦合。

在我尝试用 Python 实现跟踪埋点的早期，我编写了一个 `opentracing_instrumentation` 模块[1]，它使用猴子补丁的形式来修改一些流行的 Python 模块，比如 `urllib2`、`requests`、`MySQLdb`、`SQLAlchemy` 和其他一些模块。该模块通过 OpenTracing API[2]应用与供应商无关的埋点，因此它可以与任何兼容的跟踪器实现一起使用。2018 年年末，另一组 OpenTracing 开发人员启动了一个名为"Special Agent"[3]的 Java 新项目，该项目通过 OpenTracing API 自动埋点 Java 应用程序来生成跟踪事件。

手动埋点和框架埋点都需要特定的**埋点 API** 来描述分布式事务。API 必须提供基本类型，用于以语义和因果关系数据注释跟踪点，以及在进程与组件边界内部和之间传播上下文元数据。正如我们从第 5 章中所看到的，埋点 API 的用户，也就是应用程序或框架的开

发人员，他们不需要关心 API 是如何实现的，例如，不用关心网络请求中用于表示元数据的数据格式是什么，或者如何将收集到的跟踪报告给后端。对于应用程序开发人员来说，最重要的部分是所有框架都使用一致的埋点 API。

一个典型的微服务（见图 6.2）包含一些专有的业务逻辑，同时使用一些标准框架（通常是开源的）来满足其基础设施需求，例如，用于服务于入站请求的服务器框架，用于调用其他微服务的潜在的独立 RPC 框架，用于与基础设施组件通信的数据库和消息队列驱动程序，等等。所有这些框架都应该埋点用于跟踪，但是如果没有公共 API，它们甚至不知道如何将上下文元数据传递给彼此。

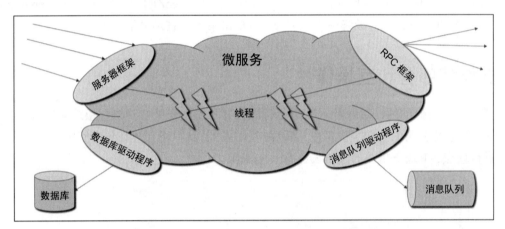

图 6.2 由专有的业务逻辑和开源框架组成的一个典型的微服务

我们可以将埋点 API 的需求总结如下：

- 必须具有表达性，以捕获分布式事务中所涉及操作的充分语义和因果关系。
- 应该跨不同的编程语言提供类似的跟踪基本类型。云原生应用程序使用多种语言是很常见的，而且必须处理概念上不同的 API 给开发人员带来的额外认知开销。
- 同时，API 应该对特定的编程语言友好，使用已建立的习惯用法和命名约定。
- 基本类型必须抽象出如何在网络上格式化上下文元数据，以及如何将收集到的跟踪报告给跟踪后端。对于跟踪系统的操作者和成功的部署来说，这些考虑因素非常重要，但是在埋点时它们是无关的，必须解耦。
- 必须与供应商无关。为框架或应用程序编写埋点是一个昂贵的提议；跟踪系统的选择与埋点的选择二者需要解耦。在本章中，我将使用术语"供应商"来指代任何商业 APM 供应商、来自云提供商的托管跟踪系统和开源跟踪项目。

- 必须是轻量级的，在理想情况下打包为一个独立的库，没有额外的依赖关系。

埋点 API 的额外软需求是它需要被广泛采用。与任何标准化工作一样，相互竞争的标准导致社区分裂。竞争有利于实现，但不利于标准，因为这会让其他开源开发人员面临一个艰难的选择：应该使用哪个竞争 API 来埋点框架？如果选择错误，他们的跟踪代码就会与其他框架不兼容，而其他人可能就会使用其他框架来编写他们的应用程序。

在前几章中，我们使用了 OpenTracing API，这是一个满足上述所有标准的埋点 API。它是通过许多跟踪实践者之间的协作开发的，包括像 LightStep、Instana、DataDog、New Relic 和 SolarWinds 这样的 APM 供应商，以及开源项目，如 OpenZipkin、Jaeger、Stagemonitor、Hawkular 和 SkyWalking；最终用户如 Uber Technologies，它是最早的用户之一。

分析跟踪部署和互操作性

正如前面所提到的，对埋点 API 进行标准化并不是组织中成功推行跟踪解决方案的唯一方面。考虑 X 公司中有几个虚拟应用程序（见图 6.3），其中所有微服务都使用 OpenTracing API 进行埋点，Jaeger 后端通过 Jaeger 库收集跟踪。

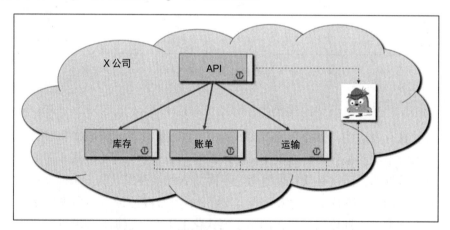

图 6.3　部署在云或者服务器上的虚拟应用程序，在 Jaeger 中使用 OpenTracing 埋点并收集所有跟踪。实线箭头表示业务请求，虚线箭头表示跟踪数据收集

假设这是完整的架构，微服务不与任何外部系统通信（实际上这是不现实的，至少对于**账单**组件，通常需要调用外部付款流程），此部署架构没有互操作性问题来妨碍对应用程序的所有组件进行完整的跟踪覆盖收集。

实际上，事情通常更复杂。想象一下，公司需要满足数据保护和隐私规定，经过一些分析，我们意识到最快的方法是将处理信用卡的**账单**组件移动到 Amazon 的云服务 AWS 上，因为它有足够的控制能力。AWS 提供了自己的跟踪解决方案 X-Ray，它还与其提供的其他服务进行了集成，所以我们可能决定使用 X-Ray 而不是 Jaeger 来跟踪账单服务。

另外，假设库存模块使用的数据库不再伸缩，我们决定用托管数据库服务替换它，例如谷歌的 Cloud Spanner。与大多数托管的谷歌服务一样，Spanner 也是通过谷歌的 Stackdriver 进行内部跟踪的（见图 6.4）。

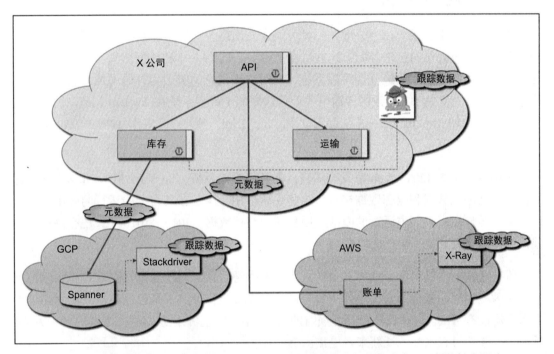

图 6.4　更复杂的虚拟应用程序部署引入了不同跟踪后端之间的集成点，以便能够在跟踪中观察系统的全貌。Jaeger、Stackdriver 和 X-Ray 这三个跟踪系统使用不同的数据格式来编码请求中的元数据，以及存储和公开收到的跟踪数据

图 6.4 显示了扩展的架构，其中包括在服务器和云上运行的组件。系统的复杂性只会增加，因此我们比以前更希望看到完整的、端到端的事务跟踪。遗憾的是，还有两个新问题要解决。第一个问题是对于给定的事务，我们甚至不会得到一个完整的跟踪。

你可能还记得，在第 3 章"分布式跟踪基础"中，跟踪系统在服务进行网络调用时传播上下文元数据，通常以某种方式将其编码为请求头。在示例中，在使用不同跟踪系统

（Jaeger、Stackdriver 和 X-Ray）埋点的组件之间交换元数据。为了保持跟踪数据之间的因果关系，它们需要就元数据的传输格式达成一致。我们将在本章后面讨论这种建议的格式。

第二个问题是跟踪的不同部分现在由不同的跟踪后端收集。为了将它们组装成一个统一的视图，我们需要将它们以一种数据格式导出到一个系统中。在撰写本文时，尽管业界已经尝试创建一种跟踪数据格式，但是还不存在跟踪数据的这种标准格式。

跟踪的五种含义

如今的跟踪生态系统相当分散，并且可能令人困惑。传统的 APM 供应商在基于代理的埋点上进行了大量的投资，所有这些供应商都有自己的 API 和数据协议。Twitter Zipkin 发布后，作为第一个工业级开源跟踪系统，对用户来说它的吸引力开始增加，它是事实上的标准，至少在它的 B3 元数据传输格式上是这样的（许多系统在 Twitter 上是以鸟类的名字命名的，例如 Zipkin 最初被称为 Big Brother Bird，或 B3，用作 HTTP 头前缀，如 X-B3-TraceId）。

2016 年，谷歌和 Amazon 都发布了自己的托管跟踪系统，即 Stackdriver 和 X-Ray，它们都有自己的元数据和跟踪数据格式。这些系统可用于跟踪在各自云中运行的应用程序，以及接收客户在服务器中运行的内部应用程序的跟踪数据。2016—2018 年，还有许多其他跟踪系统发布并开放了源代码。

所有这些活动都增加了业界对分布式跟踪的兴趣，但是对于互操作性或对于跟踪埋点工具作为应用程序框架的必要组件（日志记录和度量指标埋点工具已经存在一段时间了）进入主流没有帮助。这导致几个开源项目的启动，目的是标准化跟踪解决方案的各个方面。然而，一些项目有重叠，让新来者更加困惑。

在 KubeCon EU 2018 年会上，谷歌的 Dapper 创造者之一，OpenTracing 项目的联合创始人 Ben Sigelman 认为跟踪项目之间常常出现混乱，有时甚至出现相互不满的情况，他的想法源于这样的事实，这些项目对能解决哪一部分跟踪难题没有清晰的定位，它们使用同一个词"跟踪"，却指的是四个不同类别的任务：分析事务、记录事务、联合事务和描述事务。我认为这可以进一步扩展，至少可以扩展到五个类别，所有这些类别都以"跟踪"的名义存在（见图 6.5）。

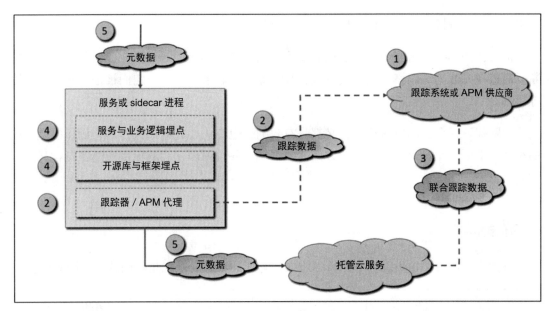

图 6.5 跟踪的不同含义：分析事务①、记录事务②、联合事务③、描述事务④和关联事务⑤

当你听到"跟踪"时，首先想到的概念是实际的跟踪系统，它收集数据并为用户提供使用跟踪工具**分析事务**的方法。在第 2 章"跟踪一次 HotROD 之旅"中测试 HotROD 时，我们说**跟踪**它，尽管我们所做的只是使用 Jaeger 用户界面来查看跟踪。

对某些人（和项目）来说，"跟踪"意味着别的东西。他们会说跟踪是在进程中**记录事务**并将它们发送到跟踪后端。例如，服务网格 sidecar 或 APM 代理可能同时捕获服务的跟踪并记录它们。

正如我们在前一节中所讨论的，托管云服务的引入为全面了解分布式事务带来了额外的挑战。例如，应用程序可能使用像 AWS Kinesis 这样的消息通信服务，这与使用托管数据库不同，因为消息总线通常不是跟踪中的叶节点，业务逻辑同时充当生产者和消费者。

如果我们能通过消息总线端到端跟踪事务，那么了解这样一个系统的行为相对容易，但是因为它是一个托管服务，它更有可能将部分跟踪发送给云提供商运行的跟踪系统。通过**联合事务**，我们可以将它们放到一个地方，在那里可以对它们进行端到端分析。

如果我们正在开发一个业务服务，通常运行和部署大量的代码，其中一些代码是我们自己写的，另外一些代码是作为依赖从共享库如 Maven Central、GitHub、NPM 等中引入的，它们作为基础设施框架或一些业务功能的扩展。要理解所有这些代码，我们需要通过埋点来**跟踪**它，或者换句话说，通过**描述事务**来跟踪它。

最后，回到托管云服务上，我们需要确保当事务跨不同的跟踪供应商时跟踪不会被中断。通过在元数据编码格式上达成一致，我们能够**关联事务**，即使它们被记录到不同的跟踪后端。

"跟踪"这个词的所有这些含义都是有效的，也有关心它们的人，但它们指的是不同的东西。重要的是确保这些不同的方面彼此解耦，并且处理它们的项目清楚各自含义的范围。

了解受众

就像许多项目关注跟踪的不同方面一样，它们的目标受众也是不同的（见图 6.6）。

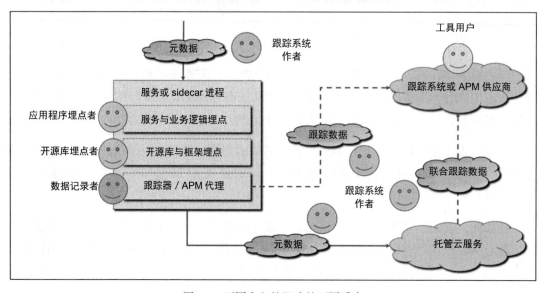

图 6.6 不同含义的跟踪的不同受众

- 跟踪系统作者关心记录事务、联合事务和关联事务，以及试图标准化跟踪数据和元数据的数据格式的项目。
- 工具用户，例如 DevOps 工程师、SRE 工程师和应用程序开发人员通常只关心工具是否工作，并帮助自己分析事务。他们没有参与大多数围绕标准化工作的项目。
- 数据记录者，通常（但不总是）包括跟踪系统作者，他们关心记录事务和所使用的工具（可能包括跟踪库）。例如，OpenCensus 项目专注于数据记录，但是它与接收数据的实际跟踪后端显然无关。它不是由维护跟踪后端的同一个人维护的。
- 应用程序开发人员关心埋点 API，其帮助他们描述系统中的事务并获得可见性。
- OSS（开源软件）框架开发人员，他们与应用程序开发人员类似，也关心通过埋点 API 来描述事务，从而允许他们在库和框架的运维上给用户带来最好的可见性。

生态系统

在本节中，我们将尝试按照前面描述的维度对分布式跟踪空间中的一些项目进行分类。表 6.1 提供了每个项目在各领域公开的简单摘要，例如对特定数据格式的依赖或影响。

表 6.1 每个项目在各领域公开的简单摘要

项 目	分析事务	记录事务	联合事务	描述事务	关联事务
	跟踪工具	跟踪器 / 代理	跟踪数据	应用程序 / 开源库埋点	元数据
Zipkin	√	√	√	√	√
Jaeger	√	√	√		√
SkyWalking	√	√			
Stackdriver、X-Ray 等	√	√		√	√
W3C 跟踪上下文					√
W3C "数据交换格式"			√		
OpenCensus		√	√	√	√
OpenTracing				√	

跟踪系统

首先，让我们考虑几个完整的跟踪系统，看看它们横跨了问题空间的哪些领域。

Zipkin 与 OpenZipkin

Zipkin 是第一个作为一个开源项目提供的高度可伸缩的分布式跟踪系统。它于 2012 年由 Twitter 发布，积累了大量的粉丝和健康的社区。作为第一个分布式跟踪系统，Zipkin 必须涵盖我们在本章中讨论的跟踪的所有方面，所以在表 6.1 中勾选了它的每一列（包括"应用程序 / 开源库埋点"列）就不足为奇了。这是因为 Zipkin 项目积极地支持自己的 Brave 跟踪器，它为很多流行的框架（如 Spring、Spark、Kafka、gRPC 等）带来了许多标准的埋点工具。埋点本身与 Brave API 紧密耦合，因此只能在数据格式级别与其他跟踪系统互操作。

Jaeger

Jaeger 于 2015 年在 Uber 创建，并于 2017 年作为一个开源项目发布。这是一个相对较新的项目，但由于其关注 OpenTracing 兼容性和作为中立的 CNCF 的一员，它越来越受欢迎。Jaeger 提供了一个与 Zipkin 类似的特性集。Jaeger 项目本身不提供任何埋点。相反，它用多种语言维护了一组兼容于 OpenTracing 的跟踪器，可以使用现有的大量基于 OpenTracing 的埋点（本章稍后讨论）。因此，在表 6.1 中 Jaeger 的"应用程序/开源库埋点"列没有勾选。Jaeger 的一些跟踪库能够以 Zipkin 格式发送数据，以及使用 Zipkin 的 B3 元数据格式。

SkyWalking

SkyWalking 也是一个相对较新的项目，它起源于中国，并于 2017 年被 Apache 基金会在孵化阶段接受。它最初是一个跟踪系统，现在已经逐渐转变成一个成熟的 APM 解决方案，提供度量指标和警报功能，甚至日志。就其跟踪功能而言，它是部分兼容于 OpenTracing 的（仅在 Java 中），但是其作者为中国流行的一些框架投入了大量基于代理的埋点，因此在表 6.1 中勾选了"应用程序/开源库埋点"列。

X-Ray、Stackdriver 等

大型云提供商运行的许多托管服务都使用各自的云托管跟踪系统进行跟踪，比如 AWS X-Ray 或谷歌的 Stackdriver。这给那些正在运行自己的内部跟踪后端（包括 Zipkin 或 Jaeger 等开源后端）的客户带来了问题，因为关于事务的跟踪数据被孤立在不同的跟踪后端。这使得云供应商对数据标准化工作非常感兴趣，我们将在下一节中对此进行描述。同时，这些云托管跟踪后端都提供了自己的一组 SDK，用于埋点客户应用程序，这使得这些埋点不可移植。

标准项目

正如我们所看到的，前面讨论的所有跟踪系统都为问题空间的每个领域提供了唯一的解决方案，包括跟踪和元数据的数据格式、跟踪记录库，以及除 Jaeger 之外，它们各自的

埋点 API。这使得在没有一些特殊适配器的情况下，它们彼此之间基本不兼容。在过去的两年里，已经出现了一些标准化工作在努力填补这一空白，在一些不需要那么强差异化的领域，例如"如何对 HTTP 端点进行埋点"，保持与供应商无关。

W3C 跟踪上下文

2017 年，一些供应商、云提供商和开源项目成立了一个名为"分布式跟踪工作组"[4]的委员会，它隶属于万维网联盟（W3C），其目标是定义跟踪工具之间的互操作性标准。工作组的主要活动项目被称为跟踪上下文[5]。从表 6.1 中可以看出，这个项目的目的非常专一，只关注一个维度：进程之间通过标准协议传递的跟踪元数据的格式，例如 HTTP 或 AMQP。

跟踪上下文项目在 2018 年年初到达了一个重要的里程碑，所有参与的供应商都同意跟踪标识符的概念模型。在此之前，对于这样一个标准是否能够适用于所有参与的跟踪系统，人们是存在很多分歧的。例如，OpenTracing API 两年来一直避免要求 span 上下文 API 暴露任何类似于跟踪 ID 和 span ID 的东西，因为担心一些跟踪系统不支持。自从在 W3C 跟踪上下文中做出决定以来，这个顾虑已经消除了。

跟踪上下文工作草案建议使用两个协议头来传播跟踪元数据。第一个头 `traceparent` 分别以 16 字节和 8 字节数组的形式保存跟踪 ID 和 span ID 的规范表示，并编码为十六进制字符串；还有一个 `flags` 字段，用于承载来自当前服务上游的采样决策的辨识，例如，它可能是这样的：

`traceparent: 00-4bf92f3577b34da6a3ce929d0e0e4736-00f067aa0ba902b7-01`

前面的 00 是规范的版本号，最后的 01 是一个 8 位掩码，其中最低有效位表示跟踪是在上游采样的。

第二个头 `tracestate` 的设计目的是为跟踪供应商提供一个存储和传递附加元数据的位置，这些附加元数据可能是特定于供应商的，并且不受 `traceparent` 头规范格式的支持。例如，SkyWalking 传播的额外字段无法被存放在 `traceparent` 头中，如父 span ID 或父服务实例 ID[6]。

兼容的跟踪器将 `tracestate` 值传递给调用图中的下一个节点，这在事务执行离开一个跟踪供应商的域并返回到该域时非常有用。每个供应商都使用一个唯一的键来标识自己的状态，例如：

```
tracestate: vendorname1=opaqueValue1,vendorname2=opaqueValue2
```

尽管关注的范围比较窄，格式建议也相对简单，但是该项目已经运行了一年多。这说明了对于开源项目来说，为什么关注点聚焦是非常重要的，因为即使是这样一种简单的格式，也需要许多涉众花费数月的时间来达成一致，并解决所有的边界情况。在撰写本节内容时，下列问题仍未得到解决：

- 如果发布了跟踪上下文格式规范的新版本，并且跟踪器在传入的请求中遇到了与它所使用的版本 v' 不同的版本 v，那么它应该如何表现？例如，如果传入的版本较低，$v < v'$，是否允许在之后的请求中升级和发送较新的版本？如果传入的版本较高，$v > v'$，是否应该忽略它并开始一个新的跟踪？
- 如果云提供商不重视传入的跟踪 ID，会发生什么情况？托管服务（如 Cloud Spanner）最有可能由云提供商的内部跟踪系统跟踪。恶意参与者可能向此服务发送所有包含相同跟踪 ID 的请求，这将导致托管服务产生不良数据或"无限"跟踪。同时，完全丢弃客户的入站跟踪 ID 也不是解决办法，因为大多数客户都会遵守规则，并希望获得对其事务的可见性。
- 对于像 Spanner 这样的叶节点服务（从客户的角度），有一个简单的解决方案：虽然传入的跟踪 ID 不受重视，但是它作为跟踪中的标记，比如"关联 ID"，仍然允许客户跟踪系统的跟踪与云提供商跟踪系统的跟踪保持关联。但是，如果托管服务不是一个叶节点，例如 AWS Kinesis 之类的消息通信系统，该怎么办呢？
- 如果商业 APM 供应商在自定义的供应商状态中编码客户的名称或 ID，并且有两个客户（A 和 B）正在相互请求，当客户 A 的带有状态的请求到达客户 B 时，它应该如何在 `tracestate` 头中表示其供应商状态？由于稍后的请求可能会返回到客户 A，供应商可能希望同时保存这两个请求，那么应该如何在协议头的单个字段中对其进行编码呢？

我希望这些边界情况能够很快得到解决，并且规范能够得到官方推荐版本的认可。协议头标准将为跨越具有不同跟踪库的系统的分布式事务提供一个机会，以维护分布式跟踪的单一视图。

W3C "数据交换格式"

如果所有跟踪后端都以相同的公共格式暴露跟踪，那么从不同的跟踪后端连接跟踪就会容易得多，我们之前将此过程称为"联合事务"。同一个分布式跟踪工作组已经开始讨论这种格式可能是什么样的，但是在撰写本节内容时还没有正式的项目。这是分布式跟踪领域中的一个典型问题，虽然解决后能从其狭窄的范围内获取巨大的收益，但是仍然很难解决不同的跟踪系统以各种各样的方式来表示它们的跟踪数据的问题。今天，由于没有统一的格式，这个问题只能通过所谓的"N 平方"解决方案来解决：每个供应商都需要为彼此的数据格式实现一个适配器。

OpenCensus

OpenCensus 项目[7]源于谷歌的一组内部库，称为 Census。它将自己的任务定义为"与供应商无关的单个分发库，为客户的服务提供指标收集和跟踪。"它的路线图还提到了日志收集，因此未来它的范围可能会进一步扩大。

OpenCensus 项目比其他标准化工作横跨更大的问题空间，因为它将埋点 API 与跟踪记录的底层实现和逻辑数据模型（尤其是元数据）结合在一起。

OpenCensus 对元数据非常严格，且遵循原始的谷歌 Dapper 格式，即跟踪 ID、span ID 和标志位掩码。例如，它的 Go 库定义了如下的 `SpanContext`：

```
type TraceID      [16]byte
type SpanID       [8]byte
type TraceOptions uint32

// SpanContext 包含了必须在进程间同步的状态
type SpanContext struct {
    TraceID      TraceID
    SpanID       SpanID
    TraceOptions TraceOptions
}
```

这种表示与谷歌的 Stackdriver 及 Zipkin 和 Jaeger 项目使用的元数据完全匹配，所有这些项目都可以追溯到它们的根源 Dapper。它完全兼容 W3C 跟踪上下文格式，而不需要在 `tracestate` 头中传递任何额外的数据。然而，许多其他现有的跟踪系统对其元数据的定义非常不同。例如，APM 供应商 Dynatrace[8]的元数据传播格式要复杂得多，它包含 7 个字段：

`<clusterId>;<serverId>;<agentId>;<tagId>;<linkId>;<tenantId>;<pathInfo>`

在本讨论中，这些字段的含义并不重要，但是很明显，它们并不完全适合 OpenCensus 的元数据视图。相反，我们接下来将讨论的 OpenTracing API 没有限制哪些数据进入 span 上下文中。

OpenCensus 项目的一个明显优势是结合了跟踪和度量指标功能。从表面上看，这两个问题域完全不同，应该分开处理。然而，正如第 2 章"跟踪一次 HotROD 之旅"中的例子，对 HotROD 进行跟踪，一些度量指标可能会受益于附加的标签，比如根据最初的客户或产品线将单个度量指标划分为多个时间序列。

这只能通过使用分布式上下文传播来实现，而分布式上下文传播通常在跟踪库中使用。因此，除非将对传播的上下文的访问完全与跟踪功能解耦（关于这一点的更多内容，请见第 10 章"分布式上下文传播"中对跟踪平面的相关讨论），否则指标 API 不可避免地会与跟踪耦合。然而，这种耦合是单向的：度量指标功能依赖跟踪功能的上下文传播特性，反之则不然。一旦 OpenCensus 实现了日志 API，同样的考虑也将适用于它们。

OpenCensus 项目在表 6.1 的"跟踪工具"列中没有打钩，幸运的是，它对这种外部格式没有异议。相反，它使用称为**导出器**的特殊模块，其工作是将内部 span 数据模型转换为一些外部表示，并将它们发送到特定的跟踪后端。在撰写本节内容时，OpenCensus 默认附带与 Zipkin、Jaeger 和 Stackdriver 兼容的导出程序。

OpenCensus 和 OpenTracing 之间的关系是一个不可避免的问题。我们可以先抛开度量指标功能不谈，因为度量指标主要被构建在跟踪功能提供的上下文传播之上，而且实际上，它可以是一个完全独立的模块。在跟踪埋点领域，OpenCensus 与 OpenTracing 对于 span 和上下文传播工具有几乎相同的语义模型，但是 API 略有不同，这使得为这些 API 编写的埋点彼此不兼容。理想的状态是使这两个项目收敛于一个跟踪 API，该 API 将允许重用其中任何一个现有的开源埋点。2018 年年底，这两个项目开始就这一目标展开讨论。

OpenTracing

最后，我们回到 OpenTracing 项目[2]上。从前面章节中的介绍我们已经知道，在不同的编程语言中，它是一组埋点 API。OpenTracing 项目的目标是：

- 提供一个 API，应用程序和框架的开发人员可以用它来埋点代码。
- 实现真正的可重用、可移植和可组合的埋点，特别是对于其他开源框架、库和系统。
- 让其他开发人员，不仅仅是那些从事跟踪系统工作的开发人员，能够为他们的软件编写埋点，并且能够放心地使它与使用 OpenTracing 埋点的同一应用程序中的其他模块兼容，而不被绑定到特定的跟踪供应商。

从表 6.1 中可以看出，OpenTracing 并没有试图解决其他问题。OpenTracing 对元数据编码的格式、跟踪数据的格式、记录和收集跟踪的方法没有任何意见，因为这些都不是埋点领域的关注点。

对于项目创建者来说，这是一个谨慎的选择，他们认为将不相关的问题解耦是一种很好的工程实践，与设计单一的实现方案相比，纯 API 能够提供给实现人员更多的创新自由。

例如，Jaeger 跟踪库实现了许多其他实现方案（包括 OpenCensus）无法长期提供的特性。所有不同的供应商和相关各方也更难于就实现方案达成一致，而且通过缩小问题的范围，OpenTracing 项目在一个已经很困难的多语言 API 设计领域能够更快地取得进展。

在撰写本节内容时，OpenTracing 项目用 9 种编程语言定义了官方的埋点 API，它们是 Go、JavaScript、Java、Python、Ruby、PHP、Objective-C、C++和 C#。社区使用这些 API 为几十个流行的开源项目和框架创建跟踪埋点，从 RPC 库到数据库和队列驱动程序，甚至包括 Envoy 和 NGINX 等独立产品。作为一种描述分布式事务语义和因果关系的抽象方法，OpenTracing API 甚至可以用于与跟踪无关的目的，我们将在后面的章节中看到这一点。

OpenTracing 项目是 CNCF 的一个孵化阶段的项目。它有一个强大的治理模型[9]，其将最终决策权授予 **OpenTracing Specification Council**（OTSC），OTSC 由一些跟踪系统作者和供应商的代表组成，他们都积极地参与到项目中。

另一组主要是跟踪的最终用户，称为 **OpenTracing Industrial Advisory Board**（**OTIAB**），它的任务是根据 OTSC 的经验、成功和挑战为其提供建议。对规范和语言 API 进行更改的建议要经过正式而严格的**征求意见**（**RFC**）过程。有时，必须中断更改，但这是项目成员不会轻易做出的决定。例如，Java API 从 0.30 版本变化到 0.31 版本伴随着一个大型测试套件的开发，其演示了如何在各种埋点场景中使用这些新特性。它甚至包括一个单独的适配器模块，以简化从 0.30 版本的转换。

OpenTracing 项目包括另一个 GitHub 组织，即 `opentracing-contrib`[10]，它是流行框架的实际开源埋点的发源地。在撰写本节内容时，它拥有大约 80 个代码库，用于对 100 多个库、模块和框架埋点。OpenTracing Registry[11]列出了它们，以及一些外部托管的库。它支持通过关键字搜索来查找各种技术和框架的跟踪器或埋点库（见图 6.7）。

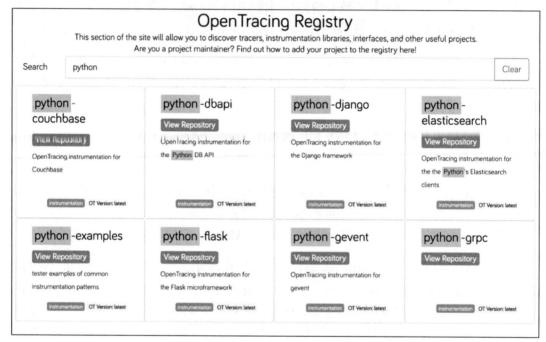

图 6.7　在 OpenTracing Registry 中搜索与 Python 相关的库

总结

部署跟踪系统不仅仅是对代码埋点或运行跟踪后端。在本章中，我们讨论了五个必须解决的问题领域，以便让收集跟踪的工作可以变得稍微轻松一点，并能够分析系统行为和性能。这些领域包括分析事务、记录事务、联合事务、描述事务和关联事务。

大多数现有的跟踪系统都覆盖了所有这些领域，但是以它们自己的方式，与其他跟踪系统不兼容。这限制了互操作性，在使用托管云服务时尤其成问题。行业中存在四个标准化项目，它们正试图解决不同的问题领域。我们介绍了每个项目的范围，并讨论了为什么关注的范围窄对它们的成功很重要。

在下一章中,我们将讨论如何使用其他技术,特别是服务网格代理,来标准化从应用程序中提取跟踪数据的方法。

参考资料

[1] A collection of Python instrumentation tools for the OpenTracing API. 链接 1.

[2] The OpenTracing Project. 链接 2.

[3] Automatic OpenTracing instrumentation for 3rd-party libraries in Java applications. 链接 3.

[4] Distributed Tracing Working Group. World Wide Web Consortium (W3C). 链接 4.

[5] Trace Context: Specification for distributed tracing context propagation format. 链接 5.

[6] Apache SkyWalking Cross-Process Propagation Headers Protocol. 链接 6.

[7] The OpenCensus Project. 链接 7.

[8] Dynatrace: Software intelligence for the enterprise cloud. 链接 8.

[9] The OpenTracing Specification and Project Governance. 链接 9.

[10] The OpenTracing Contributions. 链接 10.

[11] The OpenTracing Registry. 链接 11.

7

使用服务网格进行跟踪

在前几章中,我们讨论了从应用程序中提取跟踪数据的多种方法,包括直接将埋点添加到应用程序代码中,或者通过配置在运行时动态启用埋点。我们还提到了基于代理的埋点,通常由商业 APM 供应商提供,其工作方式是使用诸如猴子补丁和字节码操作等技术,将跟踪点从外部注入客户的程序中。所有这些方法都可以被归类为白盒工具,因为它们都需要在运行时显式或隐式地修改应用程序的代码。在第 3 章"分布式跟踪基础"中,我们还讨论了黑盒技术是完全通过外部关联可观测的遥感数据来工作的,例如 Mystery Machine[1]使用的日志。

在本章中，我们将讨论并在实践中尝试如何使用**服务网格**（云原生环境中一个相对较新的概念）来部署分布式跟踪，所使用的方法介于白盒技术和黑盒技术之间。我们将使用 Istio[2]，这是一个由谷歌、IBM 和 Lyft 开发的服务网格平台，带有内置的 Jaeger 集成。我们将使用 Kubernetes[3] 来部署 Istio 和示例应用程序。

服务网格

在过去的两三年中，随着越来越多的组织走上了用基于微服务的分布式架构取代旧的单体应用程序的道路，服务网络变得越来越受欢迎。在第 1 章"为什么需要分布式跟踪"中，我们讨论了这些转变带来的好处和挑战。基于微服务应用程序增长的规模和复杂性，服务之间的通信需要越来越多的基础设施的支持，解决诸如服务发现、负载均衡、速率限制、故障恢复和重试、端到端身份验证、访问控制、A / B 测试、金丝雀发布等问题。考虑到业界的一个共同趋势，即分布式应用程序的不同部分通常用不同的编程语言编写，将所有这些基础设施功能实现为库（包含在每种语言的各个服务中）将变得非常棘手。我们更愿意一次性实现它，并找到跨不同服务重用功能的方法。

将服务间通信功能合并到可重用组件中的模式并不新鲜。在 21 世纪初，它以**企业服务总线**（Enterprise Service Bus，ESB）的名义变得相当流行。Wikipedia[4]定义了 ESB 的职责如下：

- 在服务之间路由消息。
- 监控和控制服务之间消息交换的路由。
- 解决通信服务组件之间的争用。
- 控制服务的部署和版本化。
- 调度冗余服务的使用。
- 提供有价值的服务，如事件处理、数据转换和映射、消息和事件队列及排序、安全性或异常处理、协议转换和提高适当的通信服务质量。

这听起来非常类似于我们对基于微服务的应用程序的需求，然而，尽管 ESB 是一种抽象的架构模式，但它通常被实现为一个中心层或 hub，通过它代理所有服务间通信。

从性能的角度来看，这意味着每次两个服务如 A 和 B 需要相互通信时，都必须经过两级网络中继：A→ESB 和 ESB→B。在现代的云原生应用程序中，一个用户请求可能会涉及几十个甚至几百个微服务，这些额外的网络中继迅速增加，导致应用程序延迟。此外，单个中心层的问题或 bug 可能会导致整个应用程序宕机。

随着容器的出现，Docker 普及了一种新的架构模式，称为 **sidecar**。在此模式中，一组任务对主应用程序功能提供了补充，这组任务跨分布式应用程序中的许多服务，并与每个服务一起配置，但是其处于它们自己的轻量级进程或容器中，为跨语言的平台服务提供了一个同质的接口。不是所有的服务间通信都通过中央 ESB，sidecar 容器被部署在每个微服务的旁边，处理通信所需的基础设施需求，如服务发现、路由等。使用 sidecar 模式的优点包括：

- sidecar 可以用自己的语言实现，独立于主应用程序。
- sidecar 与主应用程序绑定部署，因此它们之间没有明显的延迟（但确实存在较小的延迟）。
- 每个 sidecar 只处理单个服务的一个实例，因此有问题的 sidecar 进程可能会影响该实例的健康状况，但不会影响应用程序的其他部分（尽管一个糟糕的全局配置更改理论上可能会同时影响所有的 sidecar）。
- sidecar 可作为主应用程序的扩展机制，即使应用程序本身不提供扩展功能。例如，第三方应用程序可能不会暴露任何监控信号，但是 sidecar 可以对此进行补偿。
- sidecar 的生命周期和标识与主应用程序的生命周期和标识相关联，这允许 sidecar 承担身份验证和传输级安全性等职责。

sidecar 模式示意图如图 7.1 所示。

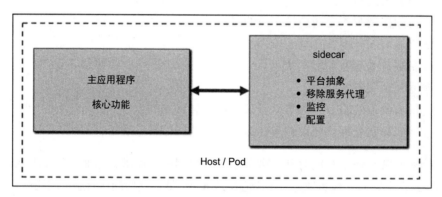

图 7.1　sidecar 模式示意图

术语"服务网格"通常指使用 sidecar 模式为微服务通信提供基础设施。这个术语本身有点误导人，因为字典中"网格"的定义将被更准确地应用于组成分布式应用程序的微服务网络及它们之间的交互。然而，业界似乎正在使用服务网格来指代实际的通信路由和管理基础设施，我们在本书中也将这样做。

服务网格平台通常提供两个独立的组件，即**数据平面**和**控制平面**。数据平面是一组作为 sidecar 部署的网络代理，负责运行时任务，如路由、负载均衡、速率限制、熔断、身份验证和安全性、监控。换句话说，数据平面的工作是翻译、转发和观察进出服务实例的每个网络包。有一种单独的设计模式用于描述这类 sidecar，称为 Ambassador 模式。之所以这样命名，是因为 sidecar 代表应用程序处理所有外部通信。可以用作服务网格数据平面的网络代理的示例包括 Envoy、Linkerd、NGINX、HAProxy 和 Traefik。

控制平面决定数据平面应该如何执行其任务。例如，代理如何知道在网络上何处可以找到服务 X，它于何处获取负载均衡、超时和熔断的配置参数，谁配置身份验证和授权设置。控制平面负责这些决策，它为在服务网格中运行的所有网络代理（数据平面）提供策略和配置。控制平面不会触及系统中的任何包/请求，因为它从不处于关键路径上。我们在本章中使用的 Istio 是服务网格控制平面的一个示例，它使用 Envoy 作为默认的数据平面。Istio 服务网格平台的架构如图 7.2 所示。

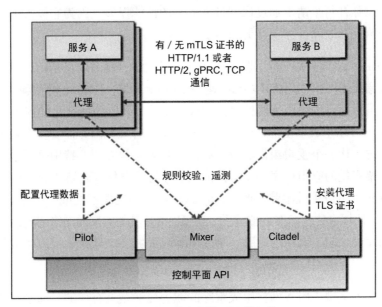

图 7.2　Istio 服务网格平台的架构

本书不打算对 Istio 进行全面的研究，所以这里只提供一个简要的概述。数据平面由与服务实例并列的网络代理表示。底部的控制平面由 API 层和三个组件组成：

- Pilot 为 sidecar 提供服务发现，为智能路由（例如 A/B 测试、金丝雀部署等）和弹性（超时、重试、熔断器等）提供流量管理功能。
- Mixer 跨服务网格执行访问控制和使用策略，并从 sidecar 和其他服务中收集遥测数据。
- Citadel 提供强大的服务到服务和最终用户的身份验证功能，内置身份和凭证管理。

Istio 支持 Jaeger、Zipkin 和其他跟踪系统的分布式跟踪。随着我们在第 6 章"跟踪标准与生态系统"中讨论的用于跟踪数据格式的标准的出现，服务网格提供的跟踪功能应该可以被完全移植到不同的跟踪后端。

服务网格的可观测性

如果在应用程序中的服务之间每个网络请求的路径上都放置一个服务网格，那么它将成为收集有关应用程序的一致的、标准化的遥测数据的理想场所。这种标准化的可观测性本身可能就足以弥补每个请求通过代理带来的小的性能损失，因为它极大地增强了系统的运维特性，使监控和故障排除变得更加容易：

- sidecar 可以产生关于进出服务实例的流量的统一命名度量指标，例如吞吐量、延迟和错误率[也称为 **RED**（Rate 速率、Error 错误、Duration 持续时间）方法]。这些度量指标可以被用来监控服务的健康状况，并创建标准化的仪表板。
- sidecar 可以生成丰富的访问日志。有时出于合规原因，需要安全地生成和存储这些日志。让一个逻辑组件负责所有这些日志非常方便，特别是对于使用多种语言和框架实现的应用程序，在这种情况下使得标准化日志格式和处理相当困难。
- sidecar 也可以生成跟踪。像 Envoy 这样的网络代理不仅可以通过 HTTP 或 gRPC 等公共协议来处理标准 RPC 流量，还可以处理其他类型的网络调用，比如对 MySQL 数据库或 Redis 缓存的调用。通过理解调用协议，sidecar 可以生成具有许多有用属性和注释的跟踪 span。

在本书的上下文中，服务网格生成跟踪的能力显然是最有趣的。通过在应用程序外部（在路由 sidecar 中）生成跟踪，该方法看起来几乎像黑盒方法的"圣杯"，它不需要对应用程序进行任何更改就可以工作。遗憾的是，如果某件事情好得令人难以置信，那么它可能真的不那么可信。我们将看到，服务网格跟踪并没有上升到将应用程序视为一个完全的黑盒子的层面。如果应用程序不做少量的工作来传播上下文，那么即使是服务网格也不能保证完整的跟踪。

先决条件

在本章的后续部分，我们将关注通过 Istio 收集跟踪数据。我们将使用在第 4 章 "OpenTracing 的埋点基础" 中开发的 Hello 应用程序的修改版本，并将其与 Istio 一起部署到 Kubernetes 集群中。首先，我们将描述运行示例所需的一些依赖项及其安装。

需要说明的是，安装 Kubernetes 和 Istio 并不是一项特别容易的工作。如果你能够按照以下说明操作并让所有东西都运行起来，那么很好，你将拥有一个平台，在这个平台上你可以对本章介绍的思想进行更多的试验。但是，如果你碰壁了，不能让所有的东西都运行起来，那么也不要沮丧；请继续阅读并简单地理解这些概念，以及跟踪和服务网格之间的集成。

项目源代码

本章示例可以在本书源代码库的 `Chapter07` 目录中找到。请参阅第 4 章 "OpenTracing 的埋点基础" 的介绍，了解如何下载它，然后切换到 `Chapter07` 目录，从那里可以运行所有的例子。

应用程序源代码的组织结构如下：

```
Mastering-Distributed-Tracing/
  Chapter07/
    exercise1/
    formatter/
    hello/
  Dockerfile
  Makefile
  app.yml
  gateway.yml
  routing.yml
  pom.xml
```

这个版本的应用程序只包含在 `exercise1` 子模块中定义的两个微服务，其中一个是 `Dockerfile`，用于构建我们部署到 Kubernetes 中的容器映像；另一个 `Makefile`，其包含一些用于构建和部署应用程序的方便的 target。三个 YAML（`*.yml`）文件包含 Kubernetes 和 Istio 的配置。

Java 开发环境

与第 4 章"OpenTracing 的埋点基础"中的示例类似，我们需要安装 JDK 8 或更高版本。`pom.xml` 中的 Maven 项目被设置为一个多模块项目，因此要确保运行 `install` target 来安装 Maven 本地存储库中的依赖项：

```
$ ./mvnw install
[... 跳过很多 Maven 日志 ...]
[INFO] Reactor Summary:
[INFO]
[INFO] Tracing with Service Mesh .............. SUCCESS [  0.316 s]
[INFO] exercise1 .............................. SUCCESS [  0.006 s]
[INFO] hello-1 ................................ SUCCESS [  2.447 s]
[INFO] formatter-1 ............................ SUCCESS [  0.330 s]
[INFO] ------------------------------------------------------------
[INFO] BUILD SUCCESS
[INFO] ------------------------------------------------------------
```

Kubernetes

为了运行 Istio，我们需要安装一个可用的 Kubernetes 环境。本章中的示例使用 **minikube**（0.28.2 版本）进行了测试，它在虚拟机中运行一个单节点的 Kubernetes 集群。关于如何安装 minikube 的说明超出了本书的范围，所以请读者自行参阅 Kubernetes 官方文档。

Istio

我们使用 Istio 1.0.2 版本运行本章中的示例。其完整的安装说明可以在 Istio 官方文档中找到。在这里，我们将总结在 minikube 上使用它所采取的步骤。

首先下载 Istio 1.0.2 版本，然后解压缩文件并切换到安装的根目录，例如 `~/Downloads/istio-1.0.2/`。接下来将 `/bin` 目录添加到路径中，以便稍后运行

7 使用服务网格进行跟踪

istioctl 命令：

```
$ cd ~/Downloads/istio-1.0.2/
$ export PATH=$PWD/bin:$PATH
```

安装自定义的资源定义：

```
$ kubectl apply -f install/kubernetes/helm/istio/templates/crds.yaml
```

安装组件之间没有相互 TLS 认证的 Istio：

```
$ kubectl apply -f install/kubernetes/istio-demo.yaml
```

确保 pod 已被部署并运行：

```
$ kubectl get pods -n istio-system
NAME                                        READY   STATUS      RESTARTS   AGE
grafana-6cbdcfb45-49vl8                     1/1     Running     0          6d
istio-citadel-6b6fdfdd6f-fshfk              1/1     Running     0          6d
istio-cleanup-secrets-84vdg                 0/1     Completed   0          6d
istio-egressgateway-56bdd5fcfb-9wfms        1/1     Running     0          6d
istio-galley-96464ff6-p2vhv                 1/1     Running     0          6d
istio-grafana-post-install-kcrq6            0/1     Completed   0          6d
istio-ingressgateway-7f4dd7d699-9v2fl       1/1     Running     0          6d
istio-pilot-6f8d49d4c4-m5rjz                2/2     Running     0          6d
istio-policy-67f4d49564-2jxk9               2/2     Running     0          6d
istio-sidecar-injector-69c4bc7974-w6fr      1/1     Running     0          6d
istio-statsd-prom-bridge-7f44bb5ddb-c7t     1/1     Running     0          6d
istio-telemetry-76869cd64f-jk8dc            2/2     Running     0          6d
istio-tracing-ff94688bb-rn7zk               1/1     Running     0          6d
prometheus-84bd4b9796-166qg                 1/1     Running     0          6d
servicegraph-c6456d6f5-v7f47                1/1     Running     0          6d
```

这个安装包括 Jaeger（作为 `istio-tracing` 的一部分）和 `servicegraph` 组件。因此，我们不会像在前几章中那样单独运行 Jaeger 后端。例如，如果你仍然让它以 Docker 容器的形式运行，那么请确保关闭它，以避免端口冲突。

Hello 应用程序

作为本章练习实现的 Hello 应用程序,与我们在第 4 章"OpenTracing 的埋点基础"中使用的应用程序非常相似。但是,由于 Kubernetes 中已经有很多移动组件,所以这里简化设置并放弃 bigbrother 服务,这样就不需要运行 MySQL 数据库了。bigbrother 服务有点令人毛骨悚然:它知道太多个人的信息。相反,我们在 formatter 服务中添加了一些逻辑,当给出一个人的名字时,它为问候语提供了一些对话:

```
@RestController
public class FController {

    private final String template;

    public FController() {
        if (Boolean.getBoolean("professor")) {
            template = "Good news, %s! If anyone needs me " +
                "I'll be in the Angry Dome!";
        } else {
            template = "Hello, puny human %s! Morbo asks: " +
                "how do you like running on Kubernetes?";
        }
        System.out.println("Using template: " + template);
    }

    @GetMapping("/formatGreeting")
    public String formatGreeting(@RequestParam String name,
                                 @RequestHeader HttpHeaders headers) {
        System.out.println("Headers: " + headers);

        return String.format(template, name);
    }
}
```

Formatter 的控制器检查 Java 系统属性 professor=true|false,并定义一个用于响应的模板字符串。这个属性在 Dockerfile 中由同名的环境变量设置:

```
CMD java \
    ...
    -Dformatter.host=${formatter_host:-formatter} \
    -Dformatter.port=${formatter_port:-8080} \
    -Dprofessor=${professor:-false} \
    -jar ${app_name:?'app_name must be set'}.jar
```

环境变量 `professor` 在 Kubernetes 的资源 `app.yml` 文件中定义。我们使用它来模拟服务的两个不同版本：没有环境变量的 `v1` 和将环境变量设置为 `true` 的 `v2`，以便 Formatter 产生不同的响应：

```
apiVersion: extensions/v1beta1
kind: Deployment
metadata:
  name: formatter-svc-v2
spec:
  replicas: 1
  template:
    metadata:
      labels:
        app: formatter-svc
        version: v2
    spec:
      containers:
      - name: formatter-svc
        image: hello-app:latest
        imagePullPolicy: Never
        ports:
        - name: http
          containerPort: 8080
        env:
        - name: app_name
          value: "formatter"
        - name: professor
          value: "true"
```

应用程序的入口点是 `hello` 服务。由于不再需要调用 `bigbrother` 服务，所以 `hello` 服务通过调用 `formatter` 服务的 `/formatterGreeting` 端点充当简单的代理。

显而易见，代码中没有跟踪埋点。`HelloController` 有一条语句，它从传入的 HTTP 请求中读取 `User-Agent` 头并将其存储在 span baggage 中。我们将在本章的稍后部分回到这一点，因为很明显，该语句不会为执行生成跟踪。相反，我们使用 Spring Boot 集成 OpenTracing 自动地在应用程序中启用跟踪，就像在第 4 章"OpenTracing 的埋点基础"中所做的那样，在 `exercise1/hello/pom.xml` 中启用下面的依赖关系：

```
<dependency>
    <groupId>io.opentracing.contrib</groupId>
    <artifactId>opentracing-spring-cloud-starter</artifactId>
</dependency>
<dependency>
    <groupId>io.opentracing.contrib</groupId>
    <artifactId>opentracing-spring-tracer-configuration-starter</artifactId>
</dependency>
<dependency>
    <groupId>io.jaegertracing</groupId>
    <artifactId>jaeger-client</artifactId>
</dependency>
<dependency>
    <groupId>io.jaegertracing</groupId>
    <artifactId>jaeger-zipkin</artifactId>
</dependency>
```

为了自动配置 Jaeger 跟踪器，我们通过 `Dockerfile` 中的环境变量将一些参数传递给它，`Dockerfile` 是所有微服务共享的：

```
CMD java \
    -DJAEGER_SERVICE_NAME=${app_name} \
    -DJAEGER_PROPAGATION=b3 \
    -DJAEGER_ENDPOINT=http://jaeger-collector.istio-system:14268/api/traces \
    ...
    -jar ${app_name:?'app_name must be set'}.jar
```

我们设置了 JAEGER_PROPAGATION=b3 参数，并且包括 jaeger-zipkin 构件。这是必要的，因为 Envoy 代理不能识别 Jaeger 默认的跟踪上下文的在线表示，但是它可以识别 Zipkin 的 B3 头信息。此配置指示 Jaeger 跟踪器使用 B3 头，而不是它的默认头。

使用 Istio 进行分布式跟踪

现在我们可以准备运行 Hello 应用程序了。首先，需要构建一个 Docker 镜像，以便将其部署到 Kubernetes 中。构建过程将镜像存储在本地 Docker 库中，但这样做并不好，因为 minikube 完全在虚拟机中运行，我们需要将镜像推送到虚拟机中的镜像库中。因此，需要定义一些环境变量来指示 Docker 把镜像推送到何处。这可以通过以下命令来完成：

```
$ eval $(minikube docker-env)
```

之后，构建应用程序：

```
$ make build-app
mvn install
[INFO] Scanning for projects...
[... 跳过很多日志 ...]
[INFO] BUILD SUCCESS
[INFO] ------------------------------------------------------------
docker build -t hello-app:latest .
Sending build context to Docker daemon  44.06MB
Step 1/7 : FROM openjdk:alpine
[... 跳过很多日志 ...]
Successfully built 67659c954c30
Successfully tagged hello-app:latest
*** make sure the right docker repository is used
*** on minikube run this first: eval $(minikube docker-env)
```

我们在最后添加了一些帮助消息，以提醒你根据正确的 Docker 库进行构建。在构建完成后，就可以部署应用程序了：

```
$ make deploy-app
```

make target 执行以下命令：

```
deploy-app:
    istioctl kube-inject -f app.yml | kubectl apply -f -
    kubectl apply -f gateway.yml
    istioctl create -f routing.yml
```

第一个命令指示 Istio 在 `app.yml` 中使用 sidecar 集成模式修饰部署指令，并随之应用它。第二个命令配置入口路径，以便可以从为应用程序创建的网络命名空间外部访问 `hello` 服务。最后一个命令根据请求头添加了一些额外的路由，我们将在本章后面讨论。

为了验证服务已成功部署，我们可以列出正在运行的 pod：

```
$ kubectl get pods
NAME                                READY   STATUS    RESTARTS   AGE
formatter-svc-v1-59bcd59547-8lbr5   2/2     Running   0          1m
formatter-svc-v2-7f5c6dfbb6-dx79b   2/2     Running   0          1m
hello-svc-6d789bd689-624jh          2/2     Running   0          1m
```

正如预期的那样，我们将看到 `hello` 服务和两个版本的 `formatter` 服务。如果在部署应用程序时遇到问题，则 `Makefile` 包含了有用的 target 从 pod 获取日志：

```
$ make logs-hello
$ make logs-formatter-v1
$ make logs-formatter-v2
```

我们几乎已经准备好通过 `curl` 访问应用程序了，但是首先需要获得 Istio 入口端点的访问地址。我们已经在 `Makefile` 中为它定义了一个帮助 target：

```
$ make hostport
export GATEWAY_URL=192.168.99.103:31380
```

要么手动执行 `export` 命令，要么运行 `eval $(make hostport)`。然后使用 GATEWAY_URL 变量通过 `curl` 向应用程序发送请求：

```
$ curl http://$GATEWAY_URL/sayHello/Brian
Hello, puny human Brian! Morbo asks: how do you like running on Kubernetes?
```

正如你所看到的，应用程序正在运行。现在是时候查看从这个请求收集的跟踪了。我我们安装的 Istio 演示包括了 Jaeger 的安装,但是它在虚拟机中运行,需要设置端口转发从本地主机访问它。幸运的是,这里还包括了另一个 Makefile target:

```
$ make jaeger
kubectl port-forward -n istio-system $(kubectl get pod -n istio-system -l app=jaeger -o jsonpath='{.items[0].metadata.name}')
16686:16686
Forwarding from 127.0.0.1:16686 -> 16686
Forwarding from [::1]:16686 -> 16686
```

这允许我们通过常用的地址 http://localhost:16686/ 来访问 Jaeger 用户界面。让我们先进入 **Dependencies | DAG** 页面,查看 Jaeger 在跟踪期间注册了哪些服务(见图 7.3)。

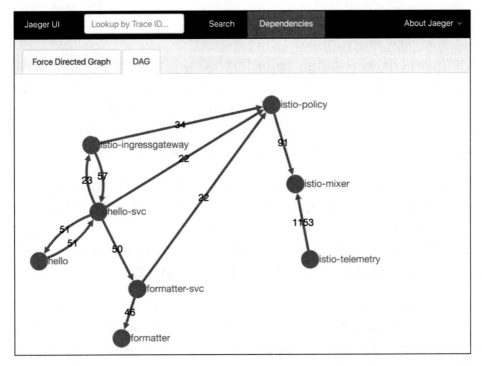

图 7.3　在 Jaeger 跟踪中捕获的 Hello 应用程序服务

这个图看起来有点奇怪,因为出现了重复的 `hello` 和 `formatter` 服务。如果返回到 `app.yml` 部署文件,则会看到我们正在将带有值 `hello` 和 `formatter` 的 `app_name` 环境变量传递给服务。这些名称将作为服务名称通过 `JAEGER_SERVICE_NAME`

=${app_name} 的 Java 系统属性传递给 Jaeger 跟踪器。因此，我们希望在服务图中看到 `hello` 和 `formatter` 服务之间的链接。然而，我们看到这两个服务挂在另外两个节点即 `hello-svc` 和 `formatter-svc` 上。这两个额外的名称来自在 Kubernetes 配置中赋予服务的名称：

```
apiVersion: v1
kind: Service
metadata:
  name: hello-svc
---
apiVersion: v1
kind: Service
metadata:
  name: formatter-svc
```

它们的 span 由 Envoy 自动创建。Envoy 代理拦截每个服务的入站和出站网络调用，这解释了为什么 `hello` 服务具有指向 `hello-svc` 服务和来自 `hello-svc` 服务的双向链接。实际上，`hello` 服务是由 `hello-svc` 服务包装的。`formatter` 服务不进行任何出站调用，因此 sidecar 只拦截对它的入站调用，由方向朝内的箭头表示。对实际服务和对应的 Kubernete 组件使用不同的名称，可以让我们在服务图中观察到这些细节。

我们在图 7.3 中看到的其他服务是什么？它们是 Istio 系统的一部分。`istio-ingressgateway` 节点代表通过 `curl` 访问的公共 API 端点，右边的三个节点即 `policy`、`mixer` 和 `telemetry` 是 Istio 的其他服务，它们不在主应用程序请求的关键路径上，但是仍然在同一个跟踪中被捕获。让我们在甘特图视图中查看该跟踪（见图 7.4）。建议在 **Services** 下拉列表中选择 **hello-svc**，以确保找到正确的跟踪。

在图 7.4 中，我们折叠了 `istio-policy` span，以便为跟踪中更有趣的部分腾出空间。我们看到左边的三个 span 用椭圆形突出显示，它们是由 Spring Boot 中的白盒埋点创建的。其余的 span 由 Istio 生成。如果展开其中的一个，我们将看到在 span 标记中捕获了许多额外的细节（见图 7.5）。

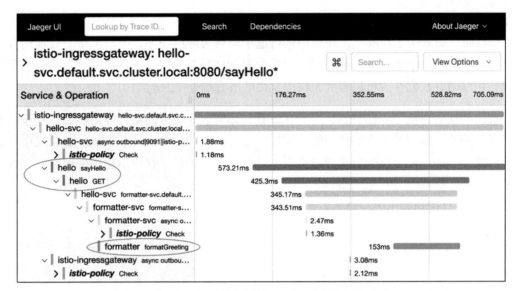

图 7.4　由应用程序（左边用椭圆形突出显示）和服务网格生成的 span 跟踪

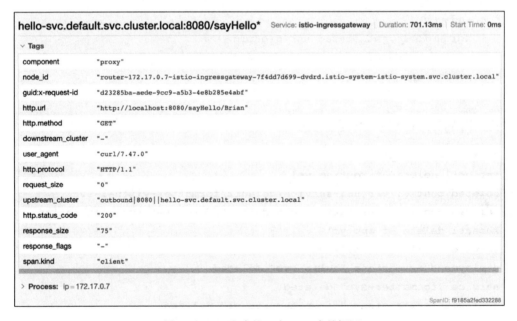

图 7.5　Istio 生成的一个 span 中的标记

从跟踪中可以看出，使用服务网格给整个请求处理管道增加了相当大的复杂性。如果在没有服务网格的情况下运行这个 Hello 应用程序并捕获跟踪，那么它将只包含三个 span：

两个来自 hello 服务，一个来自 formatter 服务。而服务网格中的相同跟踪包含 19 个 span。然而，如果在实际的生产环境中运行这个简单的应用程序，则将不得不处理许多服务网格为我们解决的相同的问题，因此跟踪的复杂性只是反映了这一事实。当通过服务网格进行跟踪时，我们至少可以看到架构中发生的所有额外交互。

敏锐的读者可能已经注意到，尽管在本章开始时假定服务网格可以提供应用程序的黑盒形式的跟踪，但实际上我们使用的应用程序是通过 Spring Boot-OpenTracing 集成在内部进行跟踪埋点的。如果移除白盒埋点会发生什么？幸运的是，在应用程序中很容易尝试。我们需要做的就是从 exercise1/hello/pom.xml 和 exercise1/formatter/pom.xml 文件中删除（或注释掉）这些 Jaeger 依赖项：

```xml
<!--
<dependency>
    <groupId>io.jaegertracing</groupId>
    <artifactId>jaeger-client</artifactId>
</dependency>
<dependency>
    <groupId>io.jaegertracing</groupId>
    <artifactId>jaeger-zipkin</artifactId>
</dependency>
-->
```

让我们删除、重新构建和部署应用程序：

```
$ make delete-app
istioctl delete -f routing.yml
Deleted config: virtual-service/default/formatter-virtual-svc
Deleted config: destination-rule/default/formatter-svc-destination
kubectl delete -f app.yml
service "hello-svc" deleted
deployment.extensions "hello-svc" deleted
service "formatter-svc" deleted
deployment.extensions "formatter-svc-v1" deleted
deployment.extensions "formatter-svc-v2" deleted

$ make build-app
mvn install
```

```
[... 跳过很多日志 ...]
docker build -t hello-app:latest .
[... 跳过很多日志 ...]
Successfully built 58854ed04def
Successfully tagged hello-app:latest
*** make sure the right docker repository is used
*** on minikube run this first: eval $(minikube docker-env)

$ make deploy-app
istioctl kube-inject -f app.yml | kubectl apply -f -
service/hello-svc created
deployment.extensions/hello-svc created
service/formatter-svc created
deployment.extensions/formatter-svc-v1 created
deployment.extensions/formatter-svc-v2 created
kubectl apply -f gateway.yml
gateway.networking.istio.io/hello-app-gateway unchanged
virtualservice.networking.istio.io/hello-app unchanged
istioctl create -f routing.yml
Created config virtual-service/default/formatter-virtual-svc at
revision 191779
Created config destination-rule/default/formatter-svc-destination at
revision 191781
```

等待 pod 运行（使用 `kubectl get pods` 命令检查）并发送请求：

```
$ curl http://$GATEWAY_URL/sayHello/Brian
Hello, puny human Brian! Morbo asks: how do you like running on
Kubernetes?
```

如果搜索涉及 `hello-svc` 的跟踪，我们将看到的不是一个跟踪，而是两个跟踪（查看右侧的时间戳，见图 7.6）。

如果打开时间较短的那个跟踪（图 7.6 中的第一个），我们将看到顶部的两个 span 表示 `hello-svc` 的出口，然后是进入 `formatter-svc` 的入口，它们都被 sidecar 捕获。其他 span 是管理活动（调用 mixer 等，见图 7.7）。

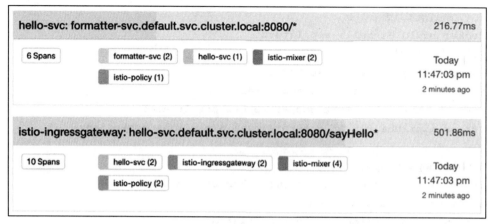

图 7.6　删除白盒埋点后，是两个跟踪，而不是一个跟踪

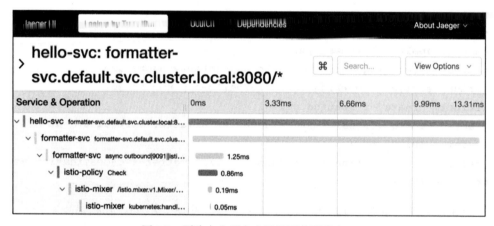

图 7.7　删除白盒埋点之后的两个跟踪之一

正如我们所看到的，在没有某种形式的白盒埋点的情况下，服务网格承诺提供的跟踪能力无法完全满足我们的需求。不难理解为什么会这样。当 hello 服务接收 sidecar 代理转发的请求时，请求头中包含跟踪上下文。由于应用程序没有内部埋点，所以当其服务向 formatter 服务发出出站调用时，不会传播此上下文。sidecar 拦截出站调用，并且看到它没有跟踪上下文，于是启动一个新的跟踪并注入所需的头部信息。这就是在我们打开的跟踪中仍然显示 hello-svc 服务调用 formatter-svc 服务的原因。

那么，怎么才能让它按我们所需正常工作呢？如果你阅读了 Linkerd 或 Envoy 等系统的文档，就会发现一条很好的说明：为了跟踪工作，应用程序必须将一组已知的头部信息从每个入站调用传播到所有出站调用。为了验证这一点,我们向 hello 服务中添加了第二个控制器,即 HelloController2,它具有额外的逻辑,可以将 Istio 所需的一组头部信息从入站请求复制到出站请求中:

```
private final static String[] tracingHeaderKeys = {
        "x-request-id",
        "x-b3-traceid",
        "x-b3-spanid",
        "x-b3-parentspanid",
        "x-b3-sampled",
        "x-b3-flags",
        "x-ot-span-context"
};

private HttpHeaders copyHeaders(HttpHeaders headers) {
    HttpHeaders tracingHeaders = new HttpHeaders();
    for (String key : tracingHeaderKeys) {
        String value = headers.getFirst(key);
        if (value != null) {
            tracingHeaders.add(key, value);
        }
    }
    return tracingHeaders;
}
```

主处理方法调用这个 copyHeaders() 方法,并将结果传递给 formatGreeting() 方法,以便把结果包含在出站请求中:

```
@GetMapping("/sayHello2/{name}")
public String sayHello(@PathVariable String name,
                       @RequestHeader HttpHeaders headers) {
    System.out.println("Headers: " + headers);

    String response = formatGreeting(name, copyHeaders(headers));
    return response;
}
```

```
private String formatGreeting(String name, HttpHeaders tracingHeaders)
{
    URI uri = UriComponentsBuilder
            .fromHttpUrl(formatterUrl)
            .queryParam("name", name)
            .build(Collections.emptyMap());
    ResponseEntity<String> response = restTemplate.exchange(
            uri, HttpMethod.GET, new HttpEntity<>(tracingHeaders),
            String.class);
    return response.getBody();
}
```

要执行这条代码路径，只需要发送一个请求到不同的 URL，即 /sayHello2：

```
$ curl http://（$GATEWAY_URL)/sayHello2/Brian
Hello, puny human Brian! Morbo asks: how do you like running on Kubernetes?
```

看起来不错；让我们试着在 Jaeger 中找到跟踪，它看起来如图 7.8 所示。我们还是把关于 mixer 的调用折叠起来以消除干扰。我们可以清楚地看到，正确的上下文传播正在进行，从 Istio 网关的入口开始，一直到对 formatter 服务的调用，只有一个跟踪。

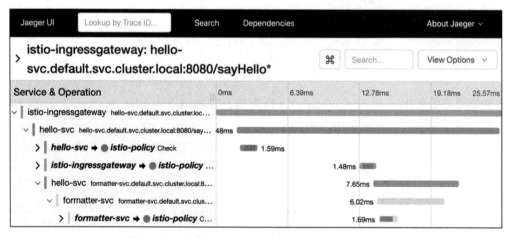

图 7.8　没有白盒埋点但手动复制头部信息的跟踪

现在已经到了本章最重要的一点。虽然服务网格在应用程序之外提供了强大的跟踪能力，但是如果没有某种形式的埋点，它就无法工作。那么是应该使用完整的白盒跟踪埋点还是只传递头部信息？建议使用常规的跟踪埋点，原因如下：

- 跟踪埋点最难的部分是确保上下文被正确地传播，特别是在处理异步编程框架时。传播整个 span 或者只传播头部信息，它们之间没有什么区别，因为我们必须处理相同的难题，所以使用这两种方法都不轻松。
- 在应用程序中使用完整的白盒跟踪埋点可以对数据收集进行更多的控制。可能存在一些只在应用程序内部可见的资源争用，只通过 sidecar 进行跟踪不会揭示任何有关争用的信息。在调试过程中，我们可能希望将一些特定于业务的属性保存到 span 中，这将非常有用，但是服务网格永远不会知道它们。
- 当使用像 OpenTracing 这样的工具时，应用程序不需要知道它应该传播哪些头部信息来让跟踪工作，因为这些信息是由跟踪器实现抽象出来的。这对于通用的上下文传播或者 **baggage** 尤其重要，我们将在第 10 章"分布式上下文传播"中讨论它，因为一些跟踪实现（尤其是 Jaeger）使用多个头部信息来携带 baggage，这些 baggage 的名称依赖 baggage 键。要手动传递这些头部信息，仅知道确切的头部名称是不够的；应用程序还必须包含匹配的逻辑，才能知道哪些头部信息是跟踪上下文的一部分。
- 当跟踪埋点与服务所使用的应用程序框架如 Spring Boot 紧密集成时，上下文传播是自动发生的，没有任何代码更改，这保证了在一个特定的服务中，不会出现因为某人忘记传播头部信息而导致上下文传播中断的情况。

尽管完整的跟踪埋点有它的好处，但是我们必须承认实现它需要更多的代码，特别是当没有很好的类似于 Spring Boot 提供的集成时。开发人员不仅需要学习如何在应用程序中传递上下文，还需要学习如何开始和结束 span，如何用有用的属性对它们进行注释，以及如何跨进程边界注入和提取上下文。学习如何做到这些给开发人员增加了更多的认知负荷。

使用 Istio 生成服务图

我们在本章前面已经看到了一个服务图的例子（见图 7.3）。Istio 提供了另一个名为 `servicegraph` 的实用服务，它能够在不需要跟踪的情况下生成类似的服务图。为了能够访问该服务，需要再次设置端口转发，我们可以使用以下 `Makefile` target：

```
$ make service-graph
kubectl -n istio-system port-forward $(kubectl get pod -n istio-
```

```
system -l app=servicegraph -o jsonpath='{.items[0].metadata.name}')
8088:8088
Forwarding from 127.0.0.1:8088 -> 8088
Forwarding from [::1]:8088 -> 8088
```

这允许我们通过 http://localhost:8088/ 访问服务。但是，该服务在我们使用的 Istio 版本中没有主页，因此需要访问特定的 URL。我们将研究 Istio 提供的两种不同的图形可视化形式：一种是可以通过 http://localhost:8088/force/forcegraph.html 访问的力导向图；另一种是可以通过 http:/localhost:8088/dotviz 访问的基于 Graphviz 的可视化图形。请注意，这里只是在运行一个 formatter 服务时进行了截图（见图 7.9 和图 7.10），否则图形会变得太大且难以阅读。

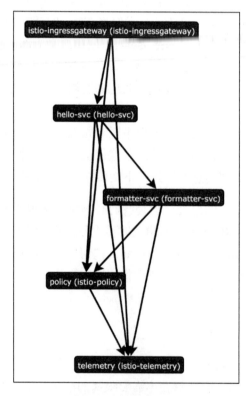

图 7.9　使用力导向图算法呈现的服务图

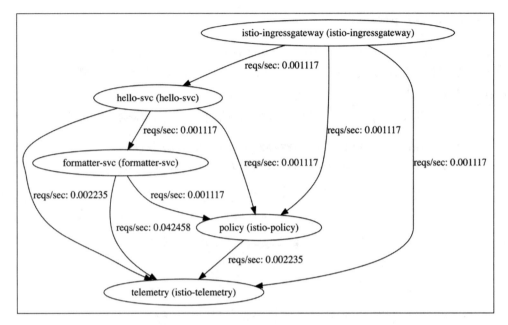

图 7.10　使用 Graphviz 呈现的服务图

Istio 生成的图形与 Jaeger 生成的图形相似；但是，它们不包括 Jaeger 图形中出现的 `hello` 和 `formatter` 节点。这是因为这些图形不是由跟踪数据生成的，而是由代理 sidecar 收集的遥测数据生成的。没有跟踪信息，sidecars 只知道节点之间的双向通信，但这已经足够构建我们在截图中看到的图形，而且它并不依赖服务中的任何白盒埋点。Istio 服务图的另一个优点是，它们使用实时收集的数据，并接受 `filter_empty` 和 `time_horizon` 等参数，这些参数允许你控制是显示所有服务还是只显示那些主动接收流量的服务，并控制时间窗口。

分布式上下文和路由

我想用跟踪与服务网格的另一种集成形式来结束本章内容，这里我们使用跟踪 API 的分布式上下文传播来对请求的路由施加影响。为了运行示例，请恢复 `pom.xml` 文件并添加回 Jaeger 跟踪器依赖项，然后重新构建和部署应用程序：

```
$ make delete-app
$ make build-app
$ make deploy-app
```

```
$ kubectl get pods
```

你可能还记得，本章前面提到的部署 `formatter` 服务的两个版本，即 v1 和 v2，其中 v2 传递一个额外的环境变量 `professor=true`。这个版本产生了不同的响应，但是我们还没有看到过它。为了研究它，我们需要回顾一下历史。在互联网的早期，曾经有一个很棒的网络浏览器叫 Netscape。如果假装从这个浏览器发送一个请求会怎么样呢？

```
$ curl -A Netscape http://$GATEWAY_URL/sayHello/Brian
Good news, Brian! If anyone needs me I'll be in the Angry Dome!
```

好了；我们有一个来自 `formatter v2` 的新的响应。开关 `-A` 用于在请求上设置 User-Agent 头。为什么这个请求被路由到服务的 v2 版本，而之前没有呢？答案是因为我们定义了一个基于 OpenTracing baggage 的路由规则。首先，让我们看看 HelloController 的代码：

```
@GetMapping("/sayHello/{name}")
public String sayHello(@PathVariable String name,
                       @RequestHeader HttpHeaders headers) {
    Span span = tracer.activeSpan();
    if (span != null) {
        span.setBaggageItem("user-agent",
                            headers.getFirst(HttpHeaders.USER_AGENT));
    }

    String response = formatGreeting(name);
    return response;
}
```

在这里可以看到，我们从 HTTP 请求头中获取 User-Agent 头，并使用 `user-agent` 键将其设置为当前 span 上的 baggage。这是代码中唯一的改变。从前面的章节中，我们已经知道 baggage 将被自动传播到所有的下游调用，即 `formatter` 服务中。不过，`formatter` 服务本身并不依赖此 baggage。相反，我们定义了一个 Istio 路由规则（在 `routing.yml` 文件中），它检查头部信息 `baggage-user-agent` 中的字符串*Netscape*，并将请求转发给 `formatter-svc` 的 v2 版本：

```
apiVersion: networking.istio.io/v1alpha3
kind: VirtualService
```

```
metadata:
  name: formatter-virtual-svc
spec:
  hosts:
  - formatter-svc
  http:
  - match:
    - headers:
        baggage-user-agent:
          regex: .*Netscape.*
    route:
    - destination:
        host: formatter-svc
        subset: v2
  - route:
    - destination:
        host: formatter-svc
        subset: v1
```

baggage-user-agent 名称由前缀 baggage（Zipkin 跟踪器用于传递 baggage）和我们在代码中定义的 user-agent 键组成。由于 Jaeger 跟踪器支持 Zipkin 头部格式，所以与 Istio 的集成可以无缝地工作（见图 7.11）。

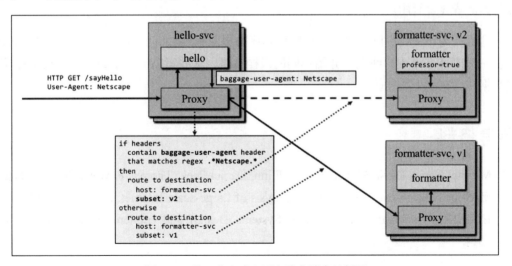

图 7.11　基于分布式上下文路由请求的例子

这显然是一个炫技的例子。在实际系统中，在哪里可以使用这种功能？此方法有许多应用场景，包括 A/B 测试、金丝雀部署、从不同的测试账户路由流量等。例如，假设我们要发布某下游服务的一个新版本，想做一次金丝雀部署，把一个特定用户组的请求流量路由到该版本（例如，仅使用公司自己员工的请求来内部测试应用程序）。问题是，首先，我们需要在上层运行一些代码，以确定执行当前请求的用户是否有资格被路由到新版本；其次，路由需要根据每个请求在下游的某个地方发生。在这种情况下，分布式上下文传播和服务网格路由能工作得非常好。

总结

服务网格是一个强大的平台，为分布式的、基于微服务的应用程序添加了可观测性特性。在不对应用程序进行任何更改的情况下，它们生成了一组丰富的度量指标和日志，可用于监控应用程序和排除故障。服务网格还可以生成分布式跟踪，前提是应用程序是通过白盒埋点来传播上下文的，要么只传递头部信息，要么通过常规的跟踪埋点。

在本章中，我们讨论了这两种方法的优缺点，并展示了每种方法获得跟踪的例子。sidecar 代理包含服务网格的数据平面，它们对服务间通信的深入了解允许生成详细的和最新的服务图。通过将 OpenTracing baggage（分布式上下文传播工具）与服务网格中的路由规则相结合，我们可以执行有明确目标的、基于请求范围的路由决策，这对于 A/B 测试和金丝雀部署非常有用。

到目前为止，我们已经讨论了从应用程序中提取跟踪数据的各种方法。在第 2 部分的最后一章即第 8 章中，我们将介绍不同的采样策略，这些策略会影响跟踪基础设施捕获哪些数据和捕获多少数据。

参考资料

[1] Michael Chow, David Meisner, Jason Flinn, Daniel Peek, Thomas F. Wenisch. The Mystery Machine: End-to-end Performance Analysis of Large-scale Internet. Proceedings of the 11th USENIX Symposium on Operating Systems Design and Implementation. October 6-8, 2014.

[2] Istio: Connect, secure, control, and observe services. 链接 1.

[3] Kubernetes: Production Grade Container Orchestration. 链接 2.

[4] Wikipedia: Enterprise Service Bus. 链接 3.

8

关于采样

在生产环境中收集监控数据,总是在存储和性能开销与收集数据的表达能力两者之间权衡。我们收集越多的数据,就越希望能够更好地诊断出状况,即使出了什么问题,也不想使应用程序速度变慢或者支付过高的存储费用。尽管大多数日志框架支持多个级别的日志严重性,但常见的方法是在生产环境中优化日志记录,以丢弃调试级别或更低级别的日志记录。许多组织甚至采用这样的规则:成功的请求应该完全不留下日志,并且只有在请求出现问题时才进行日志记录。

分布式跟踪也要进行这种权衡。根据埋点的冗余程度,跟踪数据很容易超过应用程序本身的实际业务流量。在内存中收集所有的数据，并将其发送到跟踪后端，可能会对应用程序的延迟和吞吐量产生实际影响。同时，在处理和存储数据时，跟踪后端可能有其自身的容量限制。为了处理这些问题，大多数跟踪系统都使用各种形式的采样来捕获观测到的跟踪的某一部分。例如，在没有采样的情况下，报告显示 Dapper 跟踪器[1]为 Web 搜索工作负载增加了 1.5%的吞吐量和 16%的延迟开销。当使用采样只捕获 0.01%的跟踪时，吞吐量开销降低到 0.06%，响应时间降低到 0.20%。

在本章中，我们将介绍现代跟踪系统所采用的不同的采样方案；这些方案的优缺点，以及在实现过程中遇到的一些挑战。大多数采样方法都有一个共同的特点，即试图在整个跟踪的层面上而不是单个 span 上做出采样决策。这通常被称为一致性或相干采样。这样我们就能够捕获和分析完整的跟踪，并保留 span 之间的所有因果关系，更深入地理解请求工作流。相反，如果只在单个 span 上执行采样，则不可能重构请求流的完整调用图，数据的值也会大大降低。

基于头部的一致性采样

基于头部的一致性采样，也被称为预先采样，是指在跟踪开始时，对每个跟踪进行一次采样决策。通常由在应用程序中运行的跟踪库做出决策，因为在创建第一个 span 时，才询问跟踪后端将跟踪基础设施置于业务请求的关键路径上，这对于性能和可靠性来说是非常不可取的。

决策被记录为跟踪元数据的一部分，并作为上下文的一部分在整个调用图中传播。这种采样方案是一致的，因为它确保跟踪系统要么捕获给定跟踪的所有 span，要么不捕获任何 span。目前，大多数工业级跟踪系统都采用基于头部的采样。

当必须在跟踪之初就做出采样决策时，跟踪器可以依据的信息相对较少。尽管如此，但是在今天的跟踪系统中仍然使用了许多算法来帮助做出决策，我们将在下面的章节中讨论这些算法。

概率采样

在**概率采样**中，采样决策是基于抛硬币以一定的概率做出的，例如（使用伪代码）：

```
class ProbabilisticSampler(probability: Double) {
```

```
def isSampled: Boolean = {
  if (Math.random() < probability) {
    return true
  } else {
    return false
  }
}
```

一些跟踪器实现利用了这样一个事实：在许多跟踪系统中，跟踪 ID 本身是一个随机生成的数字，可以用来避免再次调用随机数生成器，以减小开销：

```
class ProbabilisticSampler(probability: Double) {
  val boundary: Double = Long.MaxValue * probability

  def isSampled(traceId: Long): Boolean = {
    if (traceId < boundary) {
      return true
    } else {
      return false
    }
  }
}
```

到目前为止，概率采样器在使用基于头部采样的跟踪系统中是最流行的。例如，所有的 Jaeger 跟踪器和 Spring Cloud Sleuth[2]跟踪器默认为概率采样器。在 Jaeger 中，默认的采样概率是 0.001，也就是说，跟踪千分之一的请求。

概率采样器具有很好的数学特性，允许根据跟踪后端收集的 span 推断各种测量值。例如，假设在某个时间间隔内为某个服务的某个端点 X 收集了 100 个 span。如果已知采样概率为 p，应用于根 span，则可以估计出在 $100/p$ 的时间间隔内对端点 X 的调用总数。这样的估计为跨多种跟踪分析模式提供了非常有用的数据，我们将在第 12 章 "通过数据挖掘提炼洞见" 中进行深入介绍。

速率限制采样

采样决策的另一种简单实现是使用**速率限制器**，例如，使用**漏桶算法**（也被称为**蓄水**

池采样)。速率限制器确保在给定的时间间隔内只采样固定数量的跟踪,例如,每秒 10 次跟踪或每分钟 1 次跟踪。速率限制采样在流量模式非常不均匀的微服务中是有用的,因为概率采样只能配置一个概率值,在低流量期间太小,而在高流量期间太大。

下面的代码展示了在 Jaeger 中使用的速率限制器的采样实现。不同于漏桶算法,它被实现为一个虚拟银行账户,该账户具有固定的信用额度,根据余额的最大值,采样决策判断我们是否有足够的信用额度来进行透支(通常为 1.0)。每次检查信用余额的调用都会根据经过的时间重新计算当前的信用余额,然后与提取的数额进行比较:

```
class RateLimiter(creditsPerSecond: Double, maxBalance: Double) {
  val creditsPerNanosecond = creditsPerSecond / 1e9

  var balance: Double = 0
  var lastTick = System.nanoTime()

  def withdraw(amount: Double): Boolean = {
    val currentTime = System.nanoTime()
    val elapsedTime = currentTime - lastTick
    lastTick = currentTime
    balance += elapsedTime * creditsPerNanosecond
    if (balance > maxBalance) {
      balance = maxBalance
    }
    if (balance >= amount) {
      balance -= amount
      return true
    }
    return false
  }
}
```

有了这个 `RateLimiter` 类,速率限制采样器就可以通过每次对 `isSamples` 的调用试图提取 1.0 个单位的数额来实现。注意,通过将 `maxBalance` 设置为 1.0,该采样器支持采样率小于 1(例如,10 秒内跟踪一次):

```
class RateLimitingSampler(tracesPerSecond: Double) {
  val limiter = new RateLimiter(
```

```
    creditsPerSecond=tracesPerSecond,
    maxBalance=Math.max(tracesPerSecond, 1.0)
)

def isSampled: Boolean = {
    return limiter.withdraw(1.0)
}
}
```

速率限制采样器所允许的跟踪采样的速率通常与应用程序中的实际流量没有相关性，因此这里不可能使用与概率采样器同样的外推法计算。由于这个原因，速率限制采样器在单独使用时可能不是很有用。

保证吞吐量的概率采样

为了部分解决流量大的服务的速率限制问题，Jaeger 跟踪器实现了一个**保证吞吐量的采样器**，它是一个用于正常操作的概率采样器和用于低流量时期的附加速率限制器的组合。只有当概率采样器不采样时，速率限制器才工作。这确保至少以一定的最小速率对给定的跟踪点进行采样，因此称为"保证吞吐量"。下面是这个采样器的基本算法：

```
class GuaranteedThroughputSampler(
    probability: Double,
    minTracesPerSecond: Double
){
    val probabilistic = new ProbabilisticSampler(probability)
    val lowerBound = new RateLimitingSampler(minTracesPerSecond)

    def isSampled: Boolean = {
        val prob: Boolean = probabilistic.isSampled()
        val rate: Boolean = lowerBound.isSampled()
        if (prob) {
            return prob
        }
        return rate
    }
}
```

之所以在检查概率采样器的结果之前调用下界采样器，是为了确保概率决策仍然把速率限制计算在内。在 Jaeger 代码中可以找到的实际实现要复杂一些，因为它还捕获了做出采样决策的采样器的描述，例如根 span 上的 `sampler.type` 与 `sampler.param` 标记。因此，如果因为概率采样器而触发采样跟踪，则后端仍然可以执行外推法计算。

这些保证吞吐量的采样器本身很少使用，然而，以它们为基础，则形成了**自适应采样**。

自适应采样

我们对跟踪进行采样的一个主要原因是避免过多的数据使跟踪后端不堪重负，从而导致这些数据可能无法被处理。我们有可能使用简单的概率采样并对概率进行调优，以确保跟踪数据稳定地到达跟踪后端。然而，这里假定业务流量保持在大致稳定的水平，而实际情况很少如此。例如，大多数在线服务在白天处理的流量比在晚上处理的流量多。在跟踪后端有如下几种方法可以处理波动的流量：

- 后端存储可能被过度配置以处理最大流量。缺点是，它会在低流量期间导致容量浪费。
- 基于消息通信解决方案（如 Kafka）来实现跟踪摄取管道，Kafka 通常比数据库更灵活、更易于伸缩，因为它不处理消息，而数据库必须索引所有传入的数据。在流量高峰期，过量的不能及时存储在数据库中的数据被缓存在消息队列中，这可能导致在跟踪数据对用户可用之前出现时间延迟。
- Jaeger 默认支持的另一个简单选择是，当数据库不能足够快地保存所有传入的数据时，丢弃流量。然而，这种机制应该只在意外的流量高峰期用作安全阀，而不是作为处理正常的周期性流量的一种方法。丢弃在收集管道的早期发生，在无状态的收集器中，对单个 span 而不是完整的跟踪进行操作，因此它们不能保证在丢弃期间为任何给定的跟踪一致地保存或丢弃 span。

使用简单采样器的另一个常见问题是，它们无法区分具有不同流量的工作负载。例如，Gmail 服务器可能有一个 `get_mail` 端点，它被调用的次数是 `manage_account` 端点的 1000 倍。

如果每个端点都使用相同的概率采样器采样，那么它的概率必须足够小，以确保低开销和来自高流量 `get_mail` 端点的跟踪量。但是，如果它的概率太小，那么就无法从 `manage_account` 端点获得足够的跟踪，即使该端点有足够的开销预算能够容忍较高的采样率也不行。

Jaeger 跟踪器支持一种称为**基于操作采样**的采样策略，它使用一个单独配置的采样器，用于从根 span（即开始一个新的跟踪的 span）捕获每个操作名称。虽然这可能包括一些内部 span，例如，服务有后台线程做了一些工作并开始跟踪，实际上，这通常对应于服务暴露的和跟踪的端点。基于操作的采样允许对具有不同流量的端点使用不同的采样概率。主要的挑战是如何确定大型分布式系统中所有服务及其端点上采样器的适当参数。在现代云原生系统中，手动配置每个服务中的跟踪器并不是一种可伸缩的方法——云原生系统由数百个甚至数千个微服务组成。

自适应采样技术试图通过在整个系统架构中动态调整采样参数来解决这些问题，其依据是跟踪数据生成的实际速率和期望速率之间的差异。它们可以以两种方式实现，这取决于观测和调整是在跟踪器中局部完成的，还是在跟踪后端全局完成的。

为简单起见，下面几节的讨论将涉及**每个服务的采样**，但实际上，算法是在操作级别实现的，即服务和端点。

局部自适应采样

在谷歌的 Dapper 论文[1]中，局部自适应采样被描述为一种在具有不同流量的工作负载之间自动定制采样概率的方法。Dapper 的作者提出了一种自适应采样器，该采样器不仅能进行概率采样决策，还能随时间自动调整采样概率，达到一定的稳定的采样跟踪率。换句话说，跟踪器不是由固定的采样概率参数化的，而是由期望的采样跟踪率或**有效采样率**参数化的，类似于我们前面讨论的速率限制采样器。然后，跟踪器根据跟踪的数量自动调整自己的采样概率，最终使用当前的概率进行采样，试图使该数字接近目标速率。谷歌没有公布算法的具体细节，但是在下一节中，我们将研究类似的内容，只在所有服务实例的全局范围内研究。

全局自适应采样

Dapper 的局部自适应采样使得我们可以用另一个统一的参数来代替所有服务的统一采样概率，从而获得一个有效的采样率，而实际的采样概率是动态调整的。目标有效速率仍然是需要提供给每个微服务中的每个跟踪器的配置参数。这个参数的单个值可能不适用于整个架构：

- 有些服务可能比其他服务更重要，我们可能希望从这些服务中得到更多的跟踪信息。
- 一些服务可能只产生小而浅的跟踪，而另一些服务可能产生数千个 span 的跟踪。
- 同一服务中的一些端点可能非常重要（例如，Uber 应用程序中的 `StartTrip`），而其他端点在跟踪时就不那么让人感兴趣了（例如，每隔几秒钟就发送一次汽车的位置）。
- 一些服务可能只运行几个实例，而另一些服务可能运行数百个或数千个实例，从而产生截然不同的跟踪量。

我们需要能够为服务指定不同的目标速率，并在服务运行时动态执行。此外，我们不希望手动管理这些参数，因为考虑到大型系统中的微服务数量，这些参数是不可伸缩的。

正如我们将在第 14 章"分布式跟踪系统的底层架构"中所看到的，Jaeger 客户端库被有意地设计了一个来自 Jaeger 跟踪后端的反馈循环，允许后端将配置更改推送回客户端。这种设计使我们能够从后端构建更智能的自适应采样控制机制。与局部自适应采样不同的是，局部自适应采样仅从单个服务实例获得有限的信息，用于采样决策，而后端能够观测收集后的所有跟踪，并基于流量模式的全局视图计算对采样参数的调整。

目标

我们可能会采用自适应采样来试图实现如下几个不同的目标：

- 我们可能想要确保一个给定的服务在所有服务实例中平均每秒采样 N 次。由于对每个跟踪只进行一次采样决策，所以这与以一定的每秒跟踪数（TPS）为目标是一样的。注意，N 可以小于 1 来表示采样率，比如"每分钟跟踪一次"。
- 由于来自不同服务的跟踪可能在 span 的数量上相差几个数量级，所以另一个可能的目标是在采样的跟踪中实现以每秒稳定的 span 数量传输到跟踪后端。
- 不同的 span 在字节大小上可能有很大的差异，这取决于在它们中记录了多少标记和事件。要考虑到这个因素，度量目标可以是每秒字节数，其中包括在跟踪采样到的服务中所有 span 的总字节大小。

其中一些目标可能比其他目标更重要；这实际上取决于分布式系统和跟踪埋点的冗余程度。其中大部分问题不能通过局部自适应采样来解决，因为在做出采样决策时无法获得这些信息。在下一节中描述的全局自适应采样算法可以实现所有三个目标，虽然在实践中，Jaeger 目前只实现了 TPS 优化。

理论

Jaeger 中使用的自适应采样在概念上类似于经典的**比例积分微分**（**Proportional-Integral-Derivative，PID**）控制器，用于需要连续调制控制的各种应用中，比如车辆的巡航控制。假设我们在高速公路上驾驶一辆汽车，并希望其保持每小时 60 英里的稳定速度。我们可以把汽车想象成想要控制的过程，将其当前速度作为被测**过程值** $y(t)$，通过改变汽车发动机的输出功率作为**校正信号** $u(t)$ 来影响它，以使其与**期望过程值** $r(t)$ 之间的**误差** $e(t)$ 最小，PID 控制器（见图 8.1）将校正信号 $u(t)$ 计算为比例项、积分项和微分项的加权和（分别由 P、I 和 D 表示），控制器以它们的名称命名。

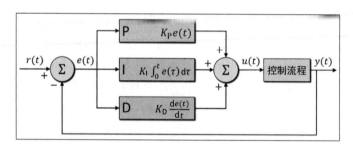

图 8.1 传统 PID 控制器，其行为由系数 K_P、K_I 和 K_D 定义

让我们把这些项应用到自适应采样的问题上：

- 我们想要控制的过程值 $y(t)$ 是给定服务在一定时间间隔内跨该服务的所有实例采样的跟踪数量，可以用 TPS 来衡量。
- 期望过程值 $r(t)$ 是一个目标 TPS，考虑到被埋点的应用程序的开销水平和跟踪后端的能力，该目标 TPS 被认为是可接受的。
- 控制信号 $u(t)$ 是由算法计算的采样概率，并由后端返回给客户端。
- 误差标准为 $e(t) = r(t) - y(t)$。

我们将在下一节中看到，由于实现的分布式特性，标准 PID 控制器的比例项、积分项和微分项不太适合直接解决自适应采样的问题。

架构

Jaeger 自适应采样的架构如图 8.2 所示。在左边,我们看到许多微服务,每个微服务都在运行 Jaeger 跟踪库,该库收集跟踪数据并将其发送给 Jaeger 收集器(实线)。收集器中的自适应采样基础设施为所有服务计算期望的采样概率,并将它们返回到定期轮询该信息的跟踪库(虚线)。在这里没有显示完整的收集管道,因为这无关紧要。自适应采样由运行在每个 Jaeger 收集器中的四个协作组件实现。

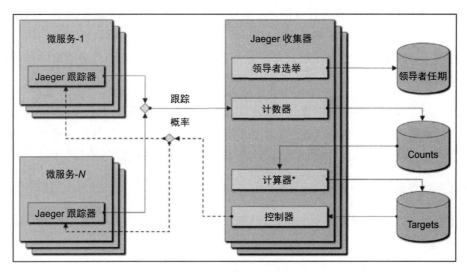

图 8.2 Jaeger 自适应采样的架构

计数器(Counter) 侦听收集器接收到的所有 span,并跟踪从每个微服务和每个操作接收到的根 span 的数量。如果根 span 中的标记表明它是通过概率采样器进行采样的,那么它将被视为一个新的采样跟踪。

计数器 在一个观测周期内对计数进行聚合计算,这个周期以 τ(通常为 1 分钟)表示,并且在周期的最后,把累计计数保存到数据库的 **Counts** 表中。因为每个收集器都运行一个 **计数器** 组件,所以每个周期都有 K 个累计计数被保存到数据库中,其中 K 是收集器的数量。

计算器(Calculator) 负责计算每个服务和端点对的校正信号(采样概率)$u(t)$,这取决于每秒可观测到的采样跟踪数 $y(t)$。它首先计算过程值 $y(t)$,方法是从 **Counts** 表中读取该端点最近 m 个周期的所有累计计数,其中 m 是配置参数(通常为 10,对应于 10 分钟的回溯间隔)。我们使用回溯周期是为了通过有效地计算移动平均(类似于 PID 控制器的积分项）来平滑函数。然后，**计算器**计算每个服务和端点的采样概率 $u(t)$，并将它们保存到 **Targets** 表中。

为了避免来自不同收集器的**计算器**组件覆盖彼此的计算，在任何给定时间内只有一个**计算器**处于活动状态。这是通过运行一个非常简单的**领导者选举**（Leader Election）组件实现的。每个收集器都包含一个**领导者选举**组件，该组件定期尝试将一个领导者任期元组 (N,T) 保存到数据库中，其中 N 是竞争者的名称或标识，T 是任期的过期时间。这是通过对 Cassandra 数据库进行比较和设置操作，并使用仲裁写入来完成的。这个领导者选举方案并不是无懈可击的，特别是在网络延迟的情况下，两个收集器可能都认为自己是领导者，但对于自适应采样来说，它已经足够好了。最坏的情况是错误的领导者会重复同样的概率计算并覆盖数据。

最后，每个收集器中的**控制器**（Controller）组件负责定期从 **Targets** 表中读取计算出的概率，将它们缓存到内存中，并将它们发送回 Jaeger 跟踪器，后者定期轮询收集器以获得采样策略（虚线）。一旦新的概率对跟踪器可用，所有新的跟踪器就都使用它。

计算采样概率 $u(t)$

当**计算器**读取 m 个回溯周期的累计计数时，它将它们相加并除以 m，以得到当前值 $y(t)$。$u(t)$ 的期望值可计算为：

$$u'(t) = u(t-1) \times q$$
$$q = \frac{r(t)}{y(t)}$$

但是，我们并不总是希望得到上式中计算的 $u'(t)$ 的确切值。让我们考虑几个例子。假设目标速率 $r(t)=10$ TPS，我们观测到当前速率 $y(t)= 20$ TPS。这意味着该服务使用的当前采样概率过高，我们希望将其降低一半：

$$q = \frac{r(t)}{y(t)} = \frac{10}{20} = \frac{1}{2}$$

所以

$$u'(t) = u(t-1) \times q = \frac{u(t-1)}{2}$$

应用（$u(t) \Leftarrow u'(t)$）来改变采样概率是安全的，因为它只是导致发送到跟踪后端的数据更少。事实上，我们希望尽快应用这个概率，因为我们明显地对该服务进行了过采样，并且可能会让跟踪后端负担过重。现在考虑相反的情况，其中 r(t)= 20, y(t)=10：

$$u'(t) = u(t-1) \times \frac{r(t)}{y(t)} = 2u(t-1)$$

换句话说，我们的目标是采样的跟踪数是实际采样的两倍。直观的解决方案是将当前采样概率翻倍。然而，当我们在实践中尝试这个方法时，却发现由于以下流量模式，采样概率的水平和采样跟踪的体量都会有很大的波动：

- 一些服务有周期性的流量高峰。例如，每 30 分钟就会有某个 cron 作业被触发并开始查询服务。在静默期间，跟踪后端几乎接收不到来自此服务的任何跟踪，因此它试图通过提高采样概率来提高采样率，可能一直提高到 100%。然后，一旦 cron 作业运行，就将对服务的每个请求进行采样，并使跟踪数据猛烈冲击跟踪后端。这可能会持续几分钟，因为自适应采样需要时间来响应流量并将新的采样策略传播回客户端。
- 另一种类似的模式发生在这样的场景中，有些服务的流量可能在一段时间内被切换到另一个可用区域。例如，Uber 的**站点可靠性工程师（SRE）**就有一套标准的运维流程，在服务宕机期间，对某个城市的流量进行故障转移，以最小化故障影响时间，而其他工程师正在调查宕机的根本原因。在故障转移期间，接收不到来自服务的任何跟踪，这再次误导了自适应采样，使其认为应该提高采样概率。

为了部分解决这个问题，当 q>1 时，我们没有直接应用计算出的 u'(t)= u(t−1)×q。相反，我们使用一个阻尼函数 β，减慢采样概率增加的速率（类似于 PID 控制器的微分项）。Jaeger 在实现的阻尼函数中强加一个上限值 θ，用以限定概率值的增加比例：

$$\beta(\rho_{new}, \rho_{old}, \theta) = \begin{cases} \rho_{old} \times (1+\theta), & \frac{\rho_{new} - \rho_{old}}{\rho_{old}} > \theta \\ \rho_{new}, & 否则 \end{cases}$$

这里 ρ_{old} 和 ρ_{new} 分别对应于旧的 u(t−1) 和新的 u'(t) 的概率。表 8.1 中给出了关于该函数影响的几个示例。在"场景 1"中，概率从 0.1 增加到 0.5，增加得相对较大，将被禁止，只允许增加到 0.15。在"场景 2"中，概率从 0.4 增加到 0.5，增加得相对较小，将被允许。

表 8.1 关于阻尼函数 β 影响的几个示例

	场景 1：尝试把概率从 0.1 增加到 0.5	场景 2：尝试把概率从 0.4 增加到 0.5
ρ_{old}	0.1	0.4
ρ_{new}	0.5	0.5
θ	0.5（50%）	0.5（50%）
$\dfrac{\rho_{new} - \rho_{old}}{\rho_{old}}$	4.0	0.2
允许增加？	400%>50%→不允许	20%<50%→允许
ρ_{final}	0.1×(1+0.5)=0.15	0.5

加上阻尼函数，控制输出的最终计算如下：

$$u'(t) = u(t-1)\frac{r(t)}{y(t)}$$

$$u(t) \Leftarrow \begin{cases} u'(t), & u'(t) < u(t-1) \\ \min[1, \beta(u'(t), u(t-1), \theta)], & 否则 \end{cases}$$

自适应采样的含义

自适应采样算法可由几个参数来控制，例如观测周期 τ、回溯间隔 m，但是最重要的是期望采样率 $r(t)$，以每秒跟踪数计算。从理论上讲，当每个服务都有自己的目标速率 $r(t)$ 时，算法是有效的，但是在实际中，我们如何知道这个值应该是多少呢？最简单的解决方案是为所有服务定义一个常量 r，保证跟踪后端将接收到它能够轻松处理的跟踪数据量。这会使所有的服务都收敛到自己的采样概率，从而使每个服务的采样跟踪量大致相同。

在某些情况下，这是可以接受的。例如，如果跟踪后端的能力有限，我们宁愿保证系统中所有的微服务都被跟踪，也不愿将大部分跟踪能力分配给高吞吐量的服务。

在其他场景中，我们可能想要从高吞吐量的服务中收集更多的跟踪，但是分配跟踪能力的比例是非线性的。例如，我们可以将自适应采样与部署管理系统集成在一起，以了解每个服务有多少个实例（n）在运行，然后以 $\log(n)$ 比例分配跟踪能力。我们还可以将其与指标系统集成，以便在计算中包含其他信号。在跟踪后端实现自适应采样，允许在分配有限的跟踪能力时具有更大的灵活性。

扩展

我们如何将自适应采样算法应用于其他两个优化目标：每秒 span 的数量和每秒字节数？在前面描述的设计中，没有收集器能够看到完整的跟踪，因为它们只对单个 span 进行操作，主应用程序中的服务可以自由地将跟踪数据发送给任何收集器。

一种解决方案是实现分区，我们将在后面关于基于尾部的采样的部分讨论该方案。然而，分区需要协调，这会使跟踪后端的架构复杂化。一种更简单的解决方案是基于这样的认识：不需要精确的每秒 span 的数量或每秒字节数来计算期望采样概率，只需要一个近似值，因为计算已经基于聚合值。我们可以在数据管道上运行一个后处理作业（将在第 12 章 "通过数据挖掘提炼洞见"中讨论），同时根据 span 的数量 S 或字节数 B 预先计算出跟踪的平均数。基于这些统计数据，通过计算 $y(t)$，我们仍然可以使用相同的自适应采样设计：

$$每秒span的数量 = 每秒跟踪数 \times S$$

或者

$$每秒字节数 = 每秒跟踪数 \times B$$

另一个可能的扩展是应用自适应采样来计算我们在保证吞吐量的采样器中看到的下限采样率。假设我们通过跟踪后端部署了一个以前从未见过的新服务，收集器中的自适应采样组件将没有数据来为这个新服务计算目标采样概率 $u(t)$；相反，它们会给它分配默认的采样概率，出于保护的目的，这将是一个非常低的值。

如果新服务没有获得很多流量，那么它可能永远不会以这个概率采样。这个时候，下限速率限制器就应该运作起来，采样至少少量的跟踪，在自适应采样器中足以启动重新计算。然而，这个下限速率是控制系统的另一个参数，我们又回到了这个问题上：这个参数的值为多少才合适？

假设将它设置为每分钟一次跟踪。这似乎是合理的，那为什么不这样做呢？遗憾的是，如果我们突然部署了 1000 个服务实例，那么这种方法将不能很好地工作。下限速率限制器对服务的每个实例都是局部的；现在，它们每分钟采样一次跟踪，即 1000 ÷ 60 = 16.7 次跟踪/秒。如果这种情况发生在数百个微服务（及端点）上，则会突然有大量的跟踪被下限速率限制器采样，而不是我们想要的概率采样器。我们需要发挥创造性，提出一种分配下限采样率的方案，该方案考虑到正在运行的每个服务的不同实例和端点的数量。一种解决方案是与部署系统集成，希望部署系统能够告诉我们这个数字。另一种解决方案是使用用来计算概率的自适应采样算法，并应用它来计算适合每个服务的下限速率。

上下文敏感的采样

到目前为止，我们讨论的所有采样算法都很少使用关于系统执行的请求的信息。在有些情况下，重点关注所有生产流量的特定子集，并以更高的频率采样是有用的。例如，监控系统可能会提醒我们，只有使用 Android 应用程序的特定版本的用户才会遇到问题。为了收集更完整的跟踪数据并诊断根本原因，对来自这个应用程序版本的请求增加采样率是有意义的。

同时，如果采样发生在后端服务中，而不是移动应用程序中，我们则不希望部署这些服务的新版本，其包含评估采样的特定条件的代码。在理想情况下，跟踪基础设施应该具有灵活的机制来描述上下文敏感的选择标准，并将它们推送到微服务的跟踪库中，更改采样配置文件。

Facebook 的 Canopy[3] 是支持此类基础设施的跟踪系统的一个显著的例子。它提供了一种领域特定语言（**DSL**），允许工程师描述他们想要以更高速率采样的请求。在该 DSL 中描述的谓词将被自动传播到在微服务中运行的跟踪代码中，并针对入站请求在预定义的一段时间内执行。Canopy 甚至有能力通过这种机制在跟踪存储中利用独立的命名空间隔离采样的跟踪，这样就可以将它们作为一个组来分析，独立于通过普通算法采样的其他跟踪。

实时采样或调试采样

有时，我们只想对分布式系统执行一个请求，并确保它被采样。这在开发和集成测试期间特别方便。云原生应用程序通常由许多微服务组成，几乎不可能维护与生产环境完全一样的测试环境或准生产环境。相反，许多组织正在实现支持生产环境测试的基础设施。处理特定微服务的工程师可以将新版本部署到仅为该服务创建的准生产环境中，而其余的微服务是正常的生产环境实例。然后，工程师对服务执行一系列请求，并使用一个特殊的头部来指示跟踪埋点应该采样该请求。以这种方式收集的跟踪通常被称为调试跟踪。

通过在 DSL 中编写一个谓词来查找请求的这个特定头部或其他属性，使用上下文敏感的采样可以实现相同的结果。

然而，很多跟踪系统并不真正支持上下文敏感的采样，而大多数跟踪系统都支持按需的调试跟踪。例如，如果使用 Jaeger 跟踪库埋点 HTTP 服务器，则可以通过发送一个特殊的 HTTP 头 `jaeger-debug-id` 来启动调试请求：

```
$ curl -H 'jaeger-debud-id: foo-bar' http://example.com/baz
```

Jaeger 将确保为该请求创建的跟踪被采样，并将其标记为调试跟踪，这将告诉后端从任何其他的下游采样中排除该请求。HTTP 头的 `foo-bar` 值被存储为根 span 上的标记，这样就可以通过标记搜索在 Jaeger UI 中定位到跟踪。

让我们在 HotROD 应用程序中进行尝试。如果你没有运行它，则请参阅第 2 章 "跟踪一次 HotROD 之旅"，了解如何启动它和 Jaeger 的独立后端。在准备好后，执行以下命令：

```
$ curl -H 'jaeger-debug-id: find-me' 'http://0.0.0.0:8080/dispatch'
Missing required 'customer' parameter
```

服务返回一个预期的错误。让我们传递一个它需要的参数：

```
$ curl -H 'jaeger-debug-id: find-me' \
'http://0.0.0.0:8080/dispatch?customer=123'
{"Driver":"T744909C","ETA":120000000000}%
```

你接收到的确切值可能不同，但是你应该可以得到一个 JSON 输出，该输出表示响应成功。现在我们来看 Jaeger 用户界面。如果你用以前的结果打开它，请单击左上角的 **Jaeger UI** 文本，进入空白搜索页面。从 **Service** 下拉列表中选择 **frontend** 服务，并在 **Tags** 字段中输入 `jaeger-debug-id=find-me` 来进行查询（见图 8.3）。

图 8.3　在 Jaeger 用户界面中通过调试 ID 搜索跟踪

现在单击底部的 **Find Traces** 按钮，Jaeger 应该会发现两个跟踪（见图 8.4）。

- 一个只涉及 `frontend` 服务的单个 span，表示由于缺少参数而失败的第一个请求。
- 另一个表示一个完整的成功请求，涉及 6 个服务和大约 50 个 span。

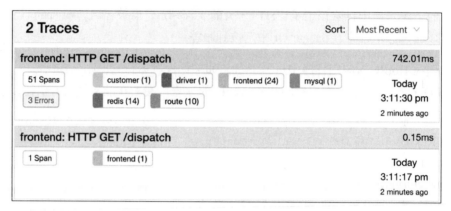

图 8.4　通过调试 ID 标记搜索在 Jaeger 用户界面中找到的跟踪

注意，小的那个跟踪被标记为有错误，甚至它成功返回了错误消息，但是如果检查它，则将发现 HTTP 状态码为 400（错误的请求）。这可能是我们用来埋点 HTTP 服务器的 `opentracing-contrib/go-stdlib` 中的一个 bug。另一方面，有些人可能认为，应该只将 500~900 范围内的状态码（服务器故障）标记为错误，而不应该将客户端故障（400~499）标记为错误。

如果单击其中的一个跟踪并展开它们的顶层 span，我们将发现它们都有一个带有 `find-me` 值的 `jaeger-debug-id` 标记。在跟踪视图页面的右上角有一个 **View Options** 下拉菜单，如果选择 **Trace JSON** 选项，则可以看到根 span 的 `flags` 字段被设置为值 3，或者是二进制形式的 `00000011`，这是掩码，其中最右边的位（最低有效位）表明跟踪被采样，第二个最右边的位表明它是一个调试跟踪。

```
{
    "traceID": "1a6d42887025072a",
    "spanID": "1a6d42887025072a",
    "flags": 3,
    "operationName": "HTTP GET /dispatch",
    "references": [
    ],
```

```
    "startTime": 1527458271189830,
    "duration": 106,
    "tags": [
        {
            "key": "jaeger-debug-id",
            "type": "string",
            "value": "find-me"
        },
        ...
```

如何处理过采样

在大型组织中，任何负责操作跟踪后端的团队都要确保后端有足够的能力来处理和存储跟踪数据（基于当前的采样级别）。跟踪的最终用户通常希望在跟踪后端能力约束范围内获得尽可能高的采样率，并具有较长的保留时间。这不可避免地会产生利益冲突。

在某些情况下，跟踪团队甚至不能完全控制用户设置的采样率。例如，在 Jaeger 库中，默认配置实例化了一个特殊的采样器，该采样器不断地询问跟踪后端关于它应该在给定的微服务中使用哪些采样策略。但是，没有什么可以阻止开发微服务的工程师关闭默认配置并实例化一个不同的采样器，比如具有较高采样概率的概率采样器。即使没有恶意，在开发期间以 100% 的采样运行服务通常也是有用的，有时人们忘记更改生产环境配置中的设置，跟踪团队希望保护自己不受这些意外的影响。

降采样后收集

防止跟踪后端过载的一种方法是在跟踪到达收集层之后进行第二轮采样。该方法在 Dapper 论文中进行了描述，并在 Jaeger 中得到了实现。

请记住，我们希望累积的采样是一致的：如果对一个跟踪中的 span 进行了降采样，则应该丢弃整个跟踪，反之亦然。幸运的是，单个 Jaeger 跟踪中的所有 span 都共享相同的跟踪 ID，因此即使单个收集器可能无法看到给定跟踪中的所有 span，也很容易做出一致的降采样决策。我们可以将跟踪 ID 散列成 0 和 1 之间的数字，并将其与期望的降采样概率进行比较：

```
val downSamplingProbability: Double = 0.1
def downSample(span: Span): Boolean = {
```

```
if (span.isDebug) {
    return false
}
val z: Double = hash(span.traceId)
return z < downSamplingProbability
}
```

这种降采样技术为跟踪团队提供了一个额外的旋钮，可以使用它调整全局平均采样率，并控制在跟踪存储中存储多少数据。如果为一个有问题的服务部署了一个错误的采样配置，并开始冲击跟踪后端，跟踪团队可以提高降采样率，使跟踪量回到与后端能力匹配的水平，同时联系服务所有者并要求其修复它。我们也可以使用类似于前面讨论的自适应采样的方法自动调整降采样率。

值得一提的是，使用降采样后收集有一些缺点。它常常使试图跟踪其服务的工程师感到困惑，因为存储在后端中的跟踪数量与服务中定义的采样概率不匹配。如果没有存储调试跟踪，就会特别令人困惑，因此，在前面的代码示例中，我们显式地从降采样中排除了所有调试跟踪。

降采样还使基于跟踪数据的各种统计数据的外推法计算复杂化，特别是当这些计算脱机执行时。我们发现，如果收集器使用非零降采样，则最好在跟踪中记录比率，类似于在span标记中记录原始的采样概率。

节流

节流是为了解决在源头过采样的问题，目前的采样决策是由跟踪器在跟踪的第一个span上做出的。不管这个决策是如何做出的，即使它是由用户通过发送`jaeger-debug-id`头强制的，如果节流认为服务启动了太多的跟踪（或太多的调试跟踪），它也会使用另一个速率限制器来否决这个决策。

据说，Canopy 在跟踪库中使用了这种节流。在撰写本节内容时，Uber 对 Jaeger 的内部构建实现了调试跟踪的节流，但该功能尚未在 Jaeger 的开源版本中发布。选择适当的节流率与选择前面描述的下限采样率面临相同的挑战：单个的节流率值可能不适用于流量差异很大的服务。

最有可能的是，我们将考虑扩展自适应采样算法，以支持节流率的计算，因为自适应采样最终只是分布式速率限制问题的另一个版本。

基于尾部的一致性采样

显然，基于头部的采样有其优点，也有其挑战。它的实现相当简单，但要实现大规模管理的话还远远不够简单。基于头部的采样还有一个我们尚未讨论的缺点：它无法根据跟踪中捕获的系统行为调整采样决策。假设指标系统告诉我们，服务中 99.9% 的请求延迟非常高，这意味着平均只有千分之一的请求显示出异常行为。如果使用基于头部的采样和 0.001 的概率进行跟踪，那么我们将有百万分之一的机会对这些异常请求进行采样，并捕获可能解释异常的跟踪。

虽然说百万分之一并不低，但是考虑到现代云原生云应用程序的流量如此之大，我们可能会捕获一些有趣的跟踪，这也意味着存储在跟踪后端每千个跟踪中的 999 个可能都不是那么让人感兴趣。

如果能够延迟采样决策，直到在跟踪中看到一些不寻常的记录，例如异常的请求延迟、错误，或者我们以前从未见过的调用图分支，那就太好了。遗憾的是，当我们检测到异常时，已经太晚了，因为在使用基于头部采样的跟踪系统中，不会记录可能导致异常行为的早期跟踪片段。

基于尾部的采样通过在请求执行结束时进行采样调用来解决这个问题，此时我们已经有了完整的跟踪，并且可以做出更明智的决定，是否应该捕获它以便存储。有趣的跟踪实际上是学术研究的一个活跃领域。以下只是一些潜在策略的例子：

- 采样基于顶层请求的延迟维护一个延迟桶的直方图，并使用速率限制器来确保在存储的跟踪中每个桶都具有相同的表示。也就是说，我们将对延迟 0~2ms 的请求进行每分钟 n 次跟踪的采样，对延迟 2~5ms 的请求进行每分钟 n 次跟踪的采样，依此类推。
- 基于在跟踪中捕获的错误，而不是延迟，使用类似的等价表示技术。例如，如果我们在跟踪中观测到 9 种类型的错误，则可以进行采样，这样每个错误都将由所有捕获的跟踪的十分之一表示，剩下的十分之一将是没有错误的跟踪。
- 在跟踪之间具有一定的度量相似性的前提下，利用聚类技术，根据相似性对跟踪进行聚类，并且以与跟踪所在簇的大小成反比进行采样，从而赋予异常跟踪更高的权重[4]。

基于尾部的采样的另一个有趣的特性是，它几乎完全消除了跟踪后端过采样和过载的问题。在收集整个跟踪之后做出采样决策相当于一个 pull 模型，其中跟踪后端确切地知道它正在请求多少数据，并且可以轻松地上、下调整。

基于尾部的采样的明显缺点，或者说至少是难以解决的问题有：

- 必须对 100%的流量启用跟踪数据收集。与基于头部的采样相比，它将引入更大的性能开销，在基于头部的采样中，当请求未被采样时，对跟踪埋点的调用将发生短路无操作。回顾一下，在没有采样的情况下，Dapper 跟踪器报告了 1.5%的吞吐量和 16%的延迟开销。
- 在请求执行完成、完整的跟踪被聚集起来并通过采样决策传递之前，必须将所收集的跟踪数据保存在某个地方。

有趣的是，基于尾部的采样改变了使用采样的原因。我们不再试图降低应用程序的性能开销，而是仍然试图限制存储在跟踪后端的跟踪数据的数量，但如果只是说"必须将所有数据保存在某个地方"，那么该如何做呢？

需要意识到的重要一点是，只需要在请求执行过程中将所有数据保存在某个地方。由于现代应用程序中大多数请求的执行速度都非常快，所以只需要保存给定跟踪的数据几秒钟。之后，我们可以做出采样决策，并且在大多数情况下，丢弃数据，因为仍然在跟踪后端采用与基于头部的采样相同的跟踪比率进行存储。因此，为了避免引入额外的性能开销，在请求期间将跟踪数据保存在内存中似乎是一种合理的方法。

目前市场上已有一些成功地采用基于尾部采样的解决方案。据我所知，LightStep 公司是这一领域的先驱，它拥有专有的 LightStep [x]PM 技术[5]。2018 年 12 月，SignalFx 公司宣布它们推出了一个基于尾部采样的**应用程序性能监控（APM）**解决方案，名为 NoSample^{TM} Architecture[6]。同时，一个名为 Omnition 的非公开项目正在与 OpenCensus 项目合作，构建一个 OpenCensus 收集器的开源版本，支持基于尾部的采样[7]。

让我们考虑一下基于尾部的采样架构是如何工作的。在图 8.5 中，我们看到两个微服务和两个请求执行被记录为跟踪 T1 和 T2。在底部，我们看到两个跟踪收集器实例。收集器的目标是在内存中临时存储正在运行的跟踪，直到接收到跟踪的所有 span，并调用一些采样算法来确定跟踪是否足够有价值，可在右侧的持久性跟踪存储中存储。

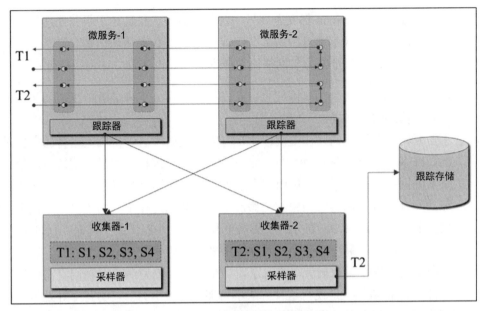

图 8.5 基于尾部采样的假设架构。收集器将每个跟踪都存储在内存中,直到它完成,并通过跟踪 ID 对 span 进行分区,以确保给定跟踪的所有 span 最终都位于一个收集器中

与前面的架构图不同,在前面的架构图中,收集器是一个统一的集群,因为它们是无状态的,而这里的收集器必须使用基于跟踪 ID 的数据分区方案,以便将给定跟踪的所有 span 发送到同一个收集器实例中。

在图 8.5 中,展示了如何分别在第一个收集器和第二个收集器中收集跟踪 T1 和 T2 的所有 span。在本例中,只有第二个跟踪 T2 被认为是有价值的,并被发送到存储中,而跟踪 T1 则被丢弃,以便为新的跟踪腾出空间。

实现这个架构的一些挑战是什么?数据分区当然是一个令人不快的额外工作,因为它需要收集器之间的协调来决定它们中的哪一个拥有分区键的范围。通常,这可以通过运行一个单独的服务来实现,比如 Apache Zookeeper 或 etcd 集群。如果其中一个收集器崩溃,我们还必须处理分区环的重组,或者使用一个或多个副本运行每个收集器,以提高数据弹性,等等。与其在跟踪系统中实现所有这些新功能,不如使用现有的可伸缩内存存储解决方案可能更容易。

另一个可能更有趣的挑战是控制将跟踪数据从应用程序进程发送到收集器的成本。在基于头部采样的系统中,由于采样率低,该成本通常可以忽略不计,但是在基于尾部采样的系统中,我们必须将每个 span 都发送到另一台服务器中,并且对于服务处理的每个业务请求,可能有许多 span。成本本身由两部分组成:将跟踪数据序列化为二进制表示形式并通过电线及网络传输,也就是电力与网络流量成本。有如下几种方法可以降低这些成本:

- span 数据是高度冗余的,因此可以开发一种压缩方案来显著减少需要从应用程序进程中输出的数据量。
- 不需要将数据发送到远程主机,而是可以将数据发送到主机上运行的守护进程,例如许多 Jaeger 部署中使用的 `jaeger-agent` 进程。通过环回接口通信比通过真实的网络发送要便宜。然而,在这种方法中,不再只有一台服务器接收给定跟踪的所有 span,因为参与跟踪的微服务很可能运行在不同的主机上。代理可能仍然需要与根据跟踪 ID 划分的收集器集群通信,并提供关于存储在代理上的 span 的一些信息。如果没有精确的采样算法来确定哪些跟踪是有价值的,那么在第二阶段需要发送多少数据就很难说了。一个有根据的猜测是,我们将需要发送很大一部分 span 数据,这使得这种方法不再那么有吸引力。它的一个好处是守护进程可能知道分区方案,并将数据直接转发给适当的收集器(或存储节点),而不是在跟踪库中使用相同的逻辑。
- 另一个有趣的选择是在应用程序进程和守护进程之间使用共享内存,这消除了将跟踪序列化为传输格式的开销。与前面的方法一样,只有在做出采样决策之前收集器了解了关于 span 的高阶信息,才有意义。

最后,在做出采样决策之前,我们需要确保跟踪已经完成,也就是说,收集器接收了为该跟踪生成的所有 span。这是一个比看起来更难的问题,因为 span 可以来自系统中的不同主机,甚至可以来自数据中心之外的移动应用程序,而且会有不可预测的延迟。我们将在第 12 章"通过数据挖掘提炼洞见"中讨论这个问题的解决方案。最简单的实现是等待一定的时间间隔,在这段时间间隔内,跟踪将不再接收任何 span,然后声明跟踪已完成并准备好进行采样。

总之,高效地实现基于尾部的采样,并扩展到现代互联网公司每天典型的数万亿次请求上,是一项非常有趣的挑战。我期待着在这个领域中出现一个开源的解决方案。

部分采样

让我们以对另一种采样技术的介绍来结束本章。在这种技术中,采样决策不能保证跟踪的所有 span 收集的一致性。但这并不意味着采样决策是在调用图的每个节点上完全随机做出的，而是只对调用图的一部分进行采样。具体来说，可以在检测到跟踪中的异常（如异常延迟或错误代码）之后做出采样决策。将跟踪库稍加更改，以保持当前活动跟踪的所有 span 都在内存中，直到 span 完成。一旦做出采样决策，我们就将所有这些 span 发送到跟踪后端。虽然将错过下游服务调用的 span，因为它们已经执行完毕，未被采样，但至少当前服务的内部工作状态会被跟踪所记录，我们可以看到哪个下游系统被调用并可能引起错误。此外，事实上，我们在调用图中反向触发了对调用者当前跟踪的采样，而在调用者的内存中也有所有请求正在等待完成的 span。通过遵循此过程，我们可以对当前节点之上的调用图的子树进行采样，也可以对上游服务可能执行的其他子树进行采样，以回应来自检测到问题的服务的错误。

总结

跟踪系统使用采样来减少跟踪应用程序的性能开销，并控制需要存储在跟踪后端的数据量。有两种重要的采样技术：基于头部的一致性采样（在请求执行开始时进行采样决策）和基于尾部的采样（在请求执行之后进行采样决策）。

大多数现有的跟踪系统都实现了基于头部的采样，这给应用程序带来了最小的开销。各种采样算法都可以用于优化采样行为和对跟踪后端的影响。Jaeger 实现了自适应采样，这减少了跟踪团队的操作负担，并提供了对流量差异很大的端点的更合理的处理。一些基于尾部采样的商业的和开源的解决方案也出现了。

这就结束了本书中专门讨论分布式跟踪中的数据收集问题的部分。在第 3 部分中，我们将研究一些端到端跟踪的实际应用程序和用例，这些应用程序和用例超出了我们在第 2 章"跟踪一次 HotROD 之旅"中讨论的那些跟踪。

参考资料

[1] Benjamin H. Sigelman, Luiz A. Barroso, Michael Burrows, Pat Stephenson, Manoj Plakal, Donald Beaver, Saul Jaspan, Chandan Shanbhag. Dapper, a large-scale distributed system tracing infrastructure. Technical Report dapper-2010-1, Google, April 2010.

[2] Spring Cloud Sleuth, a distributed tracing solution for Spring Cloud. 链接 1.

[3] Jonathan Kaldor, Jonathan Mace, Michał Bejda, Edison Gao, Wiktor Kuropatwa, Joe O'Neill, Kian Win Ong, Bill Schaller, Pingjia Shan, Brendan Viscomi, Vinod Venkataraman, Kaushik Veeraraghavan, Yee Jiun Song. Canopy: An End-to-End Performance Tracing and Analysis System. Symposium on Operating Systems Principles.

[4] Pedro Las-Casas, Jonathan Mace, Dorgival Guedes, Rodrigo Fonseca. Weighted Sampling of Execution Traces: Capturing More Needles and Less Hay. Proceedings of the 9th ACM Symposium on Cloud Computing, October 2018.

[5] Parker Edwards. LightStep [x]PM Architecture Explained. 链接2.

[6] Ami Sharma, Maxime Petazzoni. Reimagining APM for the Cloud-Native World: Introducing SignalFx Microservices APMTM. 链接3.

[7] OpenCensus Service. 链接4.

III

从跟踪中获取价值

9

跟踪的价值

在本书的第 2 部分中,我们探讨了埋点应用程序的各种技术用于端到端跟踪和获取跟踪数据。在第 3 部分中将讨论如何处理这些数据,以及一般的跟踪基础设施。

在第 2 章"跟踪一次 HotROD 之旅"中运行 HotROD 演示应用程序时,我们已经稍微提了一下相关内容。在本章中,我们将更全面地研究端到端跟踪所带来的好处,以及使用跟踪数据帮助工程师完成日常任务的方法。这里提出的一些想法是理论性的,这意味着虽然它们是可行的,但并不是所有的想法都能在现有的跟踪系统中实现,因为当你开始探索端到端跟踪的可能性时,还有很多事情要做。我希望这些想法对于你如何处理由自己的跟踪基础设施生成的数据具有启示作用。

作为知识库的跟踪

跟踪最重要的好处之一是它给复杂的分布式系统运维带来了可见性。Ben Sigelman，是谷歌跟踪基础设施的创始人之一，当团队在 2005 年部署跟踪时，他说，"这就像有人最后把灯打开：从最普通的编程错误，到缓存崩溃，到网络硬件损坏，到未知的依赖等问题，一览无余"[1]。这种可见性不仅在调查一个特定的问题或事件时很重要，而且是了解整个应用程序如何工作、如何构建等的基础。

假设你是一个新的团队成员，不熟悉所要处理的系统，那么你将如何了解系统架构、部署模式或瓶颈？文档很少是最新的，不足以成为可靠的信息来源。大多数工程师宁愿构建新特性，也不愿花时间记录系统如何工作。这是一个来自我自己的经验的例子：我正在做一个项目，这个项目是为了合规目的而构建一个新的分布式监控系统，它在两个月前刚刚启动。由于在开发和测试过程中发现了更好的方法，在原始 **RFC（征求意见稿）** 文档中描述的系统架构已经过时。这种情况对于很多团队来说都很典型，特别是那些大量使用微服务和敏捷开发实践的团队。

如果文档不可靠，那么新的团队成员了解系统的唯一方法就是请现有的团队成员来解释它。这是一个缓慢的过程，依赖大量的口授知识，但是在快速变化的组织中这些知识也可能是不准确的。

分布式跟踪提供了更好的选择。通过观察在生产环境中发生的系统组件之间的实际交互，它可以让我们接触到有关系统架构、服务依赖关系及预期的（有时是意外的）交互的自动维护的最新信息。新的团队成员可以自己发现这些信息，并通过工具学习和理解系统行为，而不是麻烦更有经验的同事。跟踪基础设施提供的数据非常丰富，因此它允许我们深入到细粒度的细节，例如，我们自己的端点所依赖的下游服务的端点、我们所使用的数据存储和命名空间、我们的服务正在读/写的 Kafka 主题，等等。"开灯"确实是一个很好的比喻。

服务图

在前几章中，你已经看到了服务图的示例，其中一些由 Jaeger 生成，另一些由服务网格工具 Istio 生成。还有其他开源工具，如 Weaveworks Scope[2]和 Kiali[3]，它们可以通过与其他基础设施组件（如服务网格）集成，或者仅仅通过嗅探网络连接和流量来提供类似的服务图。这些图对于快速掌握系统架构非常有用。它们通常使用附加的监控信号进行注释，例如，单条边线的吞吐量（每秒请求数）、延迟百分比、错误计数和其他指示服务的健康状况或性能的关键信号。我们可以使用各种可视化技术来增强表示，比如用粗线甚至动画（例如 Netflix Vizceral[4]）来表示边线的相对吞吐量，或者用不同颜色来代表健康节点和不健康节点。当应用程序足够小，在一个服务图中可以容纳所有的服务时，这个服务图可以作为监控堆栈其余部分的入口点，因为它提供了应用程序状态的一个快速概览，通过它能够深入到各个组件（见图 9.1）。

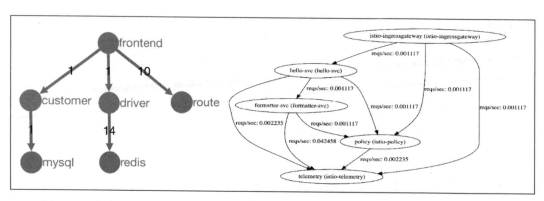

图 9.1 服务图示例。左图：在第 2 章中展现的由 Jaeger 生成的 HotROD 应用程序的架构。
右图：在第 7 章中展现的由服务网格工具 Istio 生成的 Hello 应用程序的架构

然而，这些服务图有一些限制：

- 随着应用程序变得越来越复杂，并且累积了大量组件和微服务，整个应用程序的服务图将变得过于繁杂，单个节点将变得难以理解，破坏了能直观地概览系统状态的主要好处。
- 微服务通常暴露了具有不同流量模式和下游依赖关系的多个端点。在较低级别的网络嗅探中构建服务图的工具通常无法在端点级别显示信息。由服务网格生成的服务图可以在端点粒度上呈现，但是由于太繁杂而难以理解，这也是一个问题。
- 大多数服务图仅限于捕获服务或端点之间成对的依赖关系。在上面的图中，由 Istio 生成的服务图显示有一条路径通过四个服务：`hello-svc`、`formatter-svc`、`policy` 和 `telemetry`。但是，无法判断这个顺序在单个分布式事务中是否真的存在。`policy` 和 `telemetry` 的上游调用者可能只是 `hello-svc` 服务或 `istio-ingressgateway` 服务，而不是 `formatter-svc` 服务。当使用监控网络活动或来自服务网格的非跟踪遥测数据的工具构建服务图时,它们基本上仅限于显示近邻之间的边线,如果想要全面了解一个给定服务的所有依赖关系,或者需要确定在宕机期间一个给定的下游服务是否值得研究,这种服务图将会给人带来很大的困扰。

尽管有这些限制,但是组合依赖关系图依然是当今大多数分布式跟踪工具和商业供应商的事实标准。

深度,路径感知服务图

为了解决仅由近邻之间的边线组成的服务图的局限性,Uber 的一个团队开发了一种不同的方法来聚合跟踪数据并将其可视化为服务图。首先,界面要求用户选择一个服务作为图的焦点。如果开发人员使用该工具试图理解服务的上下游依赖关系,那么选择一个服务是很自然的。如果在发生事故期间使用该工具,则通常选择顶层 API 服务或网关作为起点。聚焦于图中的一个节点允许该工具过滤所有不相关的节点,并将整个服务图的范围大幅缩小到一个可管理的子集。

该工具能够准确地过滤掉不相关的节点,因为它根据在架构图中观测到的跟踪计算实际通过的路径,从而构建服务图。考虑如图 9.2(A)所示的涉及 5 个微服务及其端点的调用图。算法收集树中所有唯一的分支,从根服务 **A** 开始,到一个叶节点结束。对于为某个时间窗口聚合的所有跟踪,将重复该过程。然后,通过过滤掉不经过服务 **B** 的所有路径,从累积的分支中重建所选焦点服务 **B** 的最终依赖关系图,如图 9.2(C)所示。

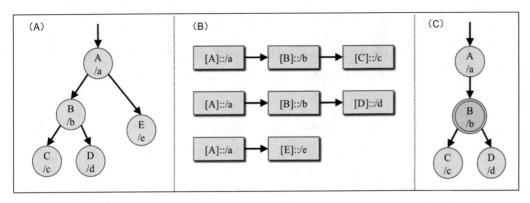

图 9.2 (A)服务和端点之间的调用图示例。(B)由算法提取的路径集合。
(C)在选择服务 B 作为焦点后,根据收集到的路径重建依赖关系图

在实际中如何使用这种技术呢？图 9.3 显示了一个由 Uber 中的生产数据构建的示例，其中服务的真实名称被故意隐藏了。图中显示的大多数服务在实际中都有很多近邻，如果将那些近邻都包含在图中，那么它将很快变得过于繁杂而无法使用。相反，图仅由通过所选焦点服务（在本例中是 **shrimp** 服务）的跟踪构建。通过这样做，我们可以更清楚地了解此服务的真正依赖关系，包括上游和下游，而不仅仅是近邻。

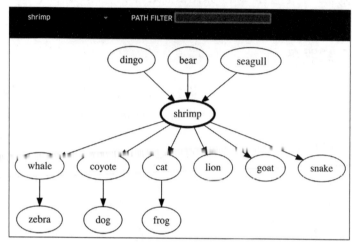

图 9.3 选择 shrimp 服务作为焦点（用粗线表示）的路径感知图示例

基于路径构建的依赖关系图技术还有另一个优点。考虑顶层的 **dingo** 服务和底层的 **dog** 服务，从图中可以清楚地看到从一个服务到另一个服务的路径，所以看起来像 **dingo** 依赖 **dog**，但这种依赖关系在实际中存在吗？底层基于路径的数据允许我们回答这个问题。图 9.4 中显示了如果输入 **dog** 或 **dingo** 作为路径过滤器会发生什么。

该工具通过把图中的服务变灰来应用过滤器，在通过所选服务的任何跟踪中都不会遇到这些服务。很明显，只有来自 **seagull** 服务的请求才能到达 **dog** 服务，而来自 **dingo** 服务的请求有一个截然不同的调用图。

也可以切换此工具，通过为每个服务和端点的组合创建独立的节点，在端点级别而不是图中所示的服务级别显示依赖关系图。这些图通常要大得多，因此对它们可视化变得更加困难，通常需要水平滚动。然而，当需要完全理解服务之间的交互时，它们能提供非常详细的信息。

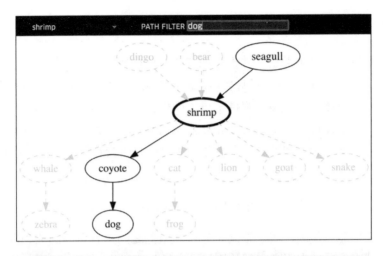

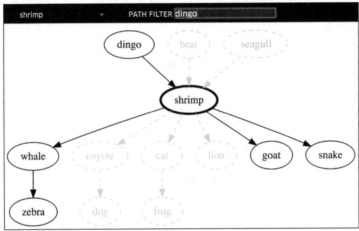

图 9.4 通过只显示 **dog** 服务（上图）和 **dingo** 服务（下图）的路径，研究使用路径感知过滤的 **dingo** 服务是否依赖 **dog** 服务。所有的路径都通过焦点服务 shrimp（如粗线所示）

 更友好的是该工具能突出显示匹配的服务，不仅仅是焦点服务。路径过滤器实际上只是一个子字符串搜索，因此它可能匹配多个服务。

最后，可以用性能指标对这些图进行注释，比如每秒通过特定路径的请求数或延迟百分比。性能注释可以快速突出需要调查的问题区域。

检测架构问题

有时，当组织急于采用微服务并拆分现有的单体应用时，它们最终会得到一个"分布式单体"，其特征是大量的微服务紧密相连、相互依赖。这类似于设计没有私有方法或任何形式的封装的原始单体，其中每个组件都可以调用任何其他组件。虽然这种自由的方法允许组织在早期阶段迅速行动，但最终，相互依赖的额外复杂性会赶上并降低开发人员的开发速度，因为人们永远无法知道对一个服务的小更改是否会对整个架构产生连锁反应。

服务图，甚至是基本的组合图，都可以说明服务之间的高度连接性，并且可以非常有效地突出这些几乎完全连接的图的架构问题，并指向修复它们的方法。

例如，我们可能希望确保属于相同业务域的服务之间具有更高的关联性，如支付或订单履行，同时减少不同域中服务之间的连接性，通过定义良好的 API 网关代理所有的请求（见图 9.5）。

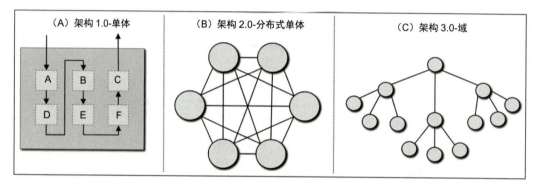

图 9.5 （A）应用程序作为一个单体启动。（B）应用程序被演变成微服务，但没有明确的界限：几乎完全连接的"分布式单体"。（C）应用程序被组织成具有明确的 API 和边界的业务域

性能分析

使用跟踪数据对应用程序进行性能分析是分布式跟踪的经典用例，可以通过跟踪来研究应用程序性能的不同方面。

- **可用性**：应用程序是否响应最终用户的查询？当应用程序对最终用户的操作不响应时，或者换句话说，当它处于停机状态时，我们可以使用跟踪来准确指出在复

杂架构中出错的位置。
- **正确性**：应用程序是否提供准确的响应？例如，如果你想在纽约市中心通过共乘移动应用打车，系统给出预期的 55 分钟后到达的时间，则该响应的正确性令人怀疑。也许系统试图使用一个算法非常精确但速度很慢的微服务，但是这个微服务没有及时完成，请求失败后转移到另一个速度更快但算法精度更低的微服务。通过分布式跟踪请求的路径，我们可以分析应用程序是如何做出决策的。
- **速度**：应用程序响应查询的速度有多快？要了解复杂的分布式应用程序的延迟情况，在分布式应用程序中几十个服务一起工作来响应单个请求，是非常困难的。在生产环境中收集的分布式跟踪是回答延迟问题的主要工具。

注意，在前面的性能指标中检测性能退化与诊断性能退化是不同的问题。检测通常被委托给指标系统，指标系统不需要采样就可以收集高度精确的遥测数据，但是需要大量聚合以最小化记录成本。聚合对于监控和告警很有用，但是对于解释问题却无效。在本节中，我们将讨论一些使用分布式跟踪分析应用程序性能的技术。

关键路径分析

许多跟踪工具都提供了分析跟踪中"关键路径"的功能（遗憾的是，Jaeger 和 Zipkin 当前都没有实现该功能）。这是理解并发执行的各个组件如何影响整个分布式事务的端到端延迟的经典技术。Mystery Machine 论文[5]定义了关键路径如下：

> "关键路径被定义为段的集合，其中段执行时间差异的增加将导致端到端延迟相同差异的增加。"

换句话说，如果可以在不影响事务总持续时间的情况下增加跟踪中某个 span 的持续时间，那么这个 span 就不在关键路径上。在分析跟踪时，我们感兴趣的是关键路径上的 span，因为通过优化这些 span，可以减少总体的端到端延迟，而优化关键路径之外的 span 则没有那么有用。

图 9.6 显示了在一个假想的社交媒体网站的跟踪中关键路径的样子。注意，可以对整条关键路径进行缩放。例如，当查看完整的跟踪时，在关键路径上只显示 `api-server` span 的一小部分，因为其余时间都花在了下游调用上。然而，如果将该 span 下的所有细节折叠起来，以便将重点放在通过前三个服务的关键路径上，那么整个 `api-server` span 将成为关键路径的一部分（见图 9.7）。

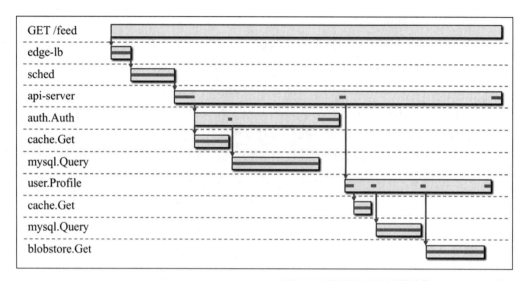

图 9.6 一条关键路径的例子，在一个假想的社交媒体网站的跟踪中，
用红色的条形标记穿过 span

图 9.7 当将 "api-server" span 的所有细节都折叠起来时，关键路径发生的变化

如何使用关键路径可视化来改善请求的端到端延迟呢？

- 我们可以忽略关键路径之外的所有 span，因为优化它们不会降低延迟。
- 我们可以在关键路径上寻找最长的 span。在上面的例子中，如果可以将任意给定 span 的持续时间减少 50%，那么对于第一个 `mysql.Query` span，这样做将是降低端到端延迟最有效的方法。
- 最后，我们可以分析跨多个类似跟踪的关键路径，然后将重点放在代表关键路径上最大平均百分比的 span，或者在关键路径上比其他 span 更常见的 span 上。这样做会降低我们花不必要的时间来优化非关键 span 的概率。

系统地分析关键路径对系统的长期稳定运行非常重要。在 Velocity NYC 2018 会议[6]上的一次主题演讲中，来自谷歌的工程师 Jaana B. Dogan（其致力于处理跟踪和性能分析问题）创造了一个术语——"**关键路径驱动开发**"（**Critical Path Driven Development，CPDD**）。她注意到，在大型系统架构中每个服务的可用性本身并不是目标。

更重要的是从最终用户的角度来看待系统，并确保最终用户请求的关键路径上的服务可用且性能良好。在 CPDD 中，工程实践基于：

- 自动发现关键路径。
- 使关键路径可靠且响应快速。
- 使生产环境中的关键路径可调试。

像分布式跟踪这样的工具在实现这些实践中扮演着重要的角色。

识别跟踪模式

从跟踪数据中获益的最简单方法之一是确定可能表明存在性能问题的跟踪模式。这些模式非常有效，因为它们是可视的，我们的大脑非常擅长快速分析视觉信息。我在撰写本节内容时，受到了 Weaveworks 工程总监 Bryan Boreham 在 KubeCon EU 2018 会议上的演讲的启发，他分享了自己在分布式跟踪[6]过程中观察到的一些模式。

寻找错误标记

让我们回顾一下在第 2 章 "跟踪一次 HotROD 之旅" 中对 HotROD 应用程序的跟踪。我们看到，如果 span 被 `error` 标记标识，那么 Jaeger 就会用一个中间有白色感叹号的红色圆圈突出显示这个 span。在宕机期间，通过寻找这些标记可以快速地定位到架构的问题区域。在 HotROD 跟踪的情况下，在对 Redis 的 13 个请求中，有 3 个超时请求占应用程序完成加载司机信息的总体操作所需时间的 40% 以上。有时，错误会在执行的后期被检测到，也就是说，之前的请求可能返回一个错误响应，导致后续的执行失败，并使用错误标记标识 span，所以要注意这些情况。虽然如此，但是一个可视的错误标记可以快速地帮助我们找到在跟踪中需要关注的区域（见图 9.8）。

图 9.8　span 上的错误标记通常指向执行中的问题

在关键路径上寻找最长的 span

如前所述，通过跟踪确定关键路径允许我们关注性能瓶颈。检查和优化关键路径上最长的 span，如图 9.9 中的 **work B** span，可能会为整个请求延迟带来最大的好处，而不是试图优化其他两个 work span。

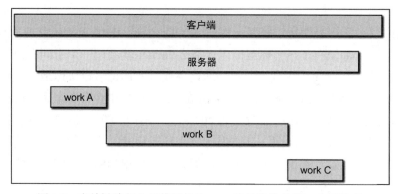

图 9.9　在关键路径上寻找最长的 span 作为优化的第一个候选项

注意遗漏的细节

有时，我们会遇到如图 9.10 所示的跟踪。虽然服务器在 **work A** 和 **work B** 两个 span 之间在 CPU 上做一些实际的工作是可行的，但是这种模式通常表示缺少埋点。有可能服务器正在等待一个数据库查询，而数据库驱动程序没有被跟踪埋点。在某些情况下，当我们确定服务器在这段时间内正在进行一些内部计算时，添加一个正确命名的 span 来指示，将使跟踪在将来更具可读性。

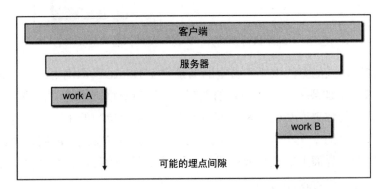

图 9.10　执行中 span 之间的间隙通常表示缺少埋点

避免顺序执行或"阶梯"模式

在第 2 章"跟踪一次 HotROD 之旅"中，你已经看到了这种模式的一个例子，对 Redis 的调用按顺序进行。当这种情况发生时，跟踪有一个很容易检测到的"阶梯"模式，其通常表示执行不够理想（见图 9.11）。当然，在某些情况下，算法确实需要按顺序执行任务，但往往这种模式是设计中的一个疏忽，或者是通过抽象层引入的一个隐藏的 bug。例如，我曾多次看到使用**对象关系映射（ORM）**库产生了"阶梯"模式，而开发人员没有意识到它的存在。高级代码看起来合理，例如，一个循环查询的结果，但是实际上，ORM 库可能将循环的每次迭代都转化为一个单独的 SQL 查询，如为了填充一些在初始查询中没有加载的对象字段。

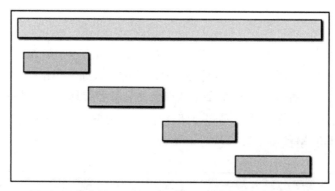

图 9.11　顺序执行，或者 "阶梯" 模式，通常是次优的

避免 "阶梯" 模式的方法取决于特定的场景。在 HotROD 示例中，在业务逻辑中没有要求每次都从 Redis 加载一条司机记录的限制，所以所有请求都是可以并行的。或者，许多查询可以被替换为数据库端的批量查询或连接，以避免单独的了查询。这个简单的问题实际上经常出现，真的令人非常惊讶。通过跟踪非常容易发现这个问题，由此带来的性能改进也很大，例如，界面上的菜单或栏目的几秒或几十秒的延迟，都是这个原因造成的，都可以用类似的方法进行跟踪与改进。

当事情完全在同一时间完成时要小心

最后一种模式并不总是表明存在真正的问题，但它仍然相当可疑，值得进一步研究。我们有一系列 span，它们都是在同一时间完成的（也许不是完全在同一纳秒内完成的，但是相对于 span 的长度，差异是难以察觉的）。这对于高度并发的动态系统来说是不寻常的，因为事情通常有点随机，开始和结束的时间略有不同。

是什么导致一系列 span 完全在同一时间完成？一个可能的解释是系统支持取消超时。在图 9.12 中，顶层 span 可能一直在等待四个任务的完成，但是由于它们没有在分配的时间内完成，所以它取消了它们并中止了整个请求。在这个场景中，我们可能想调优超时参数，或者研究为什么单个工作单元花费的时间比预期的长。

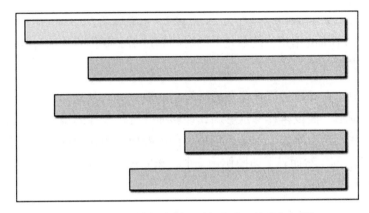

图 9.12　span 恰好在同一时间完成，让我们怀疑

我们可以观察到这种模式的另一个例子是，当存在资源争用时，所有的请求都在等待某个锁，例如，来自另一个锁定表请求的长时间运行的数据库事务。一旦锁被释放，我们的工作单元就能够快速完成。我们可能想通过添加额外的埋点来研究是什么阻塞了所有这些 span。

在第 2 章"跟踪一次 HotROD 之旅"中，你已经在 HotROD 应用程序中看到了这样的埋点示例，其中数据库 span 包含一条日志语句，描述等待锁的其他事务并阻碍它的进程。将 work span 分成更小的块也可能有所帮助。当我们有一个表示整个工作单元的单个 span 时，这并不意味着它一直在 CPU 上运行，诸如在互斥锁上被阻塞的情况不会反映在没有额外埋点的跟踪中。通过围绕共享的资源增强埋点，我们可以更清楚地看到是什么阻碍了工作的进程。

范例

我们在前一节中讨论的技术，通常假定我们能够获得代表正在试图解决的问题的跟踪。让我们来讨论如何才能在 Uber 中像 Jaeger 这样的跟踪基础设施上，在短短几个小时内收集到的数百万条跟踪中找到这些有用的跟踪。

一个众所周知的事实是，在**站点可靠性工程（SRE）**中，不应该只监控平均性能指标，比如平均延迟，因为这样做会模糊许多性能异常值。例如，1% 的用户可能正在体验严重的延迟和反应迟缓的应用程序，而平均延迟完全在我们期望的目标之内。在互联网规模上，1% 的用户意味着有数百万人受到应用程序性能差的影响。大多数监控指南都建议监控高百分位数的延迟，如 p99 或 p99.9。延迟为 1s 的 p99.9 值意味着 99.9%的用户体验的延迟小于 1s。对于其余 0.1%不幸的用户，请求花费的时间超过 1s，我们希望通过找到有代表性的跟踪来研究这些请求。

如果我们知道正在寻找的请求花费的时间超过 1s，并且从指标仪表板中观察到在这段时间内存在异常延迟，假设采样率足够高，能够捕获有代表性的跟踪，那么就可以查询跟踪系统来找到这些跟踪。例如，Jaeger 用户界面中的搜索面板允许我们指定确切的时间范围和 span 的持续时间。然而，手动操作是一个乏味的过程，我们不希望在宕机期间每分钟都要进行这种无聊的尝试。

今天的一些商业跟踪系统提供了更友好的界面，通常被称为"范例"。它把可观测到的时间序列的传统可视化图形组合起来，例如，将一个端点的 p99 延迟，以及这个端点的 span 范例呈现为同一个图中的点（将 span 的开始时间戳作为横坐标，将它的持续时间作为纵坐标）。时间序列图让我们可以很容易地发现异常的延迟峰值，并且可以快速地从图中的这些区域导航到采样跟踪（见图 9.13）。

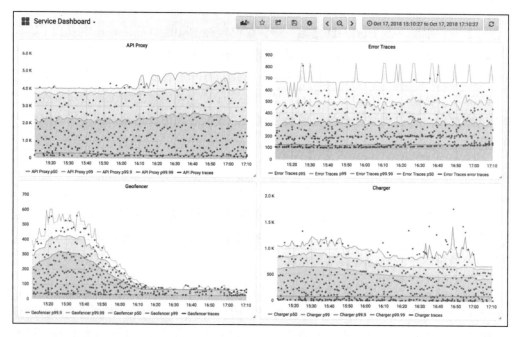

图 9.13　Grafana 仪表板，跟踪范例（红点）位于时间序列图上（此图经 LightStep 公司许可复制）

将时间序列图与跟踪范例结合起来，不仅有助于发现代表性能下降的相关跟踪，而且通过在所见即所得的工作流和仪表板中显示信息，还可以很好地帮助工程师了解跟踪系统的功能。

延迟直方图

随着系统变得越来越复杂，甚至监控高百分位数的延迟也是不够的。对服务的相同端点的不同请求具有完全不同的性能表现，这并不少见，例如，取决于调用者服务或者想要与请求关联的其他维度（如客户账户）。这些性能表现代表分布式系统的不同行为，我们不应该用单一数字（即使是高百分位数的数字）来衡量性能，而是应该看看数字的分布情况。延迟直方图是一种可以根据跟踪数据绘制出接近于真实的性能分布的实用工具。系统的不同行为往往表现为多模态分布，这里不是经典的钟形正态分布，我们看到有很多驼峰（见图 9.14）。

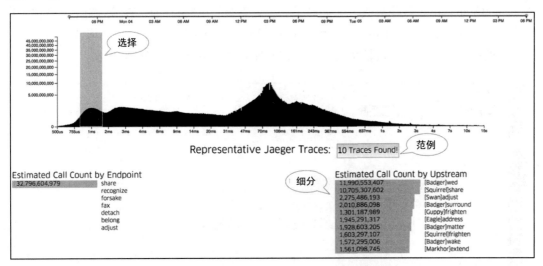

图 9.14　通过跟踪数据构建的交互延迟直方图

在 KubeCon/CloudNativeCon NA 2017 会议的 Jaeger 沙龙上，我展示了 Uber 的团队开发的一个内部工具，用于聚合生产环境跟踪，并为任何给定的服务和端点构建延迟直方图，如图 9.14 所示。可观测到的延迟的整个范围沿着 x 轴分布，细分为许多桶。y 轴是对服务/端点调用的数量，该服务/端点在特定时间窗口内的给定的桶中具有延迟。由于跟踪被采样，所以调用数量是根据实际收集到的跟踪数量和在根 span 中作为标记记录的采样概率推断出来的：

$$\text{预测的调用数量} = \frac{\text{在延迟桶内可观测到的span数量}}{\text{跟踪采样概率}}$$

我们可以看到直方图中的分布是多态的，短端（1~3ms）有两个驼峰，中部（70~100ms）有一个较大的驼峰，一条长长的尾巴一直延续到15s。该工具支持通过调整顶部时间轴上的滑块来切换时间。最重要的是，该工具允许选择分布的一部分，并获得上游调用者的调用数量的细分，以及查看显示所选延迟的采样跟踪的能力。

该工具是早期的原型，但它允许我们可视化并研究系统中的一些异常行为，比如一个特定的调用者经常导致响应缓慢，因为它查询的是很少使用的数据，而这些数据会导致缓存缺失。

LightStep [x]PM 跟踪解决方案提供了一个更高级、更完善的直方图版本[8]，被称为实时视图（**Live View**）。与 Uber 的原型较弱的过滤能力不同的是，实时视图能够根据多个维度对数据进行交叉分析，包括将自定义标记添加到跟踪 span 中（见图 9.15）。

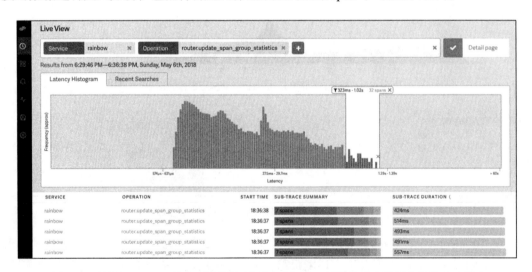

图 9.15　使用 LightStep 的实时视图分析延迟直方图。顶部的过滤器框允许按多个维度对数据进行交叉分析（该图经 LightStep 公司许可复制）

使用延迟直方图研究性能问题是更好地理解分布式系统的复杂行为的一种途径。跟踪的预聚合允许我们对哪些跟踪值得分析做出明智的决定，并确保不能看到随机的异常值。

长期性能分析

性能优化是一项永远也做不完的工作。应用程序在不断发展，不断开发新特性，并不断适应新的业务需求。这增加了系统的复杂性，并引入了新的、通常意想不到的行为。由于新的交互，以前所做的优化可能不再适用，或者被其他地方的性能下降所抵消。长期性能分析允许我们控制性能退化，尽早察觉它们，并在其成为真正的问题之前修复它们。

实现长期性能分析的最简单步骤是监控性能趋势。如果现在绘制一个端点的 P99.9 的延迟图，并将其与上个月捕获的图进行比较，那么是否看到新图中的值始终较高？这意味着存在性能退化。然而，我们知道，与比较两个数字相比，通过直方图来比较延迟的分布更好。我们是否看到现在的直方图向长尾移动？这意味着存在性能退化。我们可能还获得了一种以前在分布中没有的新模式。

通过聚合跟踪数据来监控趋势比传统的度量具有明显的优势，因为它除了提供关于性能退化的信息，还提供了对这些变化的根本原因的洞察。Pinterest 的工程师 Naoman Abbas 在 Velocity NYC 2018 会议上做过一次演讲，介绍了该公司用于理解性能趋势的两种分析技术[9]。

其中一种是离线分析器，它将跟踪形状和两个时间帧的特定描述作为输入，并在每个时间帧上运行聚合，以计算某些累积指标，如观测到的跟踪数量、涉及的服务数量、平均总体延迟、单个操作的平均自延迟等。通过比较得到的数字，工程师可以对系统架构中的哪些变化可能导致性能退化做出假设，然后通过使用更详细的过滤标准重新运行分析器来测试这些假设。

另一种技术涉及从完全组装好的跟踪中实时提取特性，例如，比较花费在后端 span 上的累计时间与花费在网络上等待的累计时间，或者从跟踪中提取额外的维度，这些维度稍后可以用于过滤和分析，如执行请求的客户端应用程序的类型（Android 或 iOS 应用程序），或者发起请求的国家。我们将在第 12 章"通过数据挖掘提炼洞见"中更详细地讨论这种技术。

总结

在本章中，我们只是触及了使用跟踪数据分析和理解复杂分布式系统的所有可能性的皮毛。随着端到端跟踪最终被主流所采用，我确信业界的软件工程师和学术界的计算机科学家将开发出更多令人兴奋的和创新的技术与应用程序。在接下来的章节中，我们将介绍更多的想法：一些基于跟踪数据本身，另一些则通过跟踪基础设施得以实现。

参考资料

[1] Ben Sigelman. OpenTracing: Turning the Lights on for Microservices. Cloud Native Computing Foundation Blog. 链接 1.

[2] Weaveworks Scope. 链接 2.

[3] Kiali: observability for the Istio service mesh. 链接 3.

[4] Vizceral: animated traffic graphs. 链接 4.

[5] Michael Chow, David Meisner, Jason Flinn, Daniel Pcck, Thomas F. Wenisch. The Mystery Machine: End-to-end Performance Analysis of Large-scale Internet Services. Proceedings of the 11th USENIX Symposium on Operating Systems Design and Implementation, October 6-8, 2014.

[6] Jaana B. Dogan. Critical path driven development. Velocity NYC 2018. 链接 5.

[7] Bryan Boreham. How We Used Jaeger and Prometheus to Deliver Lightning-Fast User Queries. KubeCon EU 2018. 链接 6.

[8] Ben Sigelman. Performance is a Shape, Not a Number. Lightstep Blog, May 8, 2018. 链接 7.

[9] Naoman Abbas. Using distributed trace data to solve performance and operational challenges. Velocity NYC 2018. 链接 8.

10

分布式上下文传播

我们在第 3 章 "分布式跟踪基础" 中讨论了目前大多数跟踪系统都使用因果关系的元数据传播（也称为分布式上下文传播），作为将跟踪事件与单个执行关联起来的基本基础。与跟踪数据收集不同，无论采样决策如何，上下文传播机制都始终对 100% 的请求启用。在第 4 章 "OpenTracing 的埋点基础" 和第 5 章 "异步应用程序埋点" 中，我们已经看到了跟踪埋点 API，例如 OpenTracing API，包含了在应用程序中实现上下文传播的原语。

在其他章节中，我们使用 OpenTracing baggage（一种通用的上下文传播形式）来实现与跟踪完全无关的功能：收集关于特定请求子集的指标（例如，第 2 章 "跟踪一次 HotROD

之旅"的 HotROD 演示应用程序中来自给定客户的请求），通过调用关系透明地传递某种数据（第 4 章 "OpenTracing 的埋点基础" 中的问候语），甚至影响服务网格基于元数据做出的路由决策（第 7 章 "使用服务网格进行跟踪"）。

事实证明，基于跟踪基础设施，还可以实现许多其他有用的上下文传播应用程序。在本章中，我们将看几个例子。然而，首先我想解决一个问题（你可能已经遇到过）：如果端到端跟踪及其他功能必须 "基于" 上下文传播构建，那么上下文传播难道不应该是一个单独的底层埋点层，而不是与跟踪 API 绑定在一起？正如我们将在下一节中看到的，答案是肯定的，理论上它可以是独立的，但是在实际中很微妙，并且有很好的理由将它与跟踪绑定在一起。

分布式上下文传播机制总是对所有请求启用，而不管影响跟踪数据收集的采样决策是什么。

布朗跟踪平面

由 Rodrigo Fonseca 教授领导的布朗大学团队在分布式跟踪领域做了大量的研究，包括基于事件跟踪系统 X-Trace[1] 的开发、本章将要讨论的监控框架 Pivot Tracing[2] 等项目。他们开发了**跟踪平面（Tracing Plane）** [3]，这是一组共享的组件，提供核心的通用元数据传播能力（或者叫 "baggage"，这是此术语的来源），在此基础上构建其他项目。近年来，跟踪平面被推广为一种更有原则的方法[4]，正如我们将在这里所研究的。

需要一个通用的上下文传播框架是显而易见的。目前存在大量的所谓 "横切" 工具，它们专注于在分布式系统中分析和管理端到端执行，如使用租户 ID 进行跨组件的资源统计和协调调度决策；为故障测试和分布式调试传播目标指令；用于检测违反安全策略的跟踪，等等。建议深入阅读布朗大学的 Jonathan Mace 的博士论文[5]，并参考第 2 章 "跟踪一次 HotROD 之旅"。

尽管这些工具具有巨大的潜力和实用性，但是在现有的分布式系统中部署它们仍然具有挑战性，尤其是基于微服务的系统，因为它们通常需要更改应用程序源代码，类似于跟踪埋点。这些更改通常可以从逻辑上分为两部分：用于传播元数据的代码和特定的横切工具的逻辑。

上下文传播通常独立于工具；它只取决于应用程序的结构和并发模型，例如线程、队列、RPC 和消息通信框架等。横切工具的逻辑通常关注工具需要传播的元数据的确切语义，而不是传播机制本身。

传统上，工具埋点与元数据传播逻辑紧密地交织在一起，就像我们前面讨论的跟踪埋点一样。紧密耦合使得横切工具的部署更加困难，因为工具的作者不仅需要了解工具本身的逻辑，还需要了解应用程序的逻辑和并发模型，以确保正确实现元数据传播。耦合还阻碍了跨工具重用传播逻辑。

跟踪平面通过提供分层架构将元数据传播与横切工具埋点分离开来（见图 10.1）。在架构的顶部是**横切层（Cross-Cutting Layer）**，它表示实际工具的埋点，例如端到端跟踪。每个工具都有自己需要传播的元数据，例如用于跟踪的跟踪 ID 和 span ID。这些工具使用 **baggage 定义语言（BDL）** 为它们的元数据定义模式，这类似于协议缓冲区定义语言。比如 Jaeger 这样的跟踪工具定义的 baggage 模式如下：

```
bag TracingTool {
    int64 traceID = 0;
    int64 spanID  = 1;
    bool  sampled = 2;
}
```

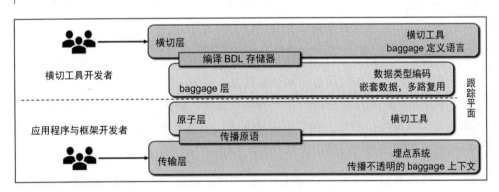

图 10.1　跟踪平面分层设计

跟踪平面项目提供了从 BDL 到不同编程语言的编译器。编译器为访问和操作 baggage 中的数据创建了接口，例如：

```
tt := TracingTool.ReadFrom(baggageCtx)
tt.SetSpanID(123)
```

baggage 层（**Baggage Layer**）是跟踪平面的顶层，它提供了以结构化方式访问元数据的横切层，将数据类型编码为跨平台的二进制格式，处理嵌套的数据类型，并允许多个横切工具将自己的元数据保存在单个 baggage 上下文（多路复用）的单独的命名空间中。baggage 层是可选的，因为顶层的横切工具可以直接访问较低的**原子层**（**Atom Layer**），但是横切工具将不得不对底层的二进制数据进行操作。

原子层是核心的上下文传播层，它不知道存储在 baggage 上下文中的元数据的语义，将其视为不透明的二进制数据。原子层暴露了 5 个操作：

```
Serialize(BaggageContext): Bytes
Deserialize(Bytes): BaggageContext
Branch(BaggageContext): BaggageContext
Merge(BaggageContext, BaggageContext): BaggageContext
Trim(BaggageContext): BaggageContext
```

前两个操作用于在进程之间执行跳转时对 baggage 进行编码和解码，例如，作为通过 HTTP 头的 RPC 请求的一部分。当执行被分割成多个分支（本地分支或传出的 RPC 请求），然后再连接回来时，将使用 `Branch()` 和 `Merge()` 操作。`Merge()` 操作在合并来自两个上下文的 baggage 项时具有特定的语义，这里不做相关讨论。

当对 baggage 上下文的大小有限制时，使用 `Trim()`，例如，通过限制请求元数据大小的协议进行通信（这在遗留系统和专有协议中很常见）。

原子层的操作由**传输层**（**Transit Layer**）使用，这个层本身不是跟踪平面框架的一部分。相反，实际的埋点是由应用程序和框架开发人员编写的，用于操作 baggage 上下文。这些开发人员了解他们的应用程序或框架的来龙去脉、线程模型和队列模型的并发语义、RPC 实现的细节，等等。然而，他们不需要知道任何关于 baggage 上下文的内容，这允许基于传输层的埋点构建不同的横切工具。

如果你读过本书的第 4 章 "OpenTracing 的埋点基础"，你可能会看到与 OpenTracing 的一些相似之处：

- `Tracer` 接口中的 `Inject()` 和 `Extract()` 操作类似于原子层中跟踪平面的 `Serialize()` 和 `Deserialize()` 操作。为了与传输协议完全无关，跟踪平面只使用 baggage 的二进制编码，而 OpenTracing 允许基于文本的表示。

- 在 OpenTracing 中启动一个新的子 span 在某种程度上等同于 `Branch()` 操作,因为这个新的 span 接收它自己的 baggage 副本,它是独立于父级传播的。OpenTracing 不支持反向传播(例如,通过 RPC 响应头),并且当使用多个父级引用创建一个 span 时,没有定义明确的 baggage 合并语义,因此没有与 `Merge()` 操作等价的操作。`Trim()` 操作在 OpenTracing 中也没有被显式定义。
- span API 映射到专门用于端到端跟踪领域的横切层。
- 应用程序中的 OpenTracing 埋点对应于传输层。它使用注入和提取方法的组合对传输的上下文格式进行编码或解码,以及通过**作用域**和**作用域管理器** API 来传播进程内的上下文(请参阅第 4 章 "OpenTracing 的埋点基础")。
- span 上的 `SetBaggageItem()` 和 `GetBaggageItem()` 方法大致对应于原子层的其余部分。由于 OpenTracing baggage 只支持字符串,所以不存在与 baggage 层等价的东西,baggage 层具有用于不同元数据的复杂数据类型和命名空间。

此时一个合理的问题是,为什么 OpenTracing(以及其他跟踪 API)没有使用与跟踪平面类似的分层架构来实现?具有讽刺意味的是,尽管它没有使用这种架构(当时还没有发明这种架构),但是后来成为 OpenTracing 的第一个迭代实际上被称为**分布式上下文传播**(**Distributed Context Propagation,DCP**)。后来,它被重命名为 OpenTracing,因为作者意识到这个项目的主要意图是实现 "分布式跟踪",首要的是通过减少进入的障碍,让软件开发人员更容易上手,而进入的障碍通常来自白盒埋点的复杂性。

考虑以下通过 Go 语言实现的针对 HTTP 中间件处理程序的 OpenTracing 埋点:

```go
func MiddlewareFunc(
    tracer opentracing.Tracer,
    h http.HandlerFunc,
) http.HandlerFunc {
    fn := func(w http.ResponseWriter, r *http.Request) {
        parent, _ := tracer.Extract(
            opentracing.HTTPHeaders,
            opentracing.HTTPHeadersCarrier(r.Header),
        )
        span := tracer.StartSpan(
            "HTTP " + r.Method, ext.RPCServerOption(parent),
        )
        defer sp.finish()
```

```
                ext.HTTPMethod.Set(span, r.Method)
                ext.HTTPUrl.Set(span, r.URL.String())
                ...
                ctx := opentracing.ContextWithSpan(r.Context(), span)
                h(w, r.WithContext(ctx))
                span.Finish()
        }
        return http.HandlerFunc(fn)
}
```

对 `tracer.Extract()` 的调用相当于在跟踪平面中对 `Deserialize()` 的调用。如果想继续跟踪行为，则对 `tracer.StartSpan()` 的调用必须保留，但是还必须在跟踪平面中添加对 `Branch()` 的调用，以保持所需的语义。换句话说，为了将上下文传播行为提取到共享的跟踪平面实现中，需要积极地使用这两个 API。

使用 OpenTracing API 的跟踪践行者认为，这将使已经很不简单的跟踪埋点更加复杂。另一方面，只关注跟踪埋点，同时仍然为 baggage 传播提供选项，这对于希望采用分布式跟踪的组织来说是一种更容易的推销方式。正如我们将在本章后面所看到的，即使在 OpenTracing 和其他跟踪 API 中提供了有限的 baggage 版本支持，也仍然可以实现许多横切工具。

Pivot Tracing

Pivot Tracing[2]是布朗大学的另一个有趣的项目，它获得了 2015 年 **SOSP**（**操作系统原理研讨会**，**Symposium on Operating Systems Principles**）最佳论文奖。它允许用户在运行时在系统中的某一点定义任意测量值，然后根据系统另一部分中的事件选择、筛选和分组这些测量值，从而为分布式系统提供动态因果监控。

我们在第 2 章"跟踪一次 HotROD 之旅"中看到了一个非常基本的例子，在计算下游服务中最短路由的时间花费时，将其主要归因于在调用图中定义的客户 ID。Pivot Tracing 将它带到一个全新的层次：

- 通过代码注入进行动态埋点。
- 支持复杂的查询语言，从而通知动态埋点。

论文对以下查询的计算进行了探讨：

```
FROM bytesRead IN DataNodeMetrics.incrBytesRead
JOIN client IN FIRST(ClientProtocols) ON client ⇒ bytesRead
GROUP BY client.procName
SELECT client.procName, SUM(bytesRead.delta)
```

此查询用于处理运行 HBase、Map-Reduce 和 HDFS 等不同客户端请求的 HDFS 数据节点。查询涉及两个跟踪点的数据：一个位于堆栈的顶部，称为 `ClientProtocols`，它捕获客户端的类型和进程名；另一个运行在堆栈底部的数据节点上，称为 `DataNodeMetrics`，它收集各种统计数据，包括为给定的请求从磁盘读取的字节数（`incrBytesRead`）。

查询通过 `client.procName` 并计算每个客户端的磁盘使用总量对所有请求进行分组。它看起来与 HotROD 示例非常相似，但是在 HotROD 中，不仅需要硬编码计算花费的时间，还必须手动将其属性设置为元数据中的两个参数：会话 ID 和客户名称。如果想通过不同的参数（例如浏览器中的 `User-Agent` 头）进行聚合，则必须更改 `route` 服务的代码。在 Pivot Tracing 中，只需要更改查询！

Pivot Tracing 中的另一种新机制是进行因果 "happened-before" 连接的能力，就如在查询中用⇒符号表示。`DataNodeMetrics` 和 `ClientProtocols` 都是由跟踪点生成的事件，生产系统每秒将生成数千个这样的事件。

happened-before 连接只允许连接那些因果相关的事件，在本例中，客户端请求引起磁盘读取。在 Pivot Tracing 实现中，happened-before 连接仅局限于同一分布式事务中发生的事件，但是理论上，它们可以被扩展到更广泛定义的因果关系上，例如，一个执行的事件影响另一个执行。

论文演示了如何使用 Pivot Tracing 来诊断 HDFS 中的性能问题并发现实现中的 bug。由于 Pivot Tracing 查询的动态特性，作者能够迭代地向系统发出越来越多的特定查询，按照不同的维度对结果和吞吐量指标进行分组，直到找到问题的根源并展现软件的 bug。建议你阅读这篇论文，详细地了解研究的情况。

让我们讨论一下 Pivot Tracing 是如何实现这一切的。该系统是用 Java 实现的，允许通过字节码操作和跟踪点注入对应用程序进行动态埋点。跟踪点发出包含特定属性的事件，例如范围内变量的值。Pivot Tracing 还可以使用代码中现有的（永久的）跟踪点。图 10.2

说明了它是如何计算查询的：

1. 跟踪点的事件为查询定义一个词汇表，例如，在前面的查询中使用的 `ClientProtocols` 和 `DataNodeMetrics.incrBytesRead` 事件，以及它们的属性 `procName` 和 `delta`。

2. 操作符使用支持的词汇表构造一个查询，希望在系统中对其进行计算。

3. Pivot Tracing 前端分析查询并将其编译为一个称为 "advice" 的中间表示，该中间表示被分发给嵌入应用程序中的 Pivot Tracing（PT）代理。

4. PT 代理将 advice 中的指令映射到它在相关跟踪点中动态安装的代码上。

5. 当执行通过跟踪点时，它们从 advice 执行代码。advice 中的某些指令告诉跟踪点把观测事件的某些属性打包到元数据上下文中，并通过 baggage 传播它。例如，在查询中，第一次调用的 `ClientProtocols` 跟踪点对 `procName` 属性进行打包，后来 `incrBytesRead` 跟踪点对其进行访问（解包）产生一个数据元组。

6. advice 中的其他指令可能会告诉跟踪点发出数据元组。

7. 数据元组在本地聚合，并通过消息总线流到 Pivot Tracing 后端。

8. 前端执行最终的聚合并生成报告。

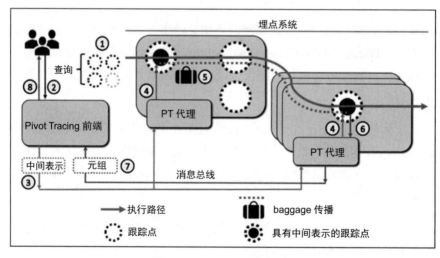

图 10.2　Pivot Tracing 概述

有趣的是，一般来说，实现一个 happened-before 连接可能非常昂贵，因为要求在计算连接之前在集群中全局聚合所有的元组。通过依赖 baggage 捕获和传播相关的 group-by 属性（以增加请求大小为代价），Pivot Tracing 大大简化了这个过程，因此，当从 baggage 提取属性并将其包含在发出的元组中时，实际的连接将被隐式执行。

Pivot Tracing 没有实现它自己的 baggage 传播。相反，它依赖我们前面讨论的跟踪平面的功能。然而，从算法的描述上不难看出，其对 baggage 机制的要求相当低，并且通过 OpenTracing 实现可以很容易地得到满足，例如，使用 `pivot-tracing` 键和 JSON 字符串值编码一个 baggage 项。对于一些边缘情况，跟踪平面通过合并 baggage 上下文来处理，例如并行执行，两者都增加了相同的计数器，但是在许多系统中并不需要这些合并（只要可以通过 span 模型表示执行即可）。

由于 Pivot Tracing 能够动态地安装埋点，所以它可以与 OpenTracing 埋点共存，并使用 OpenTracing baggage 进行查询计算。

混沌工程

为了解决系统停机对业务收入的巨大影响，许多组织都在采用混沌工程，以获得对其系统容错能力的信心。也就是说，构建用于预测和缓解各种软件与硬件故障的系统。许多组织都在实现内部的"故障即服务"系统，比如 **FIT（Failure Injection Testing，故障注入测试）**[6]、Netflix 的 **Simian Army（猿猴军团）**[7]、Uber 的 **uDestroy**，甚至像 Gremlin 这样的商业产品。

这些系统提倡将混沌工程作为一门科学学科：

1. 形成一个假设：你认为系统会出什么问题？
2. 设计一个实验：如何在不影响用户的情况下重现故障？
3. 最小化爆炸半径：首先尝试最小的实验来学习一些东西。
4. 运行实验：仔细监控结果和系统行为。
5. 分析：如果系统没有按照预期工作，那么恭喜你，你发现了一个 bug。如果一切按计划进行，则增加爆炸半径并重复。

遗憾的是，拥有用于故障注入的基础设施只是完成了一半任务。更难的部分是提出足够的**故障场景**：跨分布式系统的故障组合。我们可以将此视为一个通用的**搜索问题**：为一组故障注入场景（最好是最小的一组）提供资源，这些场景将运用应用程序中存在的所有故障模式。不同场景的数量与潜在故障的数量呈指数关系，因此对于穷举搜索是很难处理的。

创建故障场景的最常见方法是随机搜索和程序员辅助搜索。随机搜索具有简单性和通用性的优点，但它不太可能发现涉及罕见条件组合的深层或级联故障，它测试的是冗余的或者最终证明不影响最终用户的场景，这通常会浪费大量资源。利用领域专家的直觉是很难扩展到大型架构的。在像 Uber 这样拥有 3000 多个独立的微服务的公司里，几乎没有工程师（即使是最资深的工程师）能够把系统的全部复杂性都记在脑子里，并预测到有价值的故障。

Netflix[8]的一项研究证明了将 LDFI（Lineage-driven Fault Injection，线性驱动故障注入）作为一项技术来使用，可以指导在可能的故障注入场景中搜索。与 Netflix 站点最关键的用户交互之一是"app boot"工作流：加载包含元数据的主页和用户的初始视频列表。这是一个非常复杂的请求，涉及几十个内部微服务，并且有数百个潜在的故障点。对该搜索空间的暴力探索将需要大约 2^{100} 个实验。通过使用 LDFI 技术，整个故障场景空间只覆盖了 200 个实验，团队发现了"11 个新的关键故障，可能会阻止用户使用流媒体内容服务，其中几个故障涉及包含服务故障事件组合的'深度'故障场景"。

对 LDFI 技术的完整描述超出了本书的范围。然而，Netflix 现有的端到端跟踪基础设施在启用此项技术方面发挥了关键作用。LDFI 服务一直在监控在生产环境中收集的分布式跟踪，并使用它们来构建单个请求执行中的长生命周期依赖模型。

这些模型被用来构建 LDFI 所使用的谱系图，以便对某些故障组合可能对结果造成的影响进行反向推理（从影响到原因）。使用 FIT 基础设施[7]对这些组合（被证明有可能导致用户可见的故障）进行测试。使用描述测试中错误的元数据来修饰与故障场景的标准匹配的请求，例如添加对特定服务调用的延迟或者是完全失败的调用。这些在元数据中编码的错误指令使用调用图传递，即使用分布式上下文传播。

使用收集到的端到端跟踪来指导故障搜索空间的探索是非常有趣的。不过，在本章的上下文中，使用元数据传播向服务传递错误指令却特别有趣。很多"故障即服务"系统都支持执行脚本，这些脚本可以针对特定的服务、服务实例、主机等进行故障注入。然而，很多非平常的故障场景不能用这些项表示,因为它们需要将故障范围限定到特定的事务中,而不仅仅是系统中的特定组件。

如图 10.3 所示的时间序列图展示了使用 LDFI 技术重现 Kafka 中的一个复制错误。三个 Kafka 副本被配置为用于处理单个分区,但是当它们向 ZooKeeper 发送成员消息(M)时,一个临时的网络分区导致从**副本 B** 和**副本 C** 到 ZooKeeper 的消息丢失,**副本 A** 成为 leader,相信它是唯一幸存的副本。客户端的请求(C)也通过消息(L)确认**副本 A** 是 leader。当客户端向**副本 A** 写入(W)数据时,确认(A)写入成功。紧接着,**副本 A** 崩溃,从而违反了消息持久性保证。

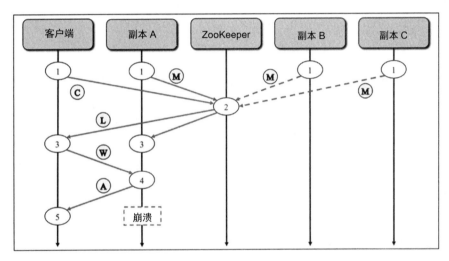

图 10.3　时间序列图,展示了先前发现的通过 LDFI 重现的 Kafka 复制错误

可以很容易看到,即使通过元数据传播错误指令,这个特定的错误也很难重现,因为必须及时精心安排许多错误,以模拟故障场景,并且至少涉及四个不同的 RPC 链。但是,使用元数据传播仍然是一项非常有价值的技术,可以在特定请求的上下文中向系统组件传递目标错误指令。

流量标记

在较高的级别上,向请求上下文中添加元数据并通过调用图传播元数据,是沿着多个维度将整个流量划分到应用程序的一种方法。例如,如果用代表公司产品的类型来标记每个外部请求（对于谷歌，可以是 Gmail、Docs、YouTube 等；对于 Uber，可以是 Ridesharing、Uber Eats、Uber Bikes 等），并在元数据中传播，那么我们就可以非常准确地了解数据中心为每条产品线提供了多少流量。严格地说，我们前面讨论的 Pivot Tracing 和 LDFI 技术也可以被看作是对流量的划分，但是它们通过元数据传递的东西非常复杂，并且基数很大。在本节中，我们将讨论使用低基数维度的流量标记。

生产环境测试

因为考虑到互联网规模的分布式系统的复杂性，在生产环境中进行测试是一种常见的实践，通常不可能通过在准生产环境中模拟不同的边缘用例和在生产环境中可能观测到的各种用户行为来提供相同的覆盖率。一些测试请求可能只读取数据，而另一些则可能对系统状态进行更改，例如，一个虚拟的乘客乘坐模拟的 Uber 共享汽车。

系统中的一些服务可能通过查看相关数据将请求识别为测试流量，例如，一个虚拟的 Uber 乘客账户可能在数据库中有一个特殊的标记。然而，很多服务可能没有这种识别能力。例如，一个通用的存储层在使用测试账户标记时，不知道在数据中查找。因此，通过传递一个标签（如 tenancy）来标记调用图的根中的测试账户生成的流量，以指示流量是人工合成的还是真实生产的，是很有用的。系统组件可以通过多种方式来使用这样的标签：

- 假设你拥有一些下游服务，并通过它们来处理一定级别的流量。你可能会设置对服务流量的监控，并在流量超过某个阈值时定义警报（即使使用自动伸缩，出于成本原因，你也可能希望这样做）。
  现在想象一下，一些上游服务通过生成大量的合成测试流量来进行容量或弹性测试。如果不使用诸如 tenancy 元数据之类的东西来识别流量，你的服务将无法分辨流量的增加是由于实际生产流量的增长还是仅仅是合成测试。你的警报可能会无缘无故地启动！另一方面，如果你知道合成流量将被相应地标记，那么你就可以定义警报，只对实际生产流量的增长发出警报，而忽略合成流量峰值。在第 11 章"集成指标与日志"中，我们将会看到具体的方法很容易实现。
- 可以配置一些组件来识别带有测试租户的流量，并自动切换到**只读**模式或将写操作指向另一个数据库。
- 有些组件可能根本不想为来自生产集群的合成流量提供服务（也就是说，它们还没有完全准备好在生产环境中进行测试）。路由层可以使用测试租户元数据把请求重定向到准生产集群。

生产环境调试

如果我们接受在生产环境中进行测试的理念，部分原因是无法构建重现生产环境的准生产环境，那么还应该讨论在生产环境中进行调试，尤其是调试微服务。无论端到端跟踪多么强大，它仍然局限于通过预编程跟踪点收集到的信息。有时我们需要检查整个应用程序的状态，遍历代码，并更改一些变量，以便理解问题或发现 bug。这就到了传统调试器发挥作用的时候了。然而，在一个基于微服务的应用程序中，状态分布在许多进程中，并且每个进程对于它正在处理的所有并发请求，在任何给定的时间都有很多状态。如果想调试特定请求的行为，则可能需要将调试器附加到不同服务的实例上（可能使用不同的语言），还需要确定是服务的哪个实例将接收请求。

帮助解决这个问题的一个非常有趣的项目是由 Solo.io 公司开发的 **Squash 调试器**[9]。Squash 由三部分组成：

1. Squash 用户界面只是流行 IDE 的一个插件，如 Visual Studio Code 或 IntelliJ。你可以在微服务中设置断点，就像在本地开发一样，而 Squash 插件将与 Squash 服务器配合，在生产集群中运行的服务中安装这些断点。

2. Squash 服务器保存关于断点的信息，并编排 Squash 客户端。

3. Squash 客户端是一个守护进程，它与应用程序一起运行，包含调试器的二进制文件，并允许将调试器附加到正在运行的微服务进程上。

Squash 集成了**服务网格工具 Istio**，它为 Envoy 代理提供了一个过滤器，可以为包含特定标记（例如，特殊头）的请求启动调试会话。为了将实例与其他生产请求隔离，Squash 可以将进程的完整状态克隆到另一个实例中并将调试器附加到该实例上，从而不影响其他生产流量。这里建议读者听一些关于 Squash 的讲座来获得更多的信息。

这与流量标记和上下文传播有什么关系？我们不希望在随机的生产请求上触发断点，这可能会影响实际用户。同时，我们可能需要在处理手动请求的多个微服务中触发断点。通过元数据传播，这种协调变得容易多了。我们可以定义断点只有当 HTTP 请求在请求头中编码了特定的 baggage 项时才启用，并使用该 baggage 项向系统发出顶级请求，例如，使用 Jaeger baggage 语法：

```
$ curl -H 'jaeger-baggage: squash=yes' http://host:port/api/do-it
```

如果使用 OpenTracing 和 Jaeger 对服务埋点，则此 baggage 项将自动通过调用图传播，并触发断点。为了允许多个开发人员在生产环境中进行调试，可以将 baggage 项设置为某种令牌或用户名，以确保每个开发人员只能通过手动请求触发断点。

在生产环境中进行开发

如果没有一个近似于生产环境的准生产环境，那么开发与其他服务交互的微服务也是一个挑战。即使有一个准生产集群，在那里部署代码的过程通常也不是很敏捷（构建一个容器，将其添加到注册表中，注册一个新的服务版本，等等）。一种更快的方法是，我们可以在本地运行服务实例并代理生产流量。对于下游服务，就简单多了：我们可以直接设置隧道。但是，如果我们的服务需要来自生产环境的上游服务来获得合理的请求，该怎么办？如果我们想使用生产环境移动应用程序来执行一个高级用户工作流，并让本地实例服务于执行的一部分，该怎么办？幸运的是，这些问题也有解决方案。例如，**Telepresence**[10]与 Kubernetes 集成，可以使用一个代理来代替生产服务，该代理将所有请求转发到正在笔记本电脑中运行的另一个服务实例上，在那里有我们最喜欢的 IDE（带有我们最喜欢的调试器）。

图 10.4 展示了这种方法。开发人员启动他们想要调试的服务的本地实例（**服务 X**），可能是从 IDE 启动的，并附带调试器。**IDE** 插件与生产环境中的控制服务器通信，可以是**服务网格控制平面**（例如 Istio），也可以是路由代理识别的专用调试服务器。

IDE 发送关于应该拦截哪些请求的指令，例如，只拦截那些通过元数据传播 `user=X` 标签的请求，然后用户甚至是移动应用程序发出一个常规的生产请求。API 服务器对用户进行身份验证，并将 `user=X` 存储在 baggage 中，然后路由代理（或在应用程序中嵌入的库）使用该 baggage 拦截这些特定的请求并将它们转发到开发人员的笔记本电脑中的服务实例上。

与 Squash 示例类似，这种方法的关键是知道哪些流量应该被重定向到本地实例，以及哪些流量应该被保留在生产环境中。通过分布式上下文传播，使用流量标记为这些问题提供了一个优雅的解决方案。

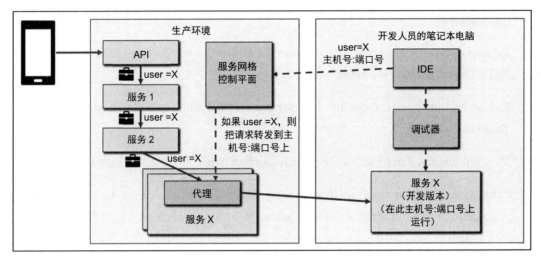

图 10.4 通过代理到服务 X 的开发版本,从而在生产环境中进行开发

总结

在本章中,我们讨论了元数据传播机制如何与依赖它的跟踪埋点分离(例如,使用跟踪平面的方法),以及为什么在实际中不总是这样做。我们介绍了一些用于解决监控、调试和测试分布式系统问题的横切技术与工具,它们并不直接依赖跟踪,而是依赖分布式上下文传播。在分布式系统中使用跟踪埋点使这些附加工具更容易实现。

我们简要讨论了使用流量标记来影响应用程序指标和警报。在下一章中,我们将更详细地讨论这个问题,以及跟踪、指标和日志系统之间的其他集成。

参考资料

[1] X-Trace. 链接 1.

[2] Pivot Tracing. 链接 2.

[3] Brown Tracing Plane. 链接 3.

[4] Jonathan Mace, Rodrigo Fonseca. Universal Context Propagation for Distributed System Instrumentation. Proceedings of the 13th ACM European Conference on Computer Systems

(EuroSys '18).

[5] Jonathan Mace. A Universal Architecture for Cross-Cutting Tools in Distributed Systems. Ph.D. Thesis. Brown University, May 2018.

[6] Kolton Andrus, Naresh Gopalani, Ben Schmaus. FIT: Failure Injection Testing. The Netflix Tech Blog. 链接 4.

[7] Yury Izrailevsky, Ariel Tseitlin. The Netflix Simian Army. The Netflix Tech Blog. 链接 5.

[8] Peter Alvaro, Kolton Andrus, Chris Sanden, Casey Rosenthal, Ali Basiri, Lorin Hochstein. Automating Failure Testing at Internet Scale. ACM Symposium on Cloud Computing 2016 (SoCC'16).

[9] Squash: Debugger for microservices. 链接 6.

[10] Telepresence: Fast, local development for Kubernetes and OpenShift microservices. 链接 7.

11

集成指标与日志

在第 10 章中，我们介绍了几种依赖分布式上下文传播的技术，这些技术通常内置于跟踪库中。在分布式事务中，在请求之间传递请求上下文的概念对于监控分布式系统正变得越来越重要，这不仅仅通过分布式跟踪，甚至可以使用更传统的监控工具如度量指标（或统计数据）和日志来实现。通过使用来自请求上下文的元数据丰富度量指标和日志，我们可以观察应用程序中的行为模式，否则仅通过查看聚合是很难注意到的。而这正迅速成为可观测性行业的一种新规范，这也是 OpenCensus 等项目推出度量指标、日志和跟踪组合 API 的原因之一，所有这些都与分布式上下文传播紧密相连。

在本章中，我们将使用 Hello 应用程序的一个版本来研究这些监控工具之间的许多集成点。我们将看到如何使用请求元数据来丰富度量指标和日志，如何使用跟踪埋点来替换显式的指标埋点，以及如何让日志和跟踪相互双向整合。

可观测性的三大支柱

如果你在过去几年一直关注应用程序监控和性能管理领域，那么无论是在会议上还是在新闻和技术博客中，你可能都听说过"可观测性的三大支柱"这个术语，它指的是度量指标、日志和分布式跟踪。虽然有些人对这种说法持有强烈的，或者是开玩笑的，或者是经得起推敲的反对意见[1] [2]，但是我们可以将这三个领域看作是记录应用程序中所发生的事件的不同方法。最后，所有这些信号都是由代码中的埋点收集的，并由一些我们认为值得记录的事件触发。

在理想情况下，在排除性能问题时，我们希望通过记录所有可能的事件来尽可能多地了解应用程序当时在做什么。我们面对的主要挑战是收集和报告所有遥测数据的成本。这三个"支柱"在数据收集和相关成本方面截然不同。

度量指标的收集成本通常是最低的，对应用程序性能的影响最小，因为它通常用于处理简单的数值测量，这些测量经过大量聚合以减少数据量。例如，测量 REST 服务的吞吐量，我们只需要一个原子计数器，并且每秒只报告一个类型为 `int64` 的数字一次，很少有应用程序会受到此类测量报告成本的负面影响。因此，度量指标常常被用作非常精确的"监控信号"，以跟踪应用程序的健康状况和性能。同时，由于重复的聚合和缺少上下文，它们在解释性能问题方面往往非常无效。

作为监控工具，度量指标通常用于监控单个实体，例如进程、主机或 RPC 端点。由于度量指标可以很容易地聚合，因此可以通过组合单个时间序列（例如，通过聚合单个节点统计数据的平均值、最小值或最大值和百分比，来观测 NoSQL 数据库集群的吞吐量或延迟）来监控更高级别的实体。通过添加额外的维度（如主机名、可用性区域或数据中心名称等），将单个逻辑度量指标（如端点错误计数）划分为多个时间序列，这是一种常见的实践。

较老的指标工具，如 Graphite StatsD，通过将维度编码为作为位置参数的指标名称来支持时间序列分区，例如，主机名 `host123` 位于 `servers.host123.disk.bytes_free` 的第二位。Graphite 查询语言允许通过通配符聚合：

```
averageSeries(servers.*.disk.bytes_free)
```

较新的指标工具，如 CNCF 的 Prometheus[3]或 Uber 的 M3[4]，采用更结构化的方法，并以命名标签的形式捕获这些维度：

```
disk_bytes_free{server="host123", zone="us-east-1"}
```

使用额外维度捕获度量指标为操作人员提供了更多的研究能力，他们可以将时间序列聚合到特定的基础设施组件。遗憾的是，由于大多数指标 API 都不支持上下文，所以维度通常只能表示进程级可用的静态元数据，例如主机名、构建版本等。

日志框架不执行聚合并按原样报告事件，理想的情况是采用所谓的"结构化格式"，这种格式对机器友好，可以由集中的日志基础设施自动解析、索引和处理。在本章中，你将看到这种日志格式的一个示例。

大多数日志框架都将事件记录为一个记录流，该记录流可能以执行线程的名称来标记（这是 Java 中的一个标准实践），这对推断事件之间的因果关系有些帮助；然而，随着框架的扩展，这种实践对异步编程变得不那么有用了。通常，事件关联不是一个通过日志工具集就能很好地解决的问题。日志的冗长可能是高吞吐量服务的另一个挑战；为了解决这个问题，大多数日志框架都支持分层日志，其中的日志消息由开发人员显式地分类成调试、信息、警告、错误等。在生产环境中禁用任何调试级别的日志，并将更高级别的日志保持在绝对最小值，特别是对于成功的请求，这是一种常见的实践。

采样有时用于减少日志量和性能开销，通常采用速率限制的形式，而不是任何上下文敏感的技术。由于采样作用于单个节点或进程的日志流，因此它使得跨多个服务进行日志关联更加困难。从积极的一面来看，它允许拥有特定服务的团队对值得为其服务保留多少日志数据做出成本和收益的决策；例如，负载均衡器可能产生的日志数量最少，而支付处理服务可能会记录更多的信息，即使这两个服务都参与相同的分布式事务。

分布式跟踪埋点在很多方面都与日志记录非常相似，只是更加结构化。其主要的区别在于，跟踪显式地捕获事件之间的因果关系，这使得它在故障诊断分布式和高并发系统的行为方面比日志记录更加强大。跟踪还完全了解分布式请求上下文，这使我们能够应用更智能的采样技术，从而减少数据量和开销，同时始终保持在特定执行期间在分布式系统的不同组件上收集的事件。此外，由于跟踪库本身通常负责分布式上下文传播，所以它们可以将这种上下文感知提供给其他两个"支柱"，我们将在本章中看到这种技术。

先决条件

由于我们讨论的是将跟踪与日志和度量指标集成在一起,所以将运行以下三个监控工具的后端:

- Jaeger,负责跟踪。
- Prometheus,负责度量指标。
- ELK(Elasticsearch,Logstash,Kibana),负责日志。

本节提供有关设置运行 Hello 应用程序的环境的说明。

项目源代码

代码可以在本书源代码库的 `Chapter11` 目录中找到。请参阅第 4 章"OpenTracing 的埋点基础",了解如何下载它,然后切换到 `Chapter11` 目录,所有的示例代码都可以从这个目录运行。

应用程序的源代码结构如下:

```
Mastering-Distributed-Tracing/
  Chapter11/
    exercise1/
      client/
      formatter/
      hello/
      lib/
    elasticsearch/
    kibana/
    logstash/
    prometheus/
    docker-compose.yml pom.xml
```

应用程序由两个微服务,即 `hello` 和 `formatter`,以及一个 `client` 应用程序组成,所有的都在 `exercise1` 子模块中定义。我们将在下一节中介绍它们的职责。微服务使用 `lib` 模块中定义的一些共享组件和类。

其他顶层目录用于监控工具的配置。`docker-compose.yml` 文件负责将它们分组,包括 Hello 应用程序的两个微服务。Hello 客户端在 Docker 容器之外单独运行。

Java 开发环境

类似于第 4 章 "OpenTracing 的埋点基础" 中的例子，我们将需要 JDK 8 或更高的版本。Maven 包装器将被引入并根据需要下载 Maven 依赖项。在 `pom.xml` 文件中把 Maven 项目设置为一个多模块项目，所以要确保运行 `install` 来安装 Maven 本地存储库中的依赖项：

```
$ ./mvnw install
[... 跳过很多 Maven 日志 ...]
[INFO] Reactor Summary:
[INFO]
[INFO] chapter11 0.0.1-SNAPSHOT ................ SUCCESS [  0.492 s]
[INFO] lib ..................................... SUCCESS [  1.825 s]
[INFO] exercise1 ............................... SUCCESS [  0.020 s]
[INFO] hello-1 ................................. SUCCESS [  2.251 s]
[INFO] formatter-1 ............................. SUCCESS [  0.337 s]
[INFO] client-1 0.0.1-SNAPSHOT ................. SUCCESS [  0.421 s]
[INFO] ------------------------------------------------------------
[INFO] BUILD SUCCESS
[INFO] ------------------------------------------------------------
```

在 Docker 中运行服务器

一旦构建了 Java 制品，所有服务器组件，包括 Hello 应用程序微服务和监控后端，就都可以通过 `docker-compose` 运行：

```
$ docker-compose up -d
Creating network "chapter-11_default" with the default driver
Creating chapter-11_jaeger_1            ... done
Creating chapter-11_elasticsearch_1     ... done
Creating chapter-11_hello-1_1           ... done
Creating chapter-11_formatter-1_1       ... done
Creating chapter-11_prom_1              ... done
Creating chapter-11_logstash_1          ... done
Creating chapter-11_kibana_1            ... done
```

我们传递 `-d` 标志来使所有命令在后台运行。要检查一切是否正确启动，请使用 `ps` 命令：

```
$ docker-compose ps
         Name                       Command                State
-----------------------------------------------------------------
chapter-11_elasticsearch_1   /usr/local/bin/docker-entr ..  Up
chapter-11_formatter-1_1     /bin/sh -c java      -DJAEG ... Up
chapter-11_hello-1_1         /bin/sh -c java      -DJAEG ... Up
chapter-11_jaeger_1          /go/bin/standalone-linux -  ... Up
chapter-11_kibana_1          /bin/bash /usr/local/bin/k ... Up
chapter-11_logstash_1        /usr/local/bin/docker-entr ... Up
chapter-11_prom_1            /bin/prometheus --config.f ... Up
```

有时，Elasticsearch 需要很长时间才能完成启动过程——虽然上面的 `ps` 命令将其报告为正在运行。检查它是否正在运行的最简单方法是运行 `grep` 命令查看 Kibana 日志：

```
$ docker-compose logs | grep kibana_1 | tail -3
kibana_1       | {"type":"log","@timestamp":"2018-11-
25T19:10:37Z","tags":["warning","elasticsearch","admin"],"pid":1,"mes
sage":"Unable to revive connection: http://elasticsearch:9200/"}
kibana_1       | {"type":"log","@timestamp":"2018-11-
25T19:10:37Z","tags":["warning","elasticsearch","admin"],"pid":1,"mes
sage":"No living connections"}
kibana_1       | {"type":"log","@timestamp":"2018-11-
25T19:10:42Z","tags":["status","plugin:elasticsearch@6.2.3","info"],"pid"
:1,"state":"green","message":"Status changed from red to green -
Ready","prevState":"red","prevMsg":"Unable to connect to
Elasticsearch at http://elasticsearch:9200."}
```

我们可以看到，前两条日志表明 Elasticsearch 还没有准备好，而最后一条日志报告的状态为 `green`（绿色）。

在 Kibana 中声明索引模式

在使用 Kibana 研究所收集的日志之前，我们需要为 `logstash` 定义一种索引模式。`Makefile` 包含一个 target 来简化这个一次性设置步骤：

```
$ make index-pattern
curl -XPOST 'http://localhost:5601/api/saved_objects/index-pattern' \
 -H 'Content-Type: application/json' \
```

```
-H 'kbn-version: 6.2.3' \
-d '{"attributes":{"title":"logstash-
*","timeFieldName":"@timestamp"}}'

{"id":"5ab0adc0-f0e7-11e8-b54c-f5a1b6bdc876","type":"index-
pattern","updated_at":"...","version":1,"attributes":{"title":"logstash
-*","timeFieldName":"@timestamp"}}
```

从这里开始,如果对 Hello 应用程序执行一些请求,例如:

```
$ curl http://localhost:8080/sayHello/Jennifer
Hello, Jennifer!
```

我们就可以通过访问 `http://localhost:5601/` 找到 Kibana 中的日志,并通过侧边栏选择 **Discover** 菜单项(见图 11.1)。

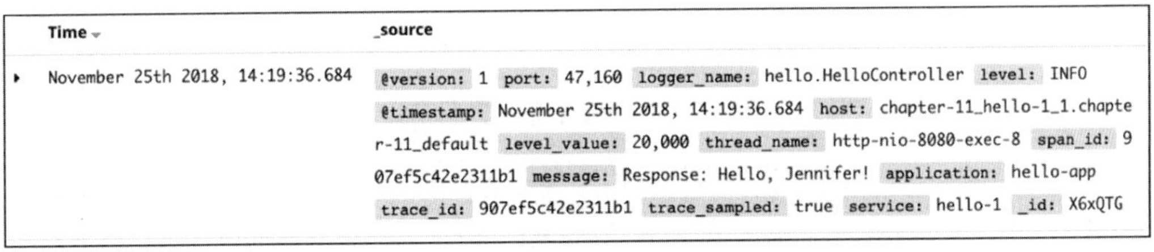

图 11.1 在 Kibana 中显示的 Hello 应用程序的日志消息示例

运行客户端

只有一个客户端应用程序,但是它接受某些控制其行为的参数(通过 Java 系统属性)。其 Makefile 包含两个 target,即 `client1` 和 `client2`,用于从两个不同的终端窗口以两种不同的模式运行客户端,例如:

```
$ make client1
./mvnw spring-boot:run -pl com.packt.distributed-tracing-chapter-
11:client-1 -Dlogstash.host=localhost -Dclient.version=v1 -
Dfailure.location=hello-1 -Dfailure.rate=0.2
[... 跳过初始化日志 ...]
[main] INFO  client.ClientApp.logStarted - Started ClientApp in 6.515
seconds (JVM running for 15.957)
[main] INFO  client.Runner.runQuery - executing
```

```
http://localhost:8080/sayHello/Bender
[main] INFO  client.Runner.runQuery - executing
http://localhost:8080/sayHello/Bender
[main] ERROR client.Runner.runQuery - error from server
[main] INFO  client.Runner.runQuery - executing
http://localhost:8080/sayHello/Bender
[main] ERROR client.Runner.runQuery - error from server
```

如你所见,针对 Hello 应用程序,客户端反复执行相同的 HTTP 请求,其中一些请求成功,而另一些请求失败。稍后我们将讨论客户端所接受的参数的含义。

Hello 应用程序

在本节中使用的 Hello 应用程序与在第 7 章 "使用服务网格进行跟踪" 中使用的非常相似,它只包含两个服务:`hello` 和 `formatter`。图 11.2 描述了这个练习的总体架构。

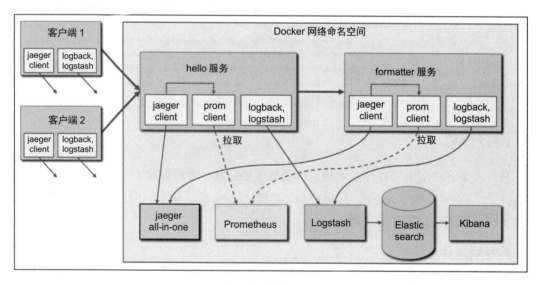

图 11.2 Hello 应用程序的架构及其监控组件和后端

Hello 应用程序的所有组件都被配置了 **jaeger client**、**prom client** 和 **logback** 日志框架,其中的 `LogstashTcpSocketAppender` 插件将日志直接发送到 **Logstash**,从而将日志保存到 **Elasticsearch** 中。**Kibana** 是 Web 用户界面,用于从存储中查询日志。Prometheus 客户端在内存中累计度量指标,直到 Prometheus 服务器通过 HTTP 端点拉取它们。由于

Prometheus 服务器运行在通过 `docker-compose` 创建的网络命名空间中，所以它没有被配置为从运行在主机网络上的两个客户端中抓取指标。

和之前一样，我们也可以通过 `curl` 访问 Hello 应用程序：

```
$ curl http://localhost:8080/sayHello/Jennifer
Hello, Jennifer!
```

与指标集成

我们将探讨两种类型的集成：通过跟踪埋点实现度量指标和通过请求元数据划分度量指标。

通过跟踪埋点实现标准指标

在本节中，我们将讨论与 OpenTracing API 所特有的指标进行集成。由于 OpenTracing 是一个描述分布式事务的纯 API，没有默认的实现，所以我们可以使用它来实现生成与跟踪无关的数据。具体地说，如果考虑 RPC 服务的典型指标埋点，则将看到跟踪埋点已经通过 **RED**（速率、错误、持续时间）方法[5]收集到所有与支持的相同的信号：

- 为每个入站请求启动一个服务器 span，因此可以计算我们的服务接收了多少请求，即它的吞吐量或请求速率（RED 中的 R）。
- 如果请求遇到错误，则跟踪埋点将在 span 上设置 `error=true` 标记，这允许我们计算错误（RED 中的 E）。
- 当启动和完成服务器 span 时，我们向跟踪点发出信号，以捕获请求的开始和结束时间戳，这允许我们计算请求的持续时间（延迟）（RED 中的 D）。

换句话说，跟踪埋点已经是用于核心指标的专用埋点的超集，人们经常使用这些埋点来描述他们的微服务。要查看其运行情况，请确保按照"先决条件"部分的描述启动服务器和客户端，然后通过 `http://localhost:9090/` 打开 Prometheus 的 Web 用户界面。在 **Expression** 框中输入以下查询：

```
sum(rate(span_count{span_kind="server"}[1m]))
by (service,operation,error)
```

这个查询查找一个名为 `span_count` 的指标，该指标带有一个 `span_kind="server"`

标记，因为跟踪中的其他类型的 span 不能很好地反映服务的 RED 信号。

由于没有必要聚合跨服务及其所有端点的所有请求，所以我们将按照服务名称、操作名称（即端点）和错误标志（true 或 false）对结果进行分组。由于每个微服务只暴露一个端点，因此按服务和操作分组，相当于单独按服务或者操作任意一个进行分组，但是当查询中同时包含服务和操作时，如图 11.3 所示图表下的图例更具描述性。我们还可以使用以下查询（使用 span_ bucket 指标）绘制 95%的请求延迟：

```
histogram_quantile(0.95,
sum(rate(span_bucket{span_kind="server"}[1m]))
by (service,operation,error,le))
```

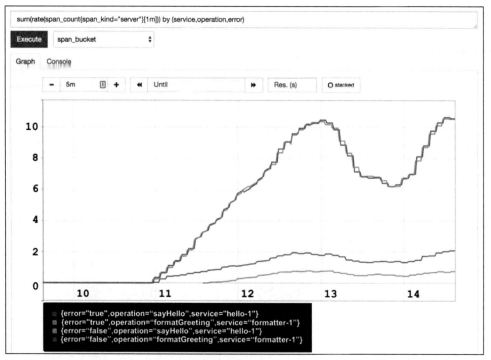

图 11.3 四个时间序列，表示 Hello 应用程序中成功（上两行）和失败（下两行）的请求速率

当然，我们中的许多人已经习惯于看这种仪表板。这里不同的是，Hello 应用程序中的微服务没有任何特殊的埋点来获取这些度量指标，尽管底层 RPC 框架（在示例中是 Spring Boot）很可能有能力生成类似的度量指标。相反，这个应用程序使用了 Spring 的跟踪自动埋点，你已经在前几章中看到了：

```xml
<dependency>
    <groupId>io.opentracing.contrib</groupId>
    <artifactId>opentracing-spring-cloud-starter</artifactId>
</dependency>
```

该埋点为我们提供了事务描述和各种度量指标。为了将这种描述转化为 Prometheus 的度量指标，我们可以使用另一个库（导入 lib 模块中）：

```xml
<dependency>
    <groupId>io.opentracing.contrib</groupId>
    <artifactId>opentracing-metrics-prometheus</artifactId>
    <version>0.2.0</version>
</dependency>
```

这个库把 OpenTracing API 实现为另一个 `Tracer` 实现的装饰器，并使用跟踪点回调来计算 span 指标。我们的服务首先实例化普通的 Jaeger 跟踪器，然后将其封装在指标装饰器中，从 lib 模块的 `TracingConfig` 类中可以看到：

```java
@Bean
public io.opentracing.Tracer tracer(CollectorRegistry collector) {
    Configuration configuration = Configuration.fromEnv(app.name);
    Tracer jaegerTracer = configuration.getTracerBuilder()
            .withSampler(new ConstSampler(true))
            .withScopeManager(new MDCScopeManager())
            .build();

    PrometheusMetricsReporter reporter = PrometheusMetricsReporter
            .newMetricsReporter()
            .withCollectorRegistry(collector)
            .withConstLabel("service", app.name)
            .withBaggageLabel("callpath", "")
            .build();
    return io.opentracing.contrib.metrics.Metrics.decorate(
            jaegerTracer, reporter);
}
```

请注意通过 `withConstLabel` 和 `withBaggageLabel` 配置的额外指标标签。前者将服务名称（"hello-1" 或 "formatter-1"）添加到此装饰器产生的所有度量指标中。我们将在下一节中讨论 baggage 标记在什么地方发挥作用。

你可能会问，如果可以使用传统的指标库来为服务获得类似的 RED 度量指标，为什么还要费心地通过跟踪埋点来实现呢？主要好处之一是标准化了指标名称，我们可以从不同的服务中获得指标名称，这些服务可能被构建在不同的应用程序框架之上。例如，如果直接从 Spring Boot 框架启用指标，那么它们的名称很可能与构建在另一个框架（如 Dropwizard）之上的另一个应用程序产生的指标非常不同。

不过，我们在本练习中使用的装饰器产生的指标在所有框架中都将是相同的。另外，在指标中用作标记的服务名称和操作名称将与在实际跟踪中收集的服务名称和操作名称精确匹配。通过将时间序列与跟踪关联起来，我们可以在监控用户界面中启用跟踪和时间序列之间的双向导航，还可以以精确的统计度量指标在给定的跟踪中标记 span，例如，自动计算一个给定 span 表示的延迟百分比分布。

装饰器方法不是获得跟踪埋点捕获的度量指标的唯一方法。虽然我们没有在第 2 章"跟踪一次 HotROD 之旅"中讨论过它，但是 Go 语言中的 Jaeger 跟踪器有一个可选模块，它可以使用观察者模式（而不是装饰器模式）产生度量指标。如果在运行 HotROD 演示应用程序时带有 --metrics=prometheus 标志，并从用户界面生成一些汽车订单，那么我们可以使用 RPC metrics 插件拉取为 HTTP 请求生成的指标：

```
$ curl -s http://localhost:8083/metrics | grep frontend_http_requests
# HELP hotrod_frontend_http_requests hotrod_frontend_http_requests
# TYPE hotrod_frontend_http_requests counter
hotrod_frontend_http_requests{endpoint="HTTP-GET-
/",status_code="2xx"} 1
hotrod_frontend_http_requests{endpoint="HTTP-GET-
/",status_code="3xx"} 0
hotrod_frontend_http_requests{endpoint="HTTP-GET-
/",status_code="4xx"} 1
hotrod_frontend_http_requests{endpoint="HTTP-GET-
/",status_code="5xx"} 0
hotrod_frontend_http_requests{endpoint="HTTP-GET-
/dispatch",status_code="2xx"} 3
hotrod_frontend_http_requests{endpoint="HTTP-GET-
/dispatch",status_code="3xx"} 0
hotrod_frontend_http_requests{endpoint="HTTP-GET-
```

```
/dispatch",status_code="4xx"} 0
hotrod_frontend_http_requests{endpoint="HTTP-GET-
/dispatch",status_code="5xx"} 0
```

我们在第 7 章"使用服务网格进行跟踪"中看到,使用服务网格是从微服务外获得标准化指标的另一种方法,这与一致的度量指标和跟踪标记具有类似的好处。然而,在不需要部署服务网格的情况下,从跟踪埋点获取度量指标可能是一个可行的替代方法。

向标准指标中添加上下文

也许度量指标和跟踪埋点之间更有用的集成是为度量指标提供上下文感知。如果让客户端运行几分钟,那么可以得到如图 11.4 所示的请求速率图。

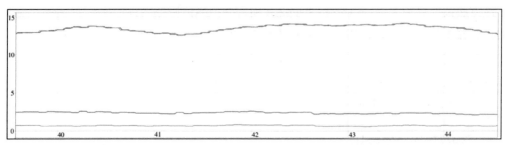

图 11.4　四个时间序列,表示 Hello 应用程序中成功(上两行)和失败(下两行)的请求速率。
y 轴是某个组中 span 的计数,x 轴是时间(以分钟计)

上两行表示每个服务的成功请求:

```
span_count{error="false",operation="sayHello",service="hello-1"}
span_count{error="false",operation="formatGreeting",service="formatter-1"}
```

下两行表示错误(`hello` 服务的错误率更高):

```
span_count{error="true",operation="sayHello",service="hello-1"}
span_count{error="true",operation="formatGreeting",service="formatter-1"}
```

从图 11.4 所示的图表中可以看出,有一定比例的请求失败了,但是我们不知道原因,并且标准指标提供了很少的上下文来帮助理解原因。特别是,我们知道服务被两个具有不同配置的客户端所访问,因此客户端可能导致应用程序中的不同行为。在图表中能看到这一点已经不错了。但是,要做到这一点,我们需要用表示客户端版本的元数据来标记指标,而这两个微服务并不知道 HTTP 请求的客户端版本。这就是我们的老朋友 baggage 发挥作

用的地方。在 `lib` 模块中有一个帮助服务 `CallPath`,它使用一个 `append()` 方法:

```
public void append() {
    io.opentracing.Span span = tracer.activeSpan();
    String currentPath = span.getBaggageItem("callpath");
    if (currentPath == null) {
        currentPath = app.name;
    } else {
        currentPath += "->" + app.name;
    }
    span.setBaggageItem("callpath", currentPath);
}
```

该方法读取名为 `callpath` 的 baggage 项,并把当前服务名称传递给它。两个微服务中的控制器都从它们的 HTTP 处理程序调用这个方法,例如,在 `formatter` 服务中:

```
@GetMapping("/formatGreeting")
public String formatGreeting(@RequestParam String name) {
    logger.info("Name: {}", name);

    callPath.append();
    ...

    String response = "Hello, " + name + "!";
    logger.info("Response: {}", response);
    return response;
}
```

客户端也调用这个方法,该方法将客户端名称(如 `client-v1`)作为调用路径的第一部分。注意,我们必须在客户端中启动根 span,以便有地方存储 baggage 项;否则,只有在进行出站调用时,`RestTemplate` 才会创建这个 span。

```
public void run(String... args) {
    while (true) {
        Span span = tracer.buildSpan("client").start();
        try (Scope scope = tracer.scopeManager().activate(span,false))
        {
            callPath.append();
```

```
            ...
            runQuery(restTemplate);
        }
        span.finish();
        sleep();
    }
}
```

最后,这个 `callpath` baggage 项是由我们在上一节中讨论的装饰器添加到度量指标标签中的,因为我们用 `withBaggageLabel()` 选项配置了 reporter:

```
PrometheusMetricsReporter reporter = PrometheusMetricsReporter
        .newMetricsReporter()
        .withCollectorRegistry(collector)
        .withConstLabel("service", app.name)
        .withBaggageLabel("callpath", "")
        .build();
```

要看到这一点生效,我们需要做的就是将 `callpath` 添加到 Prometheus 查询的分组子句中(见图 11.5)。

```
sum(rate(span_count{span_kind="server"}[1m]) > 0)
by (service,operation,callpath,error)
```

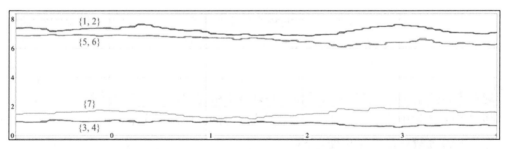

图 11.5 向分组子句中添加"callpath"标签时显示的额外时间序列。x 轴是某个组中 span 的计数,y 轴是时间(以分钟计)

遗憾的是,在仪表板中没有交互性和鼠标悬停弹出窗口的情况下,很难看出这是怎么回事,让我们通过 Prometheus 的 **Graph** 选项卡旁边的 **Console** 选项卡来看看原始数据(为了具有更好的可读性,这里把数据格式化为表格,其中 `service`、`operation`、`error` 与 `callpath` 标签被作为列,如表 11.1 所示)。

表 11.1 查看原始数据

#	callpath	Service（生成指标）	operation	error	值
1	client-v2->hello-1	hello-1	sayHello	false	7.045
2	client-v2->hello-1->formatter-1	formatter-1	formatGreeting	false	7.058
3	client-v2->hello-1	hello-1	sayHello	true	0.691
4	client-v2->hello-1->formatter-1	formatter-1	formatGreeting	true	0.673
5	client-v1->hello-1	hello-1	sayHello	false	6.299
6	client-v1->hello-1->formatter-1	formatter-1	formatGreeting	false	6.294
7	client-v1->hello-1	hello-1	sayHello	true	1.620

我们现在可以看到有趣的模式出现了。让我们忽略第 **1~2** 行和第 **5~6** 行中成功的请求，只关注第 **3**、**4** 和 **7** 行，用 error=true 标签表示失败的请求。从 callpath 标签中可以看到，第 **3** 行和第 **4** 行中的请求来自 client-v2，第 **7** 行中的请求来自 client-v1。

来自 client-v1 的请求从未到达 formatter 服务，其失败率（每秒 1.62 次失败）高于来自 client-v2 的请求（每秒约 0.7 次失败，第 **3~4** 行）。

来自 client-v2 的请求在 formatter 服务中似乎都失败了，因为第 **3~4** 行中的失败率几乎相同。这个事实可能不明显，但是从应用程序的架构我们知道，如果 formatter 服务失败，那么 hello 服务也将失败。因此，如果 hello 服务独立于 formatter 服务而失败，那么它就不会调用下游服务，它的故障率会更高。总而言之：

- 来自 client-v1 的请求失败的频率几乎是来自 client-v2 的请求的两倍。
- 来自 client-v1 的请求在 hello 服务中失败，而来自 client-v2 的请求在 formatter 服务中失败。

现在我们已经推断出错误模式是由客户端版本引起的，让我们通过查看代码来确认假设。使用 lib 模块中的 ChaosMonkey 类来模拟 Hello 应用程序中的故障。在初始化过程中，它从 Java 系统属性中读取两个参数：

```
public ChaosMonkey() {
    this.failureLocation = System.getProperty("failure.location", "");
    this.failureRate = Double.parseDouble(System.getProperty(
        ("failure.rate", "0"));
}
```

failureLocation 字段包含我们要在其中模拟故障的微服务的名称，failureRate 字段包含发生此故障的期望概率。在发出 HTTP 请求之前，客户端调用 ChaosMonkey 上的 maybeInjectFault() 方法，该方法可能将期望的故障位置存储在 fail baggage 项中：

```
public void maybeInjectFault() {
    if (Math.random() < this.failureRate) {
        io.opentracing.Span span = tracer.activeSpan();
        span.setBaggageItem("fail", this.failureLocation);
    }
}
```

在对传入的 HTTP 请求做出响应之前，微服务 hello 和 dispatcher 调用 ChaosMonkey 上的另一个方法，即 maybeFail()，如下所示：

```
@GetMapping("/formatGreeting")
public String formatGreeting(@RequestParam String name) {
    ...

    chaosMonkey.maybeFail();

    String response = "Hello, " + name + "!";
    logger.info("Response: {}", response);
    return response;
}
```

maybeFail() 方法的作用是对当前服务名称与 fail baggage 项的值进行比较，如果有匹配项，则抛出异常：

```
public void maybeFail() {
    io.opentracing.Span span = tracer.activeSpan();
    String fail = span.getBaggageItem("fail");
    if (app.name.equals(fail)) {
        logger.warn("simulating failure");
        throw new RuntimeException(
            "simulated failure in " + app.name);
    }
}
```

最后，Makefile 定义了控制故障注入机制的两个客户端版本的配置，并解释了我们在 Prometheus 中观察到的指标模式：

```
CLIENT_V1 := $(CLIENT_SVC) \
    -Dclient.version=v1 \
    -Dfailure.location=hello-1 \
    -Dfailure.rate=0.2
CLIENT_V2 := $(CLIENT_SVC) \
    -Dclient.version=v2 \
    -Dfailure.location=formatter-1 \
    -Dfailure.rate=0.1
```

我们看到 `client-v1` 定义了有 20% 的请求在 `hello` 服务中发生失败，这解释了为什么我们从来没有看到错误的调用路径到达 `formatter` 服务。`client-v2` 定义了仅有 10% 的请求在 `formatter` 服务中发生失败，这解释了我们观察到的错误率的差异。

上下文感知的指标 API

当跟踪埋点产生度量指标时，它可以很好地向度量指标中添加基于上下文的标签。然而，应用程序通常会生成许多其他的自定义指标，比如内部缓存的大小、当前队列深度等，甚至与 RPC 相关的度量指标有时也很难通过跟踪埋点获得。例如，要度量请求有效负载的字节大小，埋点需要访问请求对象，这超出了 OpenTracing API 的范围，因此不能被我们在前面几节中使用的跟踪器实现的装饰器所捕获。

在这些情况下，埋点依赖传统的指标 API，例如，通过直接调用指标系统的客户端库（如 Prometheus 客户端），或者通过使用抽象层（如 Java 中的 Micrometer）。大多数传统的指标 API 都是在不支持分布式上下文的情况下创建的，这使得使用额外的请求范围的元数据标记度量指标变得更加困难，就像在前面的示例中所展示的 `callpath` 标签一样。

在请求上下文通过本地线程变量或类似机制传递的语言中，仍然可以通过强化传统的指标 API，在不更改 API 的情况下从上下文中提取额外的标签。在其他语言中，包括 Go 语言，需要强化指标 API，以接受上下文作为用于度量的函数的参数之一。例如，流行的微服务框架 Go kit[6] 定义了这样一个接口：

```
type Counter interface {
    With(labelValues ...string) Counter
```

```
        Add(delta float64)
}
```

Add() 函数的作用是收集实际度量值,但不接受 Context 对象。我们可以通过创建一个帮助对象来解决这个问题,它可以从上下文中提取上下文范围的标签值,例如:

```
type Helper struct {
    Labels []string
}

func (h Helper) Add(ctx context.Context, c Counter, delta float64)
{
    values := make([]string, len(h.Labels))
    for i, label := range h.Labels {
        values[i] = labelValueFromContext(ctx, label)
    }
    c.With(values).Add(delta)
}
```

这可能是一种可行的方法,但是它有一个缺点,即应用程序开发人员必须记住调用这个帮助对象,而不是直接在 Counter 对象上使用上下文调用 Add() 函数。幸运的是,像 OpenCensus 这样的新框架正发展成为完全上下文感知的框架,因此"忘记"使用正确的函数不是一个选项:

```
// Record 一次在同一个 context 里面记录一个或者多个 measurement
// 如果 context 中有任何 tag,measurement 就会被打上标记
func Record(ctx context.Context, ms ...Measurement) {}
```

与日志集成

与度量指标类似,日志常常缺少请求范围的上下文,通过在结构化的日志记录的字段中捕获一些上下文,可以提高它们的可供研究的能力。

结构化日志记录

在进一步讨论之前,让我们简要讨论一下结构化日志记录。传统上,日志框架以普通字符串的形式生成日志行,在 Hello 应用程序客户端的输出中可以看到这样一个例子:

```
25-11-2018 18:26:37.354 [main] ERROR client.Runner.runQuery - error
from server
25-11-2018 18:26:37.468 [main] INFO  client.Runner.runQuery -
executing http://localhost:8080/sayHello/Bender
25-11-2018 18:26:37.531 [main] ERROR client.Runner.runQuery - error
from server
25-11-2018 18:26:37.643 [main] INFO  client.Runner.runQuery -
executing http://localhost:8080/sayHello/Bender
```

虽然这些字符串确实具有特定的结构,可以由日志聚合管道解析,但是实际的消息是非结构化的,这使得在日志存储中索引它们的开销非常大。例如,如果想找到具有特定 URL 的所有日志,则需要将问题表示为子字符串或正则查询,而不是更简单的 `url ="…"` 查询。

当我们使用结构化日志记录时,需要将相同的信息表示为适当的结构,例如,使用 JSON 格式:

```
{
    "@timestamp": "2018-11-25T22:26:37.468Z",
    "thread": "main",
    "level": "INFO",
    "logger": "client.Runner.runQuery",
    "message": "executing HTTP request",
    "url": "http://localhost:8080/sayHello/Bender"
}
```

当以这种方式表示时,日志可以被更有效地索引,并提供各种聚合和可视化功能,比如在 Kibana 中可用的功能。

在本章的练习中,我们将使用标准的 **SLF4J** API,它不支持将日志消息作为结构化数据。不过,在将日志发送到 Logstash 时,我们确实为它们配置了结构化格式程序。在每个模块的 `resources/logstack-spring.xml` 文件中可以找到它,例如,在客户端中:

```
<appender name="logstash"
    class="net.logstash.logback.appender.LogstashTcpSocketAppender">
    <destination>${logstash.host}:5000</destination>
    <encoder class="net.logstash.logback.encoder.LogstashEncoder">
        <customFields>
            {"application":"hello-app","service":"client-1"}
```

```
            </customFields>
        </encoder>
</appender>
```

除了在配置中定义的字段，存储在 **MDC（Mapped Diagnostic Context）** 中的属性也会自动作为字段被添加到日志消息中。

将日志与跟踪上下文关联起来

在分布式跟踪成为主流之前，开发人员经常使用自定义方法来传播一些唯一的请求 ID 并将其包含在日志中，以便使日志更有用，并允许将它们过滤到单个请求中。

一旦有了跟踪埋点，我们就可以解决上下文传播的问题，并且跟踪 ID 与关联 ID 一样，可以将给定请求的日志汇集在一起。更进一步，可以把 span ID 包括进来，它允许我们将日志与跟踪中的特定 span 关联起来，使它们更加上下文相关，也更加有用。

本章中的 Hello 应用程序包括这种形式的集成。你可能还记得在第 4 章 "OpenTracing 的埋点基础"中，Java 的 OpenTracing API 定义了作用域管理器的概念，这些作用域管理器负责保持对当前活动 span 的跟踪。

OpenTracing API 库提供了一个默认的作用域管理器实现，通常由跟踪器使用，但是由于它被设计为可插入的，所以可以通过 Decorator 模式来扩展（尽管没有通过 Observer 模式）。`lib` 模块包含一个这样的扩展——`MDCScopeManager`，被实现为标准 `ThreadLocalScopeManager` 的子类。它覆盖 `activate()` 方法并返回 `ScopeWrapper`，这是一个包装超类返回的范围的装饰器。包装器的构造函数包含主要业务逻辑：

```
ScopeWrapper(Scope scope) {
    this.scope = scope;
    this.previousTraceId = lookup("trace_id");
    this.previousSpanId = lookup("span_id");
    this.previousSampled = lookup("trace_sampled"); 4

    JaegerSpanContext ctx = (JaegerSpanContext)scope.span().context();
    String traceId = Long.toHexString(ctx.getTraceId());
    String spanId = Long.toHexString(ctx.getSpanId());
    String sampled = String.valueOf(ctx.isSampled());
```

```
    replace("trace_id", traceId);
    replace("span_id", spanId);
    replace("trace_sampled", sampled);
}
```

如你所见，它将当前 span 上下文转换为 Jaeger 实现并检索跟踪 ID、span ID 和采样标志，然后使用 `replace()` 方法把这些信息存储在 MDC 中。`lookup()` 方法用于检索这些属性以前的值，这些值在范围失效后被重新存储起来：

```
@Override
public void close() {
    this.scope.close();
    replace("trace_id", previousTraceId);
    replace("span_id", previousSpanId);
    replace("trace_sampled", previousSampled);
}

private static String lookup(String key) {
    return MDC.get(key);
}

private static void replace(String key, String value) {
    if (value == null) {
        MDC.remove(key);
    } else {
        MDC.put(key, value);
    }
}
```

当在 `TracingConfig` 中实例化 Jaeger 跟踪器时，我们将它传递给自定义的作用域管理器：

```
Configuration configuration = Configuration.fromEnv(app.name);
Tracer jaegerTracer = configuration.getTracerBuilder() //
        .withSampler(new ConstSampler(true)) //
        .withScopeManager(new MDCScopeManager()) //
        .build();
```

让我们看看这些集成在 Kibana 中是如何工作的。我们已经在"先决条件"部分看到过在 Kibana 中展示的日志。在日志展示的左侧,有一个垂直项列出了 Elasticsearch 在服务生成的日志流中发现的所有字段名,包括 **application**、**service**、**trace_id** 等字段。当将鼠标悬停在这些字段上时,会出现 **add** 按钮,它允许你将字段添加到侧边栏顶部的 **Selected Fields** 项中。让我们至少选择三个字段,按此顺序:**service**、**level** 和 **message**。我们不需要添加时间戳,因为 Kibana 会自动显示(见图 11.6)。

图 11.6　选择 Kibana 中的字段来展示日志

一旦选择字段,我们就将看到一个更容易阅读的日志展示(见图 11.7)。

Time	service	level	message
November 25th 2018, 20:05:52.052	hello-1	INFO	Response: Hello, Bender!
November 25th 2018, 20:05:52.047	formatter-1	INFO	Name: Bender
November 25th 2018, 20:05:52.037	hello-1	INFO	Name: Bender
November 25th 2018, 20:05:52.021	hello-1	INFO	Response: Hello, Bender!
November 25th 2018, 20:05:52.019	formatter-1	INFO	Response: Hello, Bender!
November 25th 2018, 20:05:52.017	hello-1	INFO	Name: Bender
November 25th 2018, 20:05:52.017	hello-1	INFO	Calling http://formatter-1:8082/formatGreeting?name=Bender
November 25th 2018, 20:05:51.926	hello-1	INFO	Response: Hello, Bender!
November 25th 2018, 20:05:51.923	formatter-1	INFO	Response: Hello, Bender!
November 25th 2018, 20:05:51.915	hello-1	INFO	Calling http://formatter-1:8082/formatGreeting?name=Bender

图 11.7　选择字段的一个子集后 Kibana 展示的日志

正如我们所预料的，日志不是很有用，因为来自不同并发请求的日志都混在一起了。那么该如何使用这些日志来研究一个问题，比如通过度量指标看到的错误率的问题呢？如果滚动日志，则将看到在某个时候带有"simulating failure"消息的日志。让我们通过在用户界面顶部的查询文本框中添加一个过滤器来关注这些日志：

```
message:"simulating failure"
```

单击 **search** 按钮，我们可能会得到如图 11.8 所示的结果。

Time	service	level	message
November 25th 2018, 20:44:02.733	hello-1	WARN	simulating failure
November 25th 2018, 20:44:02.231	hello-1	WARN	simulating failure
November 25th 2018, 20:44:01.921	hello-1	WARN	simulating failure
November 25th 2018, 20:44:01.771	hello-1	WARN	simulating failure
November 25th 2018, 20:44:00.989	formatter-1	WARN	simulating failure
November 25th 2018, 20:44:00.187	formatter-1	WARN	simulating failure
November 25th 2018, 20:43:59.603	formatter-1	WARN	simulating failure
November 25th 2018, 20:43:58.991	hello-1	WARN	simulating failure

图 11.8　筛选日志以包含特定的消息

现在单击左边的三角形展开其中一条记录（以 `formatter` 服务为例），我们可以看到日志消息是由 `lib.ChaosMonkey` 类添加的，如预期的那样。在字段列表的底部附近，我们可以找到由 `MDCScopeManager` 添加的 `trace_id`、`span_id` 和 `trace_sampled` 字段（见图 11.9）。

t	application	⊕ ⊖ □ ✱	hello-app
t	host	⊕ ⊖ □ ✱	chapter-11_formatter-1_1.chapter-11_default
t	level	⊕ ⊖ □ ✱	WARN
#	level_value	⊕ ⊖ □ ✱	30,000
t	logger_name	⊕ ⊖ □ ✱	lib.ChaosMonkey
t	message	⊕ ⊖ □ ✱	simulating failure
#	port	⊕ ⊖ □ ✱	48,534
t	service	⊕ ⊖ □ ✱	formatter-1
?	span_id	⊕ ⊖ □ ✱	⚠ b3413aade04979e4
t	thread_name	⊕ ⊖ □ ✱	http-nio-8082-exec-8
?	trace_id	⊕ ⊖ □ ✱	⚠ 610d71be913ffe7f
?	trace_sampled	⊕ ⊖ □ ✱	⚠ true

图 11.9 一旦展开一条日志记录，它就将显示字段和值的列表

我们现在可以搜索该特定请求的所有日志，方法是用跟踪 ID 搜索替换消息文本查询：

`trace_id:610d71be913ffe7f`

由于我们碰巧选择了在 `formatter` 服务中模拟的故障，因此从之前的指标研究中已经知道这个请求来自 `client-v2`。但是，这并没有反映在日志字段中，因为客户端共享同一个 `logback-spring.xml` 配置文件，该文件没有对客户端版本参数化（我们把它留作练习）（见图 11.10）。

Time ▼	service	level	message
▸ November 25th 2018, 20:44:01.041	client-1	ERROR	error from server
▸ November 25th 2018, 20:44:00.989	formatter-1	WARN	simulating failure
▸ November 25th 2018, 20:44:00.988	formatter-1	INFO	Name: Bender
▸ November 25th 2018, 20:44:00.975	hello-1	INFO	Calling http://formatter-1:8082/formatGreeting?name=Bender
▸ November 25th 2018, 20:44:00.972	hello-1	INFO	Name: Bender
▸ November 25th 2018, 20:44:00.953	client-1	INFO	executing http://localhost:8080/sayHello/Bender

图 11.10 单个请求的日志记录列表

最后的搜索结果表示请求的完整执行，从客户端开始，以客户端记录错误消息"error

from server"结束。当然，在这个简单的应用程序中，不是特别令人兴奋，但是当我们处理一个涉及几十个微服务的实际生产系统执行的请求时，这将会非常有用。

上下文感知的日志 API

与度量指标示例类似，我们能够基于这样一个事实：跟踪上下文和日志框架中的 MDC 都使用本地线程变量来存储上下文。即使能够将 MDC 属性与当前 span 同步，如果想要记录 callpath baggage 值，也不能使用相同的方法。这是因为我们使用的自定义作用域管理器只在激活 span 时更新 MDC，而 CallPath 类可以随时更新 baggage。OpenTracing baggage API 的设计要对此负部分责任，因为它允许上下文状态可变，而不是要求写入时复制上下文。

在本地线程变量不可用的语言中，当使用没有考虑上下文传播的现成的日志 API 时，我们又回到了访问上下文的一般问题上。在理想情况下，我们希望看到 Go 语言中的日志 API 要求将上下文作为所有日志方法的第一个参数，这样该 API 的实现就可以将必要的元数据从上下文中拉取到日志字段中。这是目前一个活跃的设计领域，OpenCensus 项目希望引入上下文感知的日志 API。

在跟踪系统中捕获日志

因为 `docker-compose.yml` 文件包含 Jaeger 的 `all-in-one` 版本，我们可以使用它来查找之前在 Kibana 中发现的请求，方法是在 Jaeger 用户界面顶部的文本框中输入跟踪 ID（通常的访问地址是 http://localhost:16686/）（见图 11.11）。

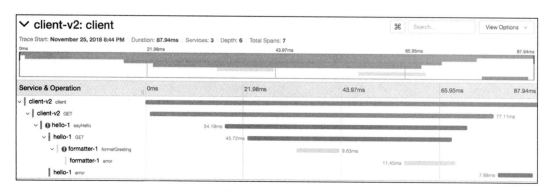

图 11.11　之前在 Kibana 中发现的请求的跟踪

OpenTracing-Spring Boot 集成的另外一个好处是，所有通过应用程序日志 API 生成的日志记录都会被自动附加到当前活动的 span 上（在我们使用的集成版本中，它只适用于 Logback 日志框架，并且可以通过应用程序属性开启和关闭）。如果在跟踪中扩展根 "client" span，则将看到四个日志：在 span 中更新 baggage 时 Jaeger 客户端生成两个，另外两个由 OpenTracing-Spring Boot 集成以类似的结构化格式添加（见图 11.12）。

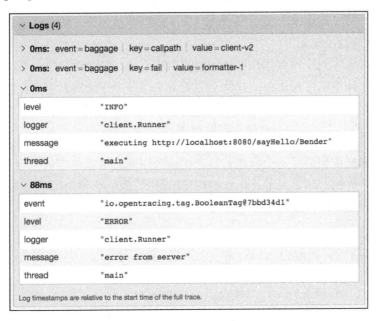

图 11.12 跟踪的根 span 中有四个 span 日志

如果你感兴趣，则可以在 GitHub 代码库 `opentracing-contrib/java-spring-cloud` 中的 `io.opentracing.contrib.spring.cloud.log` 包中找到用于此集成的 `SpanLogsAppender` 类。

尽管都是通过跟踪 ID 筛选的，但相比于通过 Kibana 观察相同的日志，在排查故障时把所有的日志语句都显示在跟踪视图的正确位置，可以提供更加翔实的信息和更好的体验。但这并不意味着所有的日志记录都必须被发送到跟踪后端：只要日志记录捕获到了 span ID，就可以通过跟踪用户界面把它们从日志后端延迟拉取过来。

这就引出了本章的最后一个主题。

是否需要单独的日志记录和跟踪后端

总而言之，将日志与跟踪上下文关联起来提供了以下好处：

- 可以通过跟踪 ID 在日志存储中搜索单个请求的日志。
- 可以使用许多组织中已经存在的丰富的基础设施来处理和聚合日志，从而获得聚合的一些可操作的洞见，然后进入单个跟踪继续深究，因为所有的日志都使用跟踪 ID 进行了标记。
- 可以在跟踪用户界面和日志存储之间构建集成，以便通过跟踪 ID 和 span ID 将日志拉取到跟踪可视化中，并将它们展示在跟踪中正确的上下文位置。
- 在某些情况下，比如在 OpenTracing-Spring Boot 集成的示例中，可以将日志消息作为 span 日志重定向存储在跟踪后端。

所有这些集成都回避了一个问题，日志记录和跟踪后端最初应该是分开的吗？毕竟，跟踪只是日志事件的一种更加专业化和结构化的形式。我们在第 10 章"分布式上下文传播"中讨论 Pivot Tracing 时，看到了以下查询：

```
FROM bytesRead IN DataNodeMetrics.incrBytesRead
JOIN client IN FIRST(ClientProtocols) ON client   bytesRead
GROUP BY client.procName
SELECT client.procName, SUM(bytesRead.delta)
```

在这个查询中没有任何内容与跟踪埋点关联；它只是应用程序生成的一系列事件和度量的表达式，具有因果连接（⇒）而已。如果能够针对各种埋点（例如，针对 bytesRead.delta 的度量可能来自结构化日志消息中的一个字段）所产生的事件表达这些查询，那就太好了（暂时忽略由 Pivot Tracing 执行的因果传播）。

另一个例子是来自 honeycomb.io 的服务，它收集原始的、丰富的、结构化的事件，并在此基础上提供查询、聚合和图表功能。只要事件捕获到一些因果关系（可以自动提供因果关系，正如你在本章中所看到的），就可以使用数据来构建时间序列和跟踪。在系统尺度的某个点上，需要对事件进行采样，因此 Honeycomb 提供的功能并不能完全消除对度量指标的需求（如果需要高精度的监控度量），但是，就复杂系统的故障排除和调试而言，日志记录和跟踪事件之间没有什么区别。

当然，在一些场景中，跟踪思想似乎并不真正适用于某些事件，例如应用程序的引导日志，这些日志没有被绑定到任何分布式事务。然而，即使在那个示例中，有人按下按钮启动部署，或者该服务的另一个实例停机导致这个实例重启，也仍有一些基于分布式概念的编排工作流，可以被建模为一个跟踪，以便了解其因果关系。在任何情况下，如果将所有日志都视为相等的事件，其中一些可能具有或不具有基于上下文的因果关系连接，那么它们之间的唯一区别就在我们如何分析这些事件上。

这些都不是特别明确的答案，但这是人们开始认真思考和谈论的一个话题，所以我们可以期待将来会有更好的答案。

总结

度量指标、日志和跟踪通常被称为"可观测性的三大支柱"，将这一术语对应于单独的某个工具或组合都有失偏颇，通过使用三个不同的供应商，许多软件组织都倾向于尝试所有这三个领域，但却没有为它们的系统带来更好的可观测性。

在本章中，我们讨论了度量指标和日志在被应用于分布式系统时如何缺乏研究和调试的功能，因为在它们的标准形式中，它们不知道分布式请求上下文，也不能为一次请求执行提供恰当的描述。我们展示了如何将这些工具与上下文传播和跟踪结合起来，从而增强它们解释系统行为的能力。

我们使用了一个简单的 Hello 应用程序来演示在实际中如何集成它们，并应用了在第 10 章"分布式上下文传播"中讨论的技术，例如，使用 OpenTracing baggage（上下文传播的一种形式）来传递故障注入指令，并使用累积的调用路径字符串对指标进行划分。

本章讨论了行业中度量指标和日志的上下文感知 API 的普遍缺乏，以及对它们的需求。虽然使用跟踪提供的上下文传播是一种可行的解决方案，但是如果有通用的、与工具无关的上下文传播 API（类似于我们在第 10 章"分布式上下文传播"中介绍的跟踪平面），那么开发上下文感知的监控 API 就会容易得多。

在下一章中，我们将把注意力完全集中在端到端跟踪上，并讨论一些数据挖掘技术，这些技术可用于从大量跟踪中获得关于应用程序的洞见。

参考资料

[1] Charity Majors. There are no three pillars of observability. 链接 1.

[2] Ben Sigelman. Three Pillars, Zero Answers: We Need to Rethink Observability. KubeCon + CloudNativeCon North America 2018. 链接 2.

[3] Prometheus: Monitoring system and time series database. 链接 3.

[4] M3: open source metrics platform built on M3DB, a distributed timeseries database. 链接 4.

[5] Tom Wilkie. The RED Method: key metrics for microservices architecture . 链接 5.

[6] Go kit: A toolkit for microservices. 链接 6.

12

通过数据挖掘提炼洞见

让我们以可能最令人兴奋的,以及对端到端跟踪实践者来说未来探索最有前景的领域的讨论来结束本书第 3 部分的学习。分布式跟踪数据提供了一个关于分布式系统的信息宝库。我们已经展示了,检测单个跟踪也是一个非常有洞察力的练习,通常可以帮助工程团队理解性能问题并确定根本原因。然而,由于采样概率低,以互联网规模运行的软件系统,每天可以记录数百万条甚至数十亿条跟踪。即使公司中的每个工程师每天都要查看一些跟踪信息,这也只占端到端跟踪后端收集的所有数据的一小部分。我们明明可以构建数据挖掘工具来处理所有这些数据,创建有用的聚合,采用发现模式、异常和相关性,并通过观察单个跟踪来提取一些不明显的洞见,但是却让这些数据的其余部分白白浪费掉,真是可

惜。

使用聚合非常重要的一个原因是避免被可能是异常值的一次性跟踪所误导。例如，如果发现一次跟踪中某个 span 的延迟非常高，那么是否值得进行研究和调试呢？如果它的延迟时间是 15s，但是该服务的总延迟时间的 99.9%仍然低于 1s，那该怎么办？我们也许会浪费数小时的时间来深究一个可能对系统**服务级别目标（Service Level Objective，SLO)**没有影响的随机异常值。从聚合开始进行研究，就像我们在第 9 章"跟踪的价值"中讨论的延迟直方图，将范围缩小到一些已知某个类表示的跟踪，是一个更好的工作流程。

在第 9 章"跟踪的价值"中，我们讨论了一些聚合数据的例子，例如深度依赖关系图、延迟直方图、跟踪特征提取等。对跟踪数据的批量分析是一个相对较新的领域，我们期待未来在博客文章和会议讨论中会出现更多的示例。通常，找出系统中异常行为的根本原因的过程是一个迭代过程，涉及定义一个假设，收集数据来证明或反驳它，然后转向另一个假设。在这个过程中，可以将预先的数据聚合作为一个起点，但是通常数据分析框架需要更大的灵活性，允许对模式进行探索，或者对特定情况或人的分析进行独特的假设。

在本章中，我们将讨论构建一个灵活的数据分析平台本身的原则，而不是侧重于使用数据挖掘生成的任何特定聚合或报告。我们将使用 Apache Flink 流框架构建一个简单的聚合，该框架将涵盖任何跟踪分析系统所需的架构的几个方面。我们还将讨论其他具有成熟跟踪基础设施的公司所采取的一些方法。

特征提取

聚合和数据挖掘方法的数量可能只受限于工程师的聪明才智。一种非常常见且相对容易实现的方法是"特征提取"。它指向一个进程，该进程接受完整的跟踪并计算一个或多个值，称为**特征**，特征是不可能从一个 span 计算出来的。特征提取可以显著地降低数据的复杂性，因为它不是处理 span 的一个大的**有向无环图（DAG）**，而是减少到处理每个跟踪的一条稀疏记录，并通过列来表示不同的特征。下面是一些跟踪特征的例子：

- 跟踪的总延迟。
- 跟踪开始时间。
- span 数量。
- 网络调用数。

- 根服务（入口点）及其端点名称。
- 客户端类型（Android 应用程序或 iOS 应用程序）。
- 延迟分解：CDN、后端、网络、存储等。
- 各种元数据：客户端调用的来源、处理请求的数据中心等。

由于特征是按每个跟踪计算的，并且几乎是实时的，所以还可以将它们视为时间序列，并用于监控趋势、提供警报等。Facebook 的分布式跟踪系统 Canopy[1]将提取的特征存储在一个分析数据库中，通过过滤和聚合多个特征维度的数据，可以进行更深入的探索性分析。

数据挖掘管道的组件

构建接近实时的跟踪数据挖掘可能有很多方法。在 Canopy 中，特征提取功能被直接构建在跟踪后端，而在 Jaeger 中，它可以通过后处理附加组件来完成，正如我们将在本章的代码练习中所做的那样。数据挖掘管道的高阶架构如图 12.1 所示。

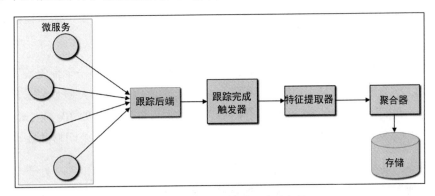

图 12.1　数据挖掘管道的高阶架构

- **跟踪后端**（Tracing backend），通常是跟踪基础设施，从分布式应用程序的微服务中收集跟踪数据。
- **跟踪完成触发器**（Trace completion trigger）做出判断，确定已接收到跟踪的所有 span，并准备好进行处理。
- **特征提取器**（Feature extractor）对每个跟踪执行实际计算。
- 可选的**聚合器**（Aggregator）将各个跟踪的特征组合成更小的数据集。
- **存储**（Storage）记录计算或聚合的结果。

在下面的内容中，我们将详细介绍每个组件的职责。

跟踪后端

数据管道需要跟踪数据源来进行处理，跟踪后端充当该数据源。在这种情况下，跟踪后端要做的是，从分布式应用程序的许多服务中异步地接收跟踪 span。span 的顺序通常是乱的，有时不是完全由于网络故障的原因，像 Jaeger 这样的后端只是将它接收到的所有 span 逐个地存入存储中，而不尝试推断 span 属于哪个跟踪，它只能在查询时重新组装完整的跟踪。

跟踪完成触发器

span 集合的这种随机性给数据挖掘带来了一个问题，因为很难知道给定跟踪的所有 span 是否都被跟踪后端接收和存储了。有些 span 可能是通过公共网络从移动设备传输过来的，移动设备分批处理这些 span 并定期发送它们，而不是在 span 完成后立即发送。跟踪完成触发器负责观察跟踪后端接收到的所有 span，并做出判断，确定跟踪是否准备好在数据挖掘管道中进行处理。这是一种判断，而不是一种决定，因为几乎不可能保证所有的 span 都已到达。跟踪系统使用各种启发式方法来帮助它们做出决策。

可能最常用和最简单的方法是在接收到第一个 span 之后，等待一个预先确定的时间间隔，以获取以前看不到的跟踪。例如，我们可能知道对应用程序的大多数请求都是在几秒钟内完成的。我们可以选择一个几乎适合所有请求的时间间隔，比如 30s 或 1min，然后在该时间过后声明跟踪已经完成。虽然这种方法很简单，但是它有几个明显的缺点：

- 网络，特别是移动网络，在质量上有很大的差异，所以可能有一小部分终端用户的延迟通常会超过 99%。如果所选择的等待窗口太小，则将错误地判断其请求的跟踪是完整的（假阳性）。
- 如果选择太大的时间窗口，以减少误报，那么数据挖掘管道的延迟将相应地增加。例如，如果管道正在对停机的根本原因分析进行有用的聚合，而时间窗口是 10min，那么轮值运维工程师必须在收到警报后等待 10min，才能使用来自管道的数据。
- 对于非常大的分布式系统，工作流在非常不同的时间尺度上运行是很常见的。例如，虽然许多基于 RPC 的工作流速度非常快（在最坏情况下是几秒钟），但是一些操作工作流，比如跨多个节点部署服务的新版本，可能需要几分钟甚至几小时。在这些情况下，单一的时间窗口阈值是不合适的。

还有其他启发式方法可以提高基于时间窗口的跟踪完成触发器的准确性，其中一些需要在从跟踪点接收回调的跟踪库中实现。例如，对于给定的父 span（在同一个进程中），保持创建多少个子 span 的跟踪，才允许在触发器中进行一些基本的完整性检查——是否已接收到所有这些子 span。跟踪完成触发器可以为较慢的工作流使用一个较大的时间窗口，而根据 DAG 的完整性检查，可以检测对短工作流的跟踪是否已经完成。

还可以向跟踪完成触发器提供关于先前观察到的系统行为的一些统计数据，这些数据是通过对历史数据进行另一轮数据挖掘收集的。统计数据可以显示每个服务的每个端点的延迟近似分布，这可以帮助触发器估计每个进行中的跟踪何时应该完成。也许，跟踪完成触发器可以使用机器学习来构建。

总之，如果我们想要做的事情超出一个简单的时间窗口等待时间，那么实现跟踪完成触发器并不是一项简单的任务。几乎任何实现都不会完全准确，并且都会有一个决策延迟的绝对最小值，因此在分析管道的后面阶段执行聚合时需要知道这一点。

特征提取器

特征提取器接收完整的跟踪信息，并运行业务逻辑来计算其中有用的特征。这些特征可以从简单的数值（如 span 总数）到更复杂的结构。例如，如果想要构建一个路径感知服务图（在第 9 章"跟踪的价值"中讨论过），那么对于每个跟踪，我们可能想要生成（路径，总数）对的集合。本章中的代码练习将生成前一种类型的特征：根据在跟踪图中找到的服务计算 span 总数。

特征提取器是大多数自定义逻辑所在的地方，它应该易于扩展以允许添加更多的计算。这些提取器之间的公共部分是将跟踪表示为 DAG 的数据模型。Canopy 的作者描述了一个特别设计的高阶跟踪模型，该模型由原始的跟踪数据构建，使得编写聚合和业务逻辑更加容易。

在理想情况下，模型还应该提供一些 API，以允许对跟踪 DAG 编写图形化查询。在某些情况下，用户可能只想从通过系统的所有跟踪的子集中提取特征，因此图形化查询也可以被用作过滤机制。

根据跟踪完成触发器的实现方式，如果一些分散的 span 到达后端的时间晚于第一次触发器触发的时间，那么触发器可能会触发不止一次。特征提取器可能需要处理这些情况。

聚合器

聚合器是一个可选组件。由于我们将丰富的 span 图缩减为一小组特征，因此将计算得到的特征集存储为每个跟踪的一条记录通常并不昂贵，特别是当底层存储直接支持聚合查询时。在这种情况下，聚合器是无任何额外操作的，它只是将每条记录传递给存储。

在其他情况下，存储每条记录可能过于昂贵或不必要。考虑一下我们在 Jaeger 用户界面中看到的服务图，该图的底层数据结构是 `DependencyLink` 记录的集合。例如，在 Go 语言中：

```
type DependencyLink struct {
    Parent      string  // parent service name (caller)
    Child       string  // child service name (callee)
    CallCount   uint64  // # of calls made via this link
}
```

可以为每个跟踪生成许多这样的连接记录。将它们保存在存储中并不重要，因为最终的服务图是一段时间内许多跟踪的聚合。这通常是聚合器组件的工作。对于服务图用例，它将按照（`parent,child`）对对许多跟踪的所有 `DependencyLink` 记录进行分组，并通过添加 `callCount` 值来聚合它们。输出是 `DependencyLink` 记录的集合，其中每个（`parent,child`）对只出现一次。调用聚合器，从跟踪中提取一组特征（在跟踪完成触发器之后），将数据累积到内存中，并在某个时间窗口（例如，每 15 分钟或任何适当的间隔）之后将其刷新到永久存储中。

特征提取练习

在这个代码示例中，我们将构建一个名为 `SpanCountJob` 的 Apache Flink 作业，用于从跟踪中提取基本特征。Apache Flink 是一个大数据实时流框架，非常适合处理跟踪后端收集的跟踪。其他流框架，如 Apache Spark 或 Apache Storm，也可以以类似的方式使用。所有这些框架都能很好地与消息队列基础设施协同工作；我们将为此使用 Apache Kafka。

自 1.8 版本以来，Jaeger 后端支持 Kafka 作为收集器接收的 span 的中间传输。**jaeger-ingester** 组件从 Kafka 流中读取 span，并将它们写入存储后端，在示例中是 **Elasticsearch**。图 12.2 显示了该练习的总体架构。通过使用 Jaeger 的这种部署模式，我们可以将跟踪信息输入 **Elasticsearch** 中，以便使用 Jaeger 用户界面单独查看它们，并且

Apache Flink 还会处理这些跟踪信息，以提取特征。特征记录被存储在相同的 **Elasticsearch** 中，我们可以使用 **Kibana** 用户界面查看它们并构建图表。

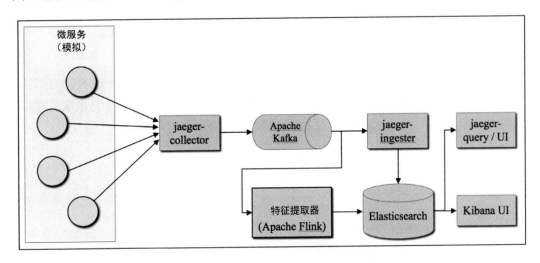

图 12.2 特征提取示例的架构

我们需要一个稳定的跟踪数据源，任何持续生成跟踪的应用程序都可以担任之。例如，第 11 章 "集成指标与日志" 中的 Hello 应用程序，它会反复运行客户端，甚至第 2 章 "跟踪一次 HotROD 之旅" 中的 HotROD 应用程序，它会在一个循环中运行 curl 命令。不过，这里我们将使用一个微服务模拟器，它可以模拟足够复杂的系统结构，这些结构可以被很容易地更改，以生成不同的跟踪。

特征提取作业将在它接收到的每个跟踪中计算每个服务的 span 数量，并将跟踪摘要记录写入 Elasticsearch 中。图 12.3 显示了其中一条记录在 Kibana 中的样子。它包括 traceId 字段、时间戳和 spanCounts 下嵌套的一组列，格式为{服务名称}::{端点名称}: {span 数量}。

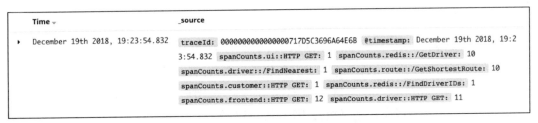

图 12.3 在 Kibana 中显示的跟踪摘要记录

虽然这个特征提取器非常简单，但是它可以作为数据挖掘管道的一个示例，并包含我们前面讨论的所有组件，除了聚合器（在本例中不需要聚合器）。

先决条件

正如你在图 12.2 中所看到的，我们需要运行相当多的组件来启动整个练习。幸运的是，大多数组件都可以在 Docker 容器中运行。我们需要直接运行的两个组件是微服务模拟器（通过 Go 语言）和 Apache Flink 特征提取作业（通过 Java 语言）。

本节提供有关设置环境和运行练习的说明。

项目源代码

Flink 作业的代码可以在本书源代码库的 `Chapter12/` 目录中找到。请参阅第 4 章"OpenTracing 的埋点基础"，了解如何下载它，然后切换到 `Chapter12` 目录，在那里可以运行所有示例代码。

应用程序的源代码组织结构如下：

```
Mastering-Distributed-Tracing/
  Chapter12/
    Makefile
    docker-compose.yml
    elasticsearch.yml
    es-create-mapping.json
    hotrod-original.json
    hotrod-reduced.json
    kibana.yml
    pom.xml
    src/
```

该项目只构建了一个 Java 制品，因此所有源代码都位于 `src/` 目录中。`docker-compose.yml` 文件用于启动其他组件：Jaeger 后端、Apache Kafka、Elasticsearch 和 Kibana。`elasticsearch.yml` 与 `kibana.yml` 分别是 Elasticsearch 和 Kibana 的配置文件。`hotrod*.json` 文件是微服务模拟器的属性文件。

在 Docker 中运行服务器

除了 Apache Flink 作业，本练习所需的所有组件都可以通过 `docker-compose` 运行：

```
$ docker-compose up -d
Creating network "chapter-12_default" with the default driver
Creating chapter-12_elasticsearch_1        ... done
Creating chapter-12_jaeger-ingester_1      ... done
Creating chapter-12_zookeeper_1            ... done
Creating chapter-12_jaeger-collector_1     ... done
Creating chapter-12_kafka_1                ... done
Creating chapter-12_jaeger_1               ... done
Creating chapter-12_kibana_1               ... done
```

我们通过传递 `-d` 标志来使所有内容都在后台运行。要检查它们是否正确启动，请使用 `ps` 命令：

```
$ docker-compose ps
     Name                           Command                      State
-------------------------------------------------------------------------
chapter-12_elasticsearch_1      /usr/local/bin/docker-entr ...    Up
chapter-12_jaeger-collector_1   /usr/local/bin/collect-linux ...  Up
chapter-12_jaeger-ingester_1    /go/bin/ ingester-linux           Up
chapter-12_jaeger_1             /go/bin/ query-linux              Up
chapter-12_kafka_1              /ect/confluent/docker/run         Up
chapter-12_kibana_1             /bin/bash /usr/local/bin/k ...    Up
chapter-12_zookeeper_1          /etc/confluent/docker/run         Up
```

有时候，Elasticsearch 和 Kafka 需要花很长时间才能完成启动过程（虽然 `ps` 命令报告它们正在运行）。最简单的检查方法是运行 `grep` 命令查看日志：

```
$ docker-compose logs | grep kibana_1 | tail -3
kibana_1           | {"type":"log","@timestamp":"2018-11-
25T19:10:37Z","tags":["warning","elasticsearch","admin"],"pid":1,"mes
sage":"Unable to revive connection: http://elasticsearch:9200/"}
kibana_1           | {"type":"log","@timestamp":"2018-11-
25T19:10:37Z","tags":["warning","elasticsearch","admin"],"pid":1,"mes
sage":"No living connections"}
```

```
kibana_1              | {"type":"log","@timestamp":"2018-11-
25T19:10:42Z","tags":["status","plugin:elasticsearch@6.2.3","info"],"
pid":1,"state":"green","message":"Status changed from red to green -
Ready","prevState":"red","prevMsg":"Unable to connect to
Elasticsearch at http://elasticsearch:9200."}
```

我们可以看到，前两条日志表明 Elasticsearch 还没有准备好，而最后一条日志报告状态为 green（绿色）。我们还可以通过 `http://localhost:5601/` 查看 Kibana 用户界面。

要检查 Kafka 是否正在运行，更容易的方法是搜索 `jaeger-collector`，它会一直重新启动，直到连接到 Kafka 代理：

```
$ docker-compose logs | grep collector_1 | tail -2
jaeger-collector_1   | {"level":"info","ts":1545266289.6151638,
"caller":"collector/main.go:151","msg":"Starting jaeger-collector
HTTP server","http-port":14268}
jaeger-collector_1   | {"level":"info","ts":1545266289.615701,"
caller":"healthcheck/handler.go:133","msg":"Health Check state
change","status":"ready"}
```

健康检查状态 ready 表明收集器已准备好写入 Kafka。

在 Elasticsearch 中定义索引映射

一旦开始运行特征提取作业，它就将数据写入 Elasticsearch 中的 `trace-summaries` 索引中。这些记录将包含一个名为 `@timestamp` 的字段，其中包含跟踪的起始时间，它是一个从 UNIX 诞生到现在的毫秒数。为了让 Elasticsearch 和 Kibana 将这个字段识别为时间戳，首先需要定义索引映射：

```
$ make es-create-mapping
curl \
        --header "Content-Type: application/json" \
        -X PUT \
        -d @es-create-mapping.json \
        http://127.0.0.1:9200/trace-summaries
{"acknowledged":true,"shards_acknowledged":true,"index":"trace-summaries"}
```

Java 开发环境

与第 4 章 "OpenTracing 的埋点基础" 中的示例类似，我们将需要 JDK 8 或更高版本。Maven 包装器将被检入，并可以根据需要下载 Maven。所包含的 `Makefile` 提供了一个帮助 target `run-span-count-job`，它启动 Flink 环境（小型集群）的一个本地实例并运行作业：

```
$ make run-span-count-job
./mvnw package exec:java -Dexec.mainClass=tracefeatures.SpanCountJob
[INFO] Scanning for projects...
 [... skip a lot of Maven logs ...]
INFO - Starting Flink Mini Cluster
 [... skip a lot of Flink logs ...]
INFO - Kafka version : 2.0.1
INFO - Kafka commitId : fa14705e51bd2ce5
INFO - Cluster ID: S2HliBxUS9WLh-6DrYLnNg
INFO - [Consumer clientId=consumer-8, groupId=tracefeatures]
Resetting offset for partition jaeger-spans-0 to offset 0.
INFO - Created Elasticsearch RestHighLevelClient connected to
[http://127.0.0.1:9200]
```

最后两行（你的顺序可能不同）表示作业已连接到 Kafka 代理和 Elasticsearch。我们可以让作业继续运行，并创建一些跟踪为它提供要处理的数据。

微服务模拟器

使用 Jaeger 埋点的任何应用程序都可以用于将数据提供给 Flink 作业。为了演示如何使用此作业监控趋势，我们需要一个可以生成连续负载并可以更改跟踪的应用程序，这样就可以在跟踪摘要中看到不同之处。我们将使用微服务模拟器 `microsim`，版本为 0.2.0。本章的源代码包括两个 JSON 文件，作为模拟 Jaeger 的 HotROD 演示应用程序的属性文件。让我们运行模拟器来生成跟踪。我们可以将它作为 Docker 镜像（推荐）运行，或者直接从源代码中运行它。

作为 Docker 镜像运行

`Makefile` 包含很多以 `microsim-`开头的 target，例如：

```
$ make microsim-help
docker run yurishkuro/microsim:0.2.0 -h
Usage of /microsim:
  -O    if present, print the config with defaults and exit
  -c string
        name of the simulation config or path to a JSON config file
(default "hotrod")
[...]
```

为了运行实际的模拟，我们使用 microsim-run-once target：

```
$ make microsim-run-once
docker run -v /Users/.../Chapter12:/ch12:ro --net host \
    yurishkuro/microsim:0.2.0 \
    -c /ch12/hotrod-original.json \
    -w 1 -r 1
{"Services": [long JSON skipped]
[...]
2018/12/19 20:31:16 services started
2018/12/19 20:31:19 started 1 test executors
2018/12/19 20:31:19 running 1 repeat(s)
2018/12/19 20:31:19 waiting for test executors to exit
```

在 docker run 命令中，我们要求在主机网络上运行程序，以便它可以通过 localhost 名称（这是 microsim 中的默认设置）定位 jaeger-collector。我们还将章节的源代码目录挂载到容器内的 /ch12 目录下，以便访问模拟属性文件。

从源代码中运行

模拟器是用 Go 语言实现的。它已经在 Go 1.11 版本中测试过，在以后的版本中应该也可以使用。请参阅 Go 安装说明文档。

下载源代码：

```
$ mkdir -p $GOPATH/src/github.com/yurishkuro
$ cd $GOPATH/src/github.com/yurishkuro
$ git clone https://github.com/yurishkuro/microsim.git microsim
```

```
$ cd microsim
$ git checkout v0.2.0
```

microsim 项目使用 dep 作为需要安装的依赖项管理器。在 macOS 上，可以通过 brew 安装：

```
$ brew install dep
$ brew upgrade dep
```

在安装 dep 后，下载项目依赖项：

```
$ dep ensure
```

现在你应该能够构建模拟器：

```
$ go install .
```

这将构建 microsim 二进制文件并将其安装在 $GOPATH/bin 目录下。如果把这个目录添加到 $PATH 中，则应该可以在任何目录下运行这个二进制文件：

```
$ microsim -h
Usage of microsim:
  -O    if present, print the config with defaults and exit
  -c string
        name of the simulation config or path to a JSON config file
[...]
```

现在尝试运行模拟器来生成跟踪：

```
$ microsim -c hotrod-original.json -w 1 -r 1
{"Services": [ . . . long JSON skipped . . . ]
[...]
2018/12/19 20:31:16 services started
2018/12/19 20:31:19 started 1 test executors
2018/12/19 20:31:19 running 1 repeat(s)
2018/12/19 20:31:19 waiting for test executors to exit
[...]
```

验证

如果现在查看正在运行 Flink 作业的终端，则应该会看到它生成了跟踪摘要，用日志行表示，如下所示：

```
3> tracefeatures.TraceSummary@639c06fa
```

在 Kibana 中定义索引模式

最后一个准备步骤是在 Kibana 中定义索引模式，使我们可以查询跟踪摘要和绘制趋势：

```
$ make kibana-create-index-pattern
curl -XPOST 'http://localhost:5601/api/saved_objects/index-pattern' \
    -H 'Content-Type: application/json' \
    -H 'kbn-version: 6.2.3' \
    -d '{"attributes":{"title":"trace-summaries",
         "timeFieldName":"@timestamp"}}'
{"id":"...", "type":"index-pattern", "updated_at":"...", "version":1,
"attributes":{"title":"trace-
summaries","timeFieldName":"@timestamp"}}
```

你也可以在 Kibana 用户界面中手动完成以上工作。访问 `http://localhost:5601/` 并单击侧边栏菜单中的 **Discover** 项。它将要求创建索引模式，并显示在 Elasticsearch 中找到的三个索引：两个索引是在存储原始 span 时由 Jaeger 创建的，`trace-summaries` 索引是由 Flink 作业创建的（见图 12.4）。

在 **Index pattern** 文本框中输入 `trace-summaries`，然后单击 **Next step** 按钮。在下一个页面中，打开 **Time Filter field name** 下拉菜单，并选择 **@timestamp** 字段，然后单击 **Create index pattern** 按钮。Kibana 将创建一个索引，并显示它在保存的跟踪摘要记录中发现的所有字段的表，包括 span 计数字段，如 `spanCounts.frontend::/dispatch` 或 `spanCounts.frontend::HTTP GET`。

在创建索引模式之后，我们可以在 **Discover** 选项卡中查看跟踪摘要记录，应该会看到类似于图 12.3 所示的条目。

12 通过数据挖掘提炼洞见

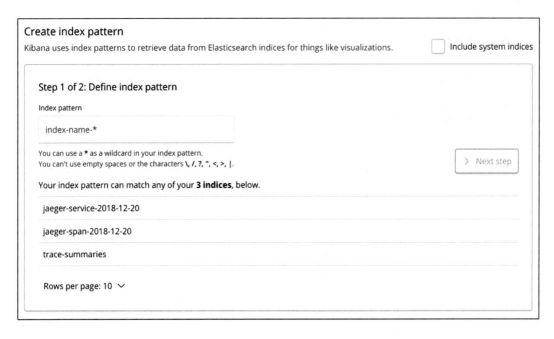

图 12.4　在 Kibana 中创建索引模式

span 计数作业

让我们看看 `SpanCountJob` 是如何实现的。Jaeger 收集器将 span 以 Protobuf 格式写入 Kafka 中，因此我们需要一种方法来解析它们。`io.jaegertracing.api_v2` 包是由 Protobuf 编译器从 Jaeger 代码库（在 Jaeger v1.8 中路径为 `model/proto/model.proto`）中找到的 IDL 文件自动生成的。在 Flink 中使用 Protobuf 生成的类不是特别方便，所以在 `model` 包中定义了一个简化的跟踪模型，它只包含为了计算 span 数量所需的 span 数据：

```
public class Span implements Serializable {
    public String traceId;
    public String spanId;
    public String serviceName;
    public String operationName;
    public long startTimeMillis;
    public Map<String, String> tags;
}
```

`model.ProtoUnmarshaler` 类用于把基于 Protobuf 模型的 span 转换成简化的 `Span` 类型，然后将这些 span 聚合成 `Trace` 类型：

```
public class Trace {
    public String traceId;
    public Collection<Span> spans;
}
```

如前所述，这需要等待给定跟踪的所有 span 从所有参与的微服务中到达跟踪后端。因此，作业的第一部分使用一个简单的时间窗口策略来实现跟踪完成触发器，即等待 5s（在本地模拟中，通常等待不需要超过 5s）。然后作业执行特征提取并生成跟踪摘要：

```
public class TraceSummary implements Serializable {
    public String traceId;
    public long startTimeMillis;
    public Map<String, Integer> spanCounts;
    public String testName;
}
```

将跟踪摘要转换成 JSON 数据,并由 `ESSink` 类存储在 Elasticsearch 中。

让我们看看 `SpanCountJob` 本身的代码。它首先将数据源定义为 Kafka 消费者:

```
Properties properties = new Properties();
properties.setProperty("bootstrap.servers", "localhost:9092");
properties.setProperty("group.id", "tracefeatures");

FlinkKafkaConsumer<Span> consumer = new FlinkKafkaConsumer<>(
    "jaeger-spans",
    new ProtoUnmarshaler(), properties);

// replay Kafka stream from beginning, useful for testing
consumer.setStartFromEarliest();
```

在这里,我们通过属性向 `FlinkKafkaConsumer` 提供 Kafka 代理的地址,`FlinkKafkaConsumer` 是 Flink 发行版的标准组件。我们告诉它从 Kafka 主题 `jaeger-spans` 中读取数据,并传递 `ProtoUnmarshaler`,它将 Protobuf 数据转换为 `model.Span` 类型。出于测试目的,我们还指示它在每次运行时都从主题的开头开始消费数据。在生产环境设置中,需要删除该指令。

作业的主要内容包括以下五项:

```
DataStream<Span> spans = env.addSource(consumer).name("spans");

DataStream<Trace> traces = aggregateSpansToTraces(spans);
DataStream<TraceSummary> spanCounts = countSpansByService(traces);

spanCounts.print();
spanCounts.addSink(ESSink.build());
```

`aggregateSpansToTraces()` 函数充当跟踪完成触发器的角色,`countSpansByService()` 函数包含特征提取逻辑。让我们分别来看看。

跟踪完成触发器

```
private static Time traceSessionWindow = Time.seconds(5);
```

```
private static DataStream<Trace> aggregateSpansToTraces(
        DataStream<Span> spans
){
    return spans
        .keyBy((KeySelector<Span, String>) span -> span.traceId)
        .window(
            ProcessingTimeSessionWindows
                .withGap(traceSessionWindow)
        )
        .apply(new WindowFunction<Span, Trace, String, TimeWindow>() {
            @Override
            public void apply(
                String traceId, TimeWindow window,
                Iterable<Span> spans, Collector<Trace> out
            ) throws Exception {
                List<Span> spanList = new ArrayList<>();
                spans.forEach(spanList::add);

                Trace trace = new Trace();
                trace.traceId = traceId;
                trace.spans = spanList;
                out.collect(trace);
            }
        });
}
```

它看起来有点忙，但实际上主要的魔法在于前两个流函数。keyBy()告诉Flink按指定的键(在这个示例中是跟踪ID)对所有传入的记录进行分组；这个函数的输出是一个span组流，其中每个组都是具有相同跟踪ID的span。window()函数强制让每个组中的span累积持续一段时间。Flink有不同的时间概念(**处理时间**、**事件时间**和**摄入时间**)，每个概念对作业的行为都有不同的含义。

这里我们使用的是处理时间，这意味着所有基于时间的函数，例如窗口函数，都使用执行相应操作的机器上的当前系统时钟作为记录的时间戳。另一种选择是使用事件时间，定义每个事件在其设备上发生的时间。由于span有开始时间和结束时间，因此使用哪个时间戳作为事件时间存在不确定性。更重要的是，机器和产生原始span的设备之间会存在时钟偏差，特别是在移动设备中。我们通常不希望流处理依赖这些时间戳，所以使用了处理时间。

我们也可以使用摄入时间，这意味着每条记录都被分配了一个与执行源函数（记录进入 Flink 作业的位置）的机器的当前系统时钟相等的时间戳。在这个示例中，我们在单节点集群上运行只有一个窗口函数的作业，因此使用摄入时间将等同于使用处理时间。

在跟踪完成触发器上使用处理时间进行操作的一个缺点是当作业遇到延迟时，可能是由于某种原因停机了几小时。当它再次启动并恢复对 Kafka 主题的处理时，Kafka 中将有大量的 span 需要它处理。这些 span 会以正常的速度到达 Kafka，但是当作业的工作赶上时，它可能会更快地读取它们，因此它们的处理时间的间隔会比正常操作时要近得多。作业可能需要在内存中保存更多的数据，因为所有的记录时间戳都将聚集在时间窗口的开始处，但是作业必须等待一个完整的窗口间隔，同时处理积压的大量数据。

我们使用的第二个窗口策略是"会话窗口"。与 Flink 中支持的其他类型的窗口不同，会话窗口的长度不是固定的。相反，它们对活动即具有相同键的新 span 非常敏感。在选定的时间概念中，如果会话窗口在指定的时间间隔内没有接收到新事件，那么它将关闭。在这个例子中，由于使用的是处理时间，所以根据系统时钟，对于给定的跟踪，如果没有新的 span 到达，则时间是 5s。这种方法缓解了本章前面讨论的固定大小窗口存在的一些问题。

一旦窗口关闭，就将调用聚合窗口函数 `WindowFunction`。在这个函数中，我们接收到一个 span 流（由于前面的 `keyBy` 函数，它们具有相同的跟踪 ID），并将它们转换为 `Trace` 对象。因此，跟踪完成触发器的输出是一个 `Trace` 对象流，可以对其进行处理和聚合。如果想要部署不同类型的特征提取作业，那么第一部分在这些作业中很常见。

作业的第一阶段有一个隐含的成本，它并不明显，因为代码的简单性有点误导人。窗口函数不执行任何增量聚合；相反，它们将所有的 `model.Span` 对象存储在内存中，直到窗口关闭。在实际的生产环境中，Flink 可以跨多个处理节点对工作进行分区，这样节点就不会耗尽内存了。为了避免在节点失败时丢失数据，Flink 支持检查点，允许它将所有内存中的中间状态保存到持久存储中。这就是事情可能变得昂贵的地方，特别是如果设计数据管道的方式是每个新特征提取都需要一个单独的 Flink 作业——这些作业中的每一个都将实现跟踪完成触发器，那么就需要占用大量的内存和检查点。

另一种选择是在进行窗口聚合之前丢弃大部分 span 数据，只保留跟踪 ID 和 span ID。

这将需要更少的内存和更少的检查点数据量。

在窗口关闭后，可以将跟踪 ID（以及可选的一组 span ID）从单个作业发送到另一个 Kafka 主题，表明给定的跟踪已经完成，可以进行处理了。许多其他具有实际特征提取逻辑的 Flink 作业都可以使用这个次要主题。

特征提取器

第二个函数 countSpansByService() 包含实际的特征提取逻辑。

```
private static DataStream<TraceSummary> countSpansByService(
    DataStream<Trace> traces
){
    return traces.map(SpanCountJob::traceToSummary);
}
```

该函数本身非常简单，因为它委托另一个函数将 Trace 转换为 TraceSummary：

```
private static TraceSummary traceToSummary(Trace trace) throws Exception {
    Map<String, Integer> counts = new HashMap<>();
    long startTime = 0;
    String testName = null;
    for (Span span : trace.spans) {
        String opKey = span.serviceName + "::" + span.operationName;
        Integer count = counts.get(opKey);
        if (count == null) {
            count = 1;
        } else {
            count += 1;
        }
        counts.put(opKey, count);
        if (startTime == 0 || startTime > span.startTimeMicros) {
            startTime = span.startTimeMicros;
        }
        String v = span.tags.get("test_name");
        if (v != null) {
            testName = v;
```

```
        }
    }
    TraceSummary summary = new TraceSummary();
    summary.traceId = trace.traceId;
    summary.spanCounts = counts;
    summary.startTimeMillis = startTime / 1000; // to milliseconds
    summary.testName = testName;
    return summary;
}
```

在这里，我们看到特征提取可以相当简单。计算 span 数量不需要建立 span 的 DAG，我们只需要遍历所有的 span 并构建服务或操作到计数的映射。我们还计算了跨越所有 span 的最小时间戳，并将其指定为跟踪时间戳，这允许将服务的 span 计数可视化为时间序列。

观测趋势

现在我们已经运行了作业并理解了它在做什么，接下来让我们做些实验。使用带有微服务模拟器属性的两个 JSON 文件，来模拟我们在第 2 章 "跟踪一次 HotROD 之旅" 中介绍的 HotROD 演示应用程序的结构。第二个属性文件 `hotrod-reduced.json` 几乎与 `hotrod-original.json` 相同，除了模拟器被设置为只调用 5 次 route 服务，而不是通常的 10 次。这个差异会影响到 SpanCountJob。要做这个实验，需要让模拟器以原始属性运行几分钟：

```
$ make microsim-run-original
docker run -v /Users/.../Chapter12:/ch12:ro --net host \
    yurishkuro/microsim:0.2.0 \
    -c /ch12/hotrod-original.json \
    -w 1 -s 500ms -d 5m
[...]
2018/12/23 20:34:07 services started
2018/12/23 20:34:10 started 1 test executors
2018/12/23 20:34:10 running for 5m0s
```

如果你在本地建立了 microsim 二进制文件，则可以运行：

```
$ microsim -c hotrod-original.json -w 1 -s 500ms -d 5m
```

在这里，我们告诉模拟器运行单个 worker（`-w 1`）5 分钟（`-d 5m`），并在执行每个请求后休眠半秒（`-s 500ms`）。如果你查看正在运行 Flink 作业的终端，则应该会看到作业在打印它生成的跟踪摘要行：

```
3> tracefeatures.TraceSummary@4a606618
3> tracefeatures.TraceSummary@5e8133b
4> tracefeatures.TraceSummary@1fb010c3
1> tracefeatures.TraceSummary@147c488
3> tracefeatures.TraceSummary@41e0234e
2> tracefeatures.TraceSummary@5bfbadd2
3> tracefeatures.TraceSummary@4d7bb0a4
```

如果进入 Kibana 中的 **Discover** 页面，单击右上角的时间范围并选择 **Quick | Last 15 minutes**，则应该会看到存储在索引中的跟踪摘要示例（见图 12.5）。

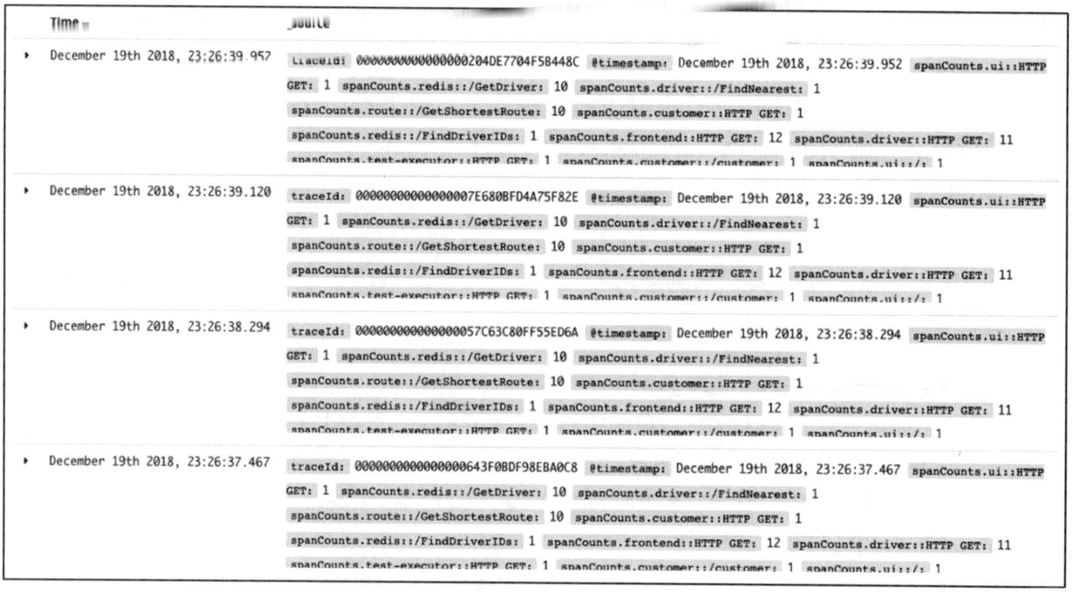

图 12.5　Kibana 中的跟踪摘要示例

模拟器第一次运行完成后，以 `reduced` 属性进行第二次运行：

```
$ make microsim-run-reduced
docker run -v /Users/.../chapter-12:/ch12:ro --net host \
    yurishkuro/microsim:0.2.0 \
```

```
      -c /ch12/hotrod-reduced.json \
      -w 1 -s 500ms -d 5m
[...]
2018/12/23 20:34:07 services started
2018/12/23 20:34:10 started 1 test executors
2018/12/23 20:34:10 running for 5m0s
```

或者使用在本地建立的二进制文件：

```
$ microsim -c hotrod-reduced.json -w 1 -s 500ms -d 5m
```

在第二次运行之后，我们可以绘制 route 服务的平均 span 计数的变化趋势。为了节省时间，这里提供了一个名为 kibana-dashboard.json 的文件，其包含预先做好的仪表板配置。请遵循以下流程把它导入一个全新安装的 Kibana 中：

1. 确保按照"先决条件"部分所描述的，通过运行 make kibana-create-index-pattern 创建 trace-summaries 索引模式。

2. 访问 http://localhost:5601/，打开一个新的 Kibana。

3. 转到 **Management**，然后是 **Saved Objects**。你应该看到三个选项卡：**Dashboards**、**Searches** 和 **Visualizations**，所有选项卡中的计数都为 0。

4. 单击右上角的 **Import** 按钮，选择 kibana-dashboard.json 文件，然后单击 **Yes, overwrite all objects** 确认。

5. 可能会弹出一个 **Index Patterns Conflict** 窗口，它提供将要导入的对象与 trace-summaries 索引模式相关联。单击 **Confirm all changes**。

6. 现在，刷新 **Dashboards**、**Searches** 和 **Visualizations** 三个选项卡，每个选项卡中都应该显示"1"的计数。

7. 从左侧菜单中选择 **Dashboard** 项，并选择新导入的名为 **Trends** 的仪表板。你应该看到一个包含两个面板的仪表板：左边是一个图表，右边是一个跟踪摘要列表。你可能需要调整右上角的时间间隔来查看数据。

如果上述导入过程对你不起作用，请不要丧失信心；手工重建很容易。为此，单击侧边栏菜单中的 **Visualize** 项，你应该看到一个带有 **Create a visualization** 按钮的空页面。单击这个按钮，在下一个页面中，从 **Basic Charts** 中选择 **Line** 图表类型。

Kibana 将询问你是否想从新搜索或保存的搜索中创建可视化。在新搜索下选择 **trace-summaries** 索引，Kibana 将在左侧打开一个空的图表视图和一个侧面板，你可以在其中指定参数。请确保在面板的 **Data** 选项卡中，并在 **Metrics/Y-Axis** 部分指定以下值：

- **Aggregation**：Average。
- **Field**：spanCounts.route::/GetShortestRoute。

接下来在 **Buckets** 部分，从表中选择 **X-Axis** 作为 bucket 类型，并为 **Aggregation** 选择 **Date Histogram**。**Field** 和 **Interval** 应该自动填充为 **@timestamp** 和 **Auto**（见图 12.6）。单击运行按钮（侧边栏顶部带有白色三角形的蓝色正方形），你应该会看到类似于图 12.7 所示的图表。如果你没有看到任何数据点，则请确保右上角的时间范围选择器对应于运行模拟时的时间。

图 12.6　在 Kibana 中指定折线图参数

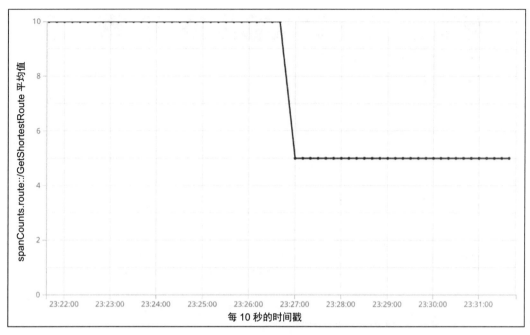

图 12.7　route 服务、/GetShortestRoute 端点的每个跟踪的平均 span 计数趋势图

当然,图表本身不是特别令人兴奋,也不是非常令人期待:我们更改了模拟属性文件,每个跟踪调用 route 服务 5 次,而不是 10 次,这正是在图表中所看到的。但是,如果在生产环境中使用这种技术,它可以提供强大的回归检测功能。我们为这个练习选择了一个非常容易实现的特征,从跟踪中也可以提取很多更有趣的特征。

如果连续地以时间序列的形式捕获这些特征,那么就可以对它们运行异常检测算法,并创建警报,以查明分布式系统中的重要问题。更重要的是,跟踪摘要可以使用来自跟踪的各种元数据甚至属性(如客户账户、用户名等)来充实。例如,microsim 程序将测试配置的名称作为根 span 上的标记记录下来,如 test_name = "/ch12/hotrod-original.json"(见图 12.8)。

特征提取器(SpanCountJob 类的一部分)已经将这个标记提取到 TraceSummary 的 testName 字段中。

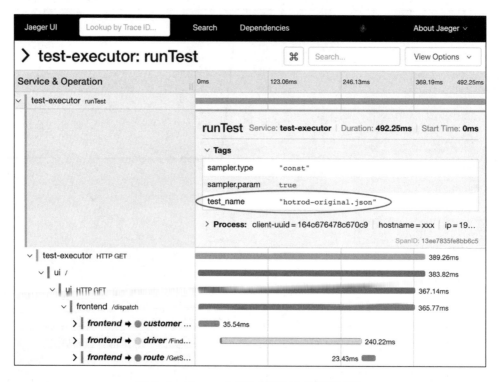

图 12.8 根 span 上作为标记包含的测试名称

让我们做另一个实验：同时运行两个配置版本的 `microsim`。例如，在另外一个终端窗口中执行 make 命令（或者直接运行二进制文件）：

```
$ make microsim-run-original
$ make microsim-run-reduced
```

在模拟完成后，刷新之前的图表（可能需要调整时间窗口）。现在平均 span 计数在 7.5 附近振荡，7.5 是以大致相似的速度处理的两个跟踪流的 10 和 5 的平均值，由于时间桶的不完全对齐而引入了一些随机性（见图 12.9）。

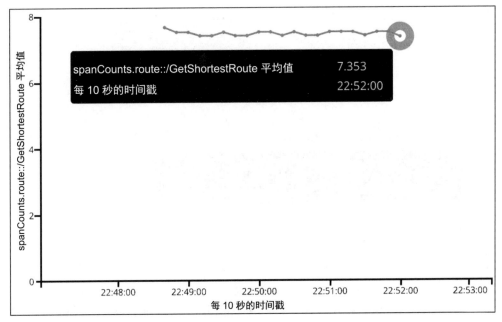

图 12.9 当并行运行两个模拟时,每个跟踪的 GetShortestRoute span 平均计数

因为我们期望正常的平均值是 10,所以这个时间序列表示系统中存在一些问题。但是,它并没有指出根本原因,也就是说,还有另一个模拟在运行不同模式的调用图。幸运的是,因为跟踪摘要包含 testName 特征,所以可以使用它对跟踪摘要进行分组,并将它们可视化为两个不同的时间序列,每个模拟一个。

要在 Kibana 中做到这一点,请从左边的侧边栏菜单中导航到 **Visualize** 页面。如果从提供的 JSON 文件加载仪表板,则从列表中选择 GetShortestRoute 图表。如果是手动创建它的,则应该在 **Buckets/X-Axis** 下看到图表编辑选项:

- 单击 **Add sub-buckets** 按钮。
- 选择 **Split Series** 作为 bucket 类型。
- 对于 **Sub Aggregation**,请在下拉列表的末尾选择 **Term**。
- 对于 **Field**,选择 **testName**。

通过单击带有白色三角形的蓝色正方形应用更改。对于 original 和 reduced 模拟配置,Kibana 应该在 Y 轴的 10 和 5 级别分别显示两条完美的水平线(见图 12.10)。GetShortestRoute span 平均计数下降的根本原因现在很明显。

图 12.10　由 testName 属性划分的每个跟踪的 GetShortestRoute span 平均计数

最后一个示例非常类似于许多公司在监控领域吹捧的功能，这些功能允许从不同的元数据源按多个维度划分监控时间序列。这里我们也做了相同的工作，但是使用的是由跟踪特征构建的时间序列，其中一些（`testName` 属性）被用作分组的维度。因此，通过将原始形式的跟踪摘要保存在能够满足分析查询的存储中，为工程师提出的假设开辟了很多探索的可能性。

在这里实现的特征提取的另一个好处是，它很容易从趋势中出现的异常现象导航到样本跟踪。我们可以在第一个练习中选择异常周围的时间范围（见图 12.7），也就是说，通过在图表上水平拖动鼠标（一种称为 **brush select** 的技术），可以获得对 `route` 服务的 5 次调用，而不是 10 次调用。

如果使用仪表板，则跟踪摘要将显示在右侧的面板中，否则切换到 **Discover** 选项卡来查找它们。复制其中的一个跟踪 ID，并用它在 Jaeger 用户界面中查找跟踪，例如 `http://localhost:16686/trace/942cfb8e139a847`（需要把跟踪摘要中包括的 `traceId` 前面的 0 去掉）。

如图 12.11 所示，跟踪显示从 `frontend` 服务到 `route` 服务只有 5 次调用，而不是通常的 10 次。如果有一个更集成的用户界面，而不是现成的 Kibana 用户界面，则可以使这个从图表到跟踪视图的导航完全无缝。使用 Elasticsearch 作为备份存储，用于生成图表的查询是一个计算每个时间桶的平均值的聚合查询，我不确定是否有方法让 Elasticsearch 返回样本文档 ID（在示例中是跟踪 ID）作为聚合桶的示例。

图 12.11　Jaeger 用户界面中的样本跟踪，显示了对 route 服务的异常调用次数（5 次）

谨防推断

根据前面讨论的技术得出的结论存在一个潜在的问题。在大规模系统中，采用低采样概率的分布式跟踪是非常普遍的。Dapper 论文提到谷歌采样跟踪的概率为 0.1%，而从与谷歌开发者的对话中可知，它采样跟踪的概率可能更小，仅为 0.01%。

当构建特征提取和聚合时，我们可以对生产环境系统中请求的完整分布做出某些统计，但是这是基于被采样的事务占比非常小的情况。在统计学中有一条众所周知的规律，即样本量越小，误差幅度越大。

从统计学上讲，我们如何知道通过数据挖掘得到的数据不全是垃圾数据呢？遗憾的是，这里没有简单的公式，因为结果的统计显著性不仅取决于样本量，还取决于我们试图用数据来回答的问题，即假设。我们可能不需要非常精确的数据来验证假设，但是应该知道误差的范围，并决定它是否可以接受。我的建议是针对特定的用例向你的数据科学家寻求帮助。

幸运的是，大多数公司的运营规模都不及谷歌或 Facebook，并且可能提供了更高的跟踪采样率。它们还可能容忍我们在第 8 章"关于采样"中讨论的基于尾部的采样方法的性能开销。基于尾部的采样为数据挖掘开辟了新的可能性，因为它需要在采样之前在收集器的内存中保留完整的跟踪。在这些收集器中构建基础设施，在满足所有请求的情况下，运行与收集相符的特征提取器，可以保证非常准确的结果。

历史分析

到目前为止，我们只讨论了跟踪数据的实时分析。偶尔，对历史跟踪数据进行相同的分析可能很有用，但前提是它在数据存储的保留期内。例如，如果我们提出一种新的聚合类型，那么前面讨论的流作业只会为新数据开始生成它，这样就没有进行比较的基础了。

幸运的是，大数据框架都很灵活，提供了许多方法来分析数据来源，包括从数据库、HDFS 或其他类型的冷热存储中读取数据。Flink 的文档特别指出，它完全兼容 Hadoop MapReduce API，并且可以使用 Hadoop 输入格式作为数据源。因此，我们可以使用在这里实现的相同的作业，只是给它配置一个不同的数据源来处理历史数据集。

在撰写本书时，虽然这些集成是可能的，但是跟踪分析算法的开源实现并不多。Uber 的 Jaeger 团队正在积极开发这样的工具，还有来自其他开源项目的团队，如 Expedia 的 Haystack。

实时分析

2018 年 10 月，来自 Facebook 的跟踪团队成员在 Distributed Tracing-NYC 会议[2]上做了一次演讲，他们谈到了其跟踪系统 Canopy 的一个新方向。虽然不是基于 Apache Flink 等开源技术，但是 Canopy 的特征提取框架在概念上与我们在本章中介绍的方法相似。

用于构建新特征提取的 API 向所有的 Facebook 工程师开放，但是它通常有一条陡峭的学习曲线，并且需要对整个跟踪基础设施及其数据模型有相当深入的了解。更重要的是，新的特征提取器必须作为 Canopy 本身的一部分被部署在生产环境中，这意味着 Canopy 团队仍然必须深入地参与代码评审和部署新的分析算法。最后，特征提取主要被用于处理实时数据，而不是历史数据。所有这些都在流程上造成了足够多的障碍，使得特征提取和数据挖掘不是那么容易上手，对于 Facebook 的普通工程师来说，作为性能研究平台也不特别具有吸引力。

团队意识到需要使工具民主化，并将自己从开发新的数据分析算法的关键路径中解放出来。他们发现有三类数据分析：

- **使用小数据集进行实验**：当某人有一个新特征的想法时，是不容易得到准确的计算或算法来做第一次正确的尝试的。在大型数据集上运行迭代实验也很费时。在理想情况下，工程师应该有一个类似于游乐场的地方，在那里他们可以在小型生产数据集上尝试各种算法，以证明他们从一个新特征中得到了一些有用的信号。
- **使用历史数据集进行实验**：一旦工程师对小规模的实验感到满意，他们可能就希望在更大的跟踪历史数据集上运行这些实验，以验证新算法或新特征是否仍然有效。也就是说，这不仅仅是一个小样本才具有的特例。在理想情况下，历史实验可以使用与第一步中开发的相同的代码来运行。
- **作为流式作业永久性部署**：如果在大型历史数据集上运行实验后，工程师仍然观察到可以从新的特征提取中获取有用的信号，那么他们可能就要将它部署在生产环境中，从而作为实时流作业连续运行，为未来所有的跟踪计算功能、开始观测趋势、定义警报等。同样，在理想情况下，他们应该能够使用与前两个步骤相同的代码来完成。

Facebook 团队认为，支持 Python 与 Jupyter Notebook 是其获得工程师和数据科学家更广泛采用的最佳方式。Canopy 的前一个版本使用自定义的**领域特定语言（DSL）**来描述特征提取规则。例如，这是一个计算在浏览器中渲染页面所需时间的程序：

```
BrowserThread = ExecUnits() | Filter(name='client')
Begin = BrowserThread() | Points() | First()
End = BrowserThread() | Points() | Filter(marker='display_done')
How_long = End | Timestamp() | Subtract(Begin) | Timestamp()
  | Record('duration')
```

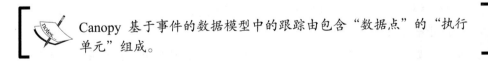

Canopy 基于事件的数据模型中的跟踪由包含"数据点"的"执行单元"组成。

DSL 很难学习，生成的代码也很难由工程团队维护，通常需要跟踪团队的参与。相反，Python 是一种大众语言，在数据科学家中非常流行，用 Python 表示的特征提取代码更容易理解和维护。演讲者没有展示与前面程序等价的 Python 函数；不过，它看起来可能是这样的：

```python
def browser_time_to_display(trace):
    browser_thread = trace.execution_units[attr.name == 'client']
    begin = browser_thread.points[0]
    end = browser_thread.points[attr.marker == 'display_done']
    return end.timestamp - begin.timestamp
```

下面是 Facebook 团队提供的一个程序的例子，它计算了跟踪中昂贵的（超过 10s）数据库调用数量：

```python
def count_expensive_db_calls(trace):
    count = 0
    for execution_unit in trace.execution_units:
        if execution_unit.db_duration_ms > 10000:
            count += 1
    return count
```

工程师可以使用这个程序来研究单个或一小组跟踪，例如，在 Jupyter Notebook 上运行它。然后，可以针对大量历史数据以批处理模式运行相同的程序，以验证关于性能问题的假设。Facebook 拥有类似于 AWS Lambda 或 Serverless 计算的内部基础设施，这使得在大型数据集上运行 Python 程序非常容易。

最后，如果工程师认为这个特征值得持续监控和告警，那么就可以将相同的代码部署为流作业。

Facebook 跟踪团队表示，通过开发这个数据分析平台，其学到了一些重要的经验：

- Facebook 的工程师有非常有趣的想法和工具，他们想把这些想法和工具应用到跟踪数据上。
- 然而，跟踪本身可能很难理解和操作，特别是随着越来越多的系统被埋点，跟踪变得非常庞大，包括成千上万个数据点。
- 跟踪涵盖了非常广泛的工作流和异构应用程序，从移动应用程序和浏览器，到存储和消息通信后端。建立一个单一的"一站式"工具通常是不可能的，或者至少是没有生产力的。这样的工具可能非常复杂，只有能力非常强的用户才能理解它。
- 通过允许对跟踪进行简单的编程访问，包括通过 Jupyter Notebook 等方便地探索和可视化框架，基础设施团队将自己从数据分析的关键路径中解放出来，让其他工程师利用他们的领域知识和创造力建立非常具体的数据分析工具，以解决正确的问题。

总结

尽管分布式跟踪在软件工程中仍然是一个新鲜事物，但是开源世界正在大步前进，任何人都可以使用免费的跟踪基础设施，从通过 OpenTracing、OpenCensus 和 W3C Trace Context 等项目收集数据，到通过 Jaeger、Zipkin、SkyWalking 和 Haystack 等许多开源跟踪后端存储和处理数据。随着跟踪基础设施逐渐商用，数据挖掘与数据分析将成为跟踪领域下一步研究和开发的主要重点领域。

在本章中，我们介绍了基于跟踪数据构建数据分析工具的一些基本技术，也探讨了一些挑战，比如跟踪完成触发器，还没有完美的解决方案。

我们完成了构建一个特征提取框架和一个样本 span 计数作业的练习，该作业可作为一个全功能平台的基础。

最后，我们介绍了来自 Facebook 跟踪团队的一个非常有前景的方法，其支持"写一次，运行多次"的实时分析，为其他工程师提供了一个平台，构建用于跟踪数据探索的领域特定工具。

在下一章中，我们将着重解决在运行复杂的分布式系统的大型组织中，部署跟踪基础设施所遇到的一些组织上的挑战。

参考资料

[1] Jonathan Kaldor, Jonathan Mace, Michał Bejda, Edison Gao, Wiktor Kuropatwa, Joe O'Neill, Kian Win Ong, Bill Schaller, Pingjia Shan, Brendan Viscomi, Vinod Venkataraman, Kaushik Veeraraghavan, Yee Jiun Song. Canopy: An End-to-End Performance Tracing and Analysis System, Symposium on Operating Systems Principles, October 2017.

[2] Edison Gao and Michael Bevilacqua-Linn. Tracing and Trace Processing at Facebook. Presented at Distributed Tracing NYC meetup, October 23, 2018. 链接 1.

IV

部署和维护跟踪基础设施

13

在大型组织中实施跟踪

"这些和其他的陈词滥调将足够让我为你们再提供一天的培训。"

—— Col. O'Neill, Stargate SG-1

我们已经读到了本书的最后一部分。希望到目前为止,你已经确信端到端跟踪是自己的武器库中用于监控和管理复杂的分布式系统性能的一个非常宝贵且必须拥有的工具。本书的第 2 部分和第 3 部分主要是针对分布式跟踪的用户,涵盖了从如何给应用程序埋点,到如何使用跟踪数据来洞察系统行为和进行根本原因分析等主题。

在大型组织中，需要有人负责实际部署和维护跟踪基础设施，以便用户能够从中获益。通常，这是一个专门的跟踪团队，或者一个更大的可观测性团队，或者一个更大的（在范围上，不一定在大小上）基础设施团队的工作。无论它的名称或结构如何，这个团队都负责维护跟踪基础设施（将在下一章中讨论），并确保基础设施从业务应用程序中收集全面和准确的数据。

尽管我们在第 2 部分中讨论了数据收集的许多技术，但是仍然有许多非技术的来自组织方面的挑战需要解决，尤其是在大型组织中。在本章中，我们将讨论这些挑战及应对这些挑战的一些方法。就像在商业中一样，没有一种万能的技术可以保证成功，每个组织可能都足够独特，需要具体问题具体分析来定制解决方案。本章中的建议基于我与其他公司同事讨论时学习到的知识，以及我自己在 Uber 推行分布式跟踪的经验。请把它们视为良好的实践和方法，而不是指南。

为什么很难部署跟踪埋点

在讨论解决部署跟踪的组织挑战之前，让我们先讨论一下这些挑战是什么。端到端跟踪有什么不同？似乎只需要添加一些埋点，就像收集度量指标或日志一样。在第 2 部分中，我们花了几章的篇幅从技术层面讨论了添加埋点，包括通过自动埋点简化操作的解决方案，难道还有遗漏吗？

考虑一家拥有十几名软件工程师的小型科技公司，如果该公司接受基于微服务的架构的思想，那么它可以构建一个包含 10~20 个微服务的系统。大多数工程师都知道每个服务是做什么的，虽然不一定知道它们是如何交互的细节。如果他们决定向系统中添加分布式跟踪埋点，那么这通常不是一个大任务，并且可以由一两个人在短时间内完成。

与之形成对比的是一个拥有数百名甚至数千名工程师的大型组织。Melvin Conway 在其 1967 年发表的论文[1]中指出，"设计系统的组织……其设计将受限于这些组织的通信结构"（这句话也被称为**康威定律**）。按照这种推理，基于微服务的系统设计自然会反映组织的层级结构，其中每个团队都开发和维护少量的微服务，并且不知道组织其他部分的微服务是如何实现的。

除非系统从一开始就建立在强大的统一应用程序开发基础设施的基础上，例如，一个应用程序和依赖注入框架，或者一个 RPC 框架；否则，围绕由各个团队开发的微服务的设计，跨整个系统部署跟踪埋点必然需要大量的领域知识。对于一个小型的、中心化的跟踪团队来说，研究由不同团队构建微服务的所有不同方法是非常困难的，更不用说为它们添加跟踪埋点了。如果在一个小公司里只有几个有积极性的人能做这项工作，那么在一个大型组织中这项工作就必须是去中心化的。

与其他监控技术相比，分布式跟踪埋点给我们带来了它所特有的主要挑战：动机或缺乏激励。如果组织遵循 DevOps 原则，那么开发应用程序的工程师也负责维护生产环境中的这些系统。当你轮值时，至少是出于监控其健康状况的原因，你对为应用程序获得良好的可观测性非常感兴趣。因此，你有动机向自己的应用程序或微服务中添加度量指标等埋点。然而，分布式跟踪的可观测性本质上是整个系统的一个全局属性，它需要许多微服务的参与，并且根据康威定律，需要许多组织单位或团队的参与。如果一个团队决定将跟踪埋点添加到其所有服务中，那么它不会通过跟踪显著地提高整个系统的可观测性，除非其他团队也跟着这样做。

这种心理问题是大规模采用分布式跟踪的最大障碍之一。如果一些技术挑战可以通过纯粹的技术解决方案来解决，那么要解决这种问题就需要组织中的社会工程和文化变革。在后续部分，我们将讨论这两种解决方案。

减少采用障碍

考虑到我们刚刚讨论的激励欠缺的问题，将跟踪埋点引入所有应用程序中的最佳方法之一是确保采用它的团队不需要做任何工作。也就是说，在默认情况下，它是零成本的。当然，说起来容易做起来难。在某些情况下，如果不需要在应用程序中进行一些代码更改，那么就不能添加跟踪。例如，当我加入 Uber 时，团队刚刚开始采用 Go 语言作为后台服务的编程语言。在代码中通过 `context.Context` 对象进行线程实例化的实践并不普遍，类型本身甚至不是 Go 标准库的一部分（它是在 `golang.org/x/net/context` 中定义的，并且直到 Go 1.7 版本才在 `context` 包中引入）。因此，在许多应用程序中不存在上下文传播，这使得不更改代码就不可能进行分布式跟踪。

在许多 Node.js 应用程序中也存在类似的情况，其中上下文传播必须通过代码传递特定于应用程序的对象来实现。

这些问题今天可能仍然存在，但已经不那么明显了。由于现在很多 Go 应用程序都是使用推荐的上下文传播样式编写的，而且 Node.js 运行时支持延续本地存储等特性，所以允许隐式上下文传播。

在接下来的几节中，我们将探讨其他一些技术，它们减少了采用分布式跟踪的障碍。

标准框架

对于软件支持的业务来说，特征速度是软件开发中最有价值的特性之一。有时候，为了提高特征速度，鼓励工程师使用任何能让他们最快投入生产的工具：

- 你刚从 Ruby on Rails 项目中出来？那就用 Ruby 实现下一个服务。
- 在过去的五年里都在使用 Node.js？那就用 Node.js 构建下一个后端服务。
- 熟悉 Java 中的 Spring 框架？就用它吧。什么，不是 Spring，而是 Dropwizard？那就用它吧。

这种方法可能导致公司运行的软件生态系统高度分裂。即使对于一个由十几名工程师组成的小团队来说，这似乎也是不可持续的，因为每个人都需要熟悉所有其他技术或框架，才能在不同的服务中更改代码。然而，这种情况虽然没有达到所说的极端程度，但是也并不少见。

在组织发展的某个阶段，由于上下文切换的开销，速度开始变慢。由于基础设施团队无法为所使用的每种编程语言与应用程序框架的组合都提供公共基础设施服务和组件（例如指标库），系统变得不那么可靠了。

显然，通过对一小部分技术进行标准化，团队工作可以变得更高效，也更容易在团队之间传播技能。这对于部署跟踪埋点尤其重要，因为工程师使用的每个框架都可能需要特殊的埋点。应用程序开发人员可能没有足够的跟踪知识来正确地运行它（请告诉他们阅读本书），因此这个任务通常落在中心化的跟踪团队的肩上。如果跟踪团队需要对几十个框架进行埋点，那么其工作就很难扩展。

一旦团队专注于一小部分编程语言和框架，免费提供跟踪埋点就将变得更加容易。对标准框架的选择应该考虑到它们在可观测性方面的埋点程度，这包括分布式跟踪。就像安全性一样，可观测性也不是事后才想到的。现在，用于构建微服务的框架没有理由在设计时不考虑可观测性，或者至少允许通过中间件和插件来改进可观测性的扩展点。

内部适配器库

在过去，很多公司都构建了内部框架（应用程序或 RPC），比如 Twitter 的 Finagle。如果你的公司属于其中一种情况，那么通过自动启用跟踪埋点作为相应框架初始化的一部分，从而使部署跟踪变得更加容易，你就可以完全控制跟踪了。现在，在开源中有很多选择，所以从头开始构建内部版本是不常见的。然而，这并不意味着你的基础设施团队没有优势。

除标准化工作之外，基础设施团队还可以构建框架的内部适配器。例如，考虑 Java 中的 Spring 框架。它非常灵活，基于它可能有多种方法来构建应用程序，以及解决连接大量基础设施涉及的额外依赖问题，例如，使用哪个指标或日志库，如何找到服务发现系统，或者在哪里可以找到生产配置和密钥。这种问题的多样性实际上对整个组织是有害的，这与我们在前一节中讨论的问题相同，只是问题发生在单个框架的范围内。

基础设施团队可以提供一个库，将这些配置组件捆绑在一起，以允许应用程序开发人员将精力集中在业务逻辑而不是基础设施连接上。它们可以依赖内部适配器，而不是依赖开源的 Spring 框架，前者将 Spring 作为传递依赖项带进来，并强制以标准方式初始化和配置应用程序。这些适配器库也是启用跟踪埋点的便捷之地，对应用程序开发人员是透明的。

这个原则也适用于跟踪库。正如我们在第 6 章 "跟踪标准与生态系统"中所讨论的，已经有了标准化分布式跟踪中涉及的各种数据格式的工作，但这些工作仍在进行中。因此，当跨组织中的许多应用程序部署跟踪埋点时，基础设施开发人员需要做出如下选择：

- 如果他们正在使用 OpenTracing，那么想要使用哪个跟踪器实现。
- 跟踪器将使用哪种传输格式来进行上下文传播。
- 跟踪器应该如何导出跟踪点数据，例如编码、传输等。
- 应该如何配置采样。

例如，Jaeger 客户端支持 20 多个配置参数。这种配置的一致性很重要：如果两个应用程序将跟踪器配置为使用不同的传输格式进行上下文传播，那么跟踪将被破坏，因为跟踪器将无法相互理解。解决方案是：将所有这些决策封装到一个内部适配器库中，让应用程序开发人员导入这个适配器库，而不是具体的跟踪库。通过这样做，跟踪团队或基础设施团队就将掌握跟踪配置的控制权。

默认启用跟踪

如果你有标准库和内部适配器，则请确保默认启用跟踪。要求应用程序开发人员显式地启用跟踪是不必要的，只会给推行带来障碍。对跟踪库可以进行配置，以便在必要的情况下禁用跟踪，例如，出于性能原因，但是对于正常的微服务永远不需要禁用跟踪。如果你正在使用脚手架工具创建新的应用程序模板，则请确保在默认情况下初始化并启用跟踪。

monorepo

基于微服务的架构的好处之一是为支持不同微服务的团队提供自治。这种自治有时会被转化为每个服务都拥有自己的源代码仓库。相反，在 monorepo（集中式代码库）中，所有服务的代码都位于同一个源代码仓库中。很多科技公司都使用 monorepo，包括谷歌、Facebook、Uber、微软和 Twitter[2]。关于 monorepo 的优缺点的讨论超出了本章的范围，并且在扩展到大型仓库方面存在一些挑战。但是，使用 monorepo 对基础设施团队非常有好处，并且非常有助于推行端到端跟踪。

谷歌是大规模分布式跟踪的早期采用者之一。有两个因素在跟踪的成功推行中起到了重要作用：一个是标准的 RPC 框架，另一个就是 monorepo。虽然这可能是一种简化，但是 Dapper 团队只需要将跟踪埋点添加到公司广泛采用的 RPC 框架中，并且所有的应用程序都会自动接收到由于 monorepo 而发生的改变。

monorepo 极大地促进了基础设施库的升级。由于分布式跟踪的全局特性，跟踪库的一些特性只有被部署到涉及分布式事务的许多微服务上时才能使用。升级数百个独立代码库中的跟踪库要比在 monorepo 中升级一次困难得多，尤其是当库的新版本中引入了破坏 API 的改变时。monorepo 的升级通常可以由跟踪团队完成，但是这种方法不适用于多代码库的情况。

monorepo 不能完全解决生产环境中应用程序的升级问题。它们使得确保每个应用程序的代码使用最新版本的跟踪库变得很容易，但是仍然需要有人构建和部署这些代码。可能的情况是，其中一些应用程序处于维护模式，并且在生产环境中很多个月都没有升级。成熟的组织通常有处理这种问题的策略，比如要求每隔一段时间就重新部署一次应用程序，或者通过自动部署。

与现有的基础设施集成

有时候，可以通过依赖已经内置到应用程序中的现有的基础设施和解决方案来部署分布式跟踪。一个很好的例子是 Lyft 如何在服务网格中使用 Envoy 来为大多数应用程序提供跟踪功能，它没有进行任何额外的代码变更或库集成。Lyft 应用程序已经建立了一些机制来端到端传播 HTTP 头信息，我们在第 7 章 "使用服务网格进行跟踪" 中看到了这一点，让服务网格完成其余工作并生成表示 RPC 请求的 span 就足够了。其他一些公司利用现有的请求 ID 传播和日志记录机制来提取跟踪信息。

这里的目标是能够收集某种形式的跟踪数据，而不需要应用程序开发人员的参与。分布式跟踪和上下文传播的思想并不新鲜；许多遗留的应用程序可能已经具有某种形式的埋点，可以有创造性地将其转换为适当的跟踪数据。有不完整的数据总比没有数据好。通常，实现一些中央数据转换工具将不同格式的数据调整为跟踪后端可以理解的格式，要比尝试用新的埋点替换现有的埋点容易得多。

从哪里开始

在前几节中，我们讨论了可以帮助将跟踪推行变为"零成本"过程的技术，也就是说，不需要所有的应用程序团队都进行任何额外的手工操作。

遗憾的是，通常完全不用干预的方法是不现实的，否则，将会看到行业中更高的跟踪采用率。因此，将跟踪推广到整个组织中，我们需要解决一些组织问题：

- 从哪里开始？
- 它是全有的或全无的，还是可以进行增量部署？
- 如何从管理人员和应用程序开发人员那里获得支持？

再次强调，我不认为有一个规则手册就可以保证成功。不过，我从与行业从业者的讨论中观察到了一些常见的模式。他们给出的最常见的建议是：从对业务最重要的部分开始。例如，对于拼车应用程序来说，乘车业务流比位置标记业务流更重要。在理想情况下，这两种服务都应该处于工作状态，但确实会发生服务中断，而且在乘车业务流中出现服务中断对财务和声誉的影响要比其他服务中断大几个数量级。跟踪是在停机期间对应用程序进行故障排除的一个强大工具，因此通过对业务流进行优先级排序来确定跟踪的推进策略是合理的。

[从对你的业务最重要的部分开始。]

如果我们已经处于需要手工操作的情况中，则"全有的或全无的"方法是不可行的，因为在大型组织中全面推行可能需要几个月的时间。一旦知道了最有价值的业务流，我们就可以开始对服务于这些业务流的端点进行埋点。现在是时候让跟踪团队动手研究一些应用程序代码了，以便更好地理解环境。通常，一些提供 API 的服务是任何业务流的入口点，因此可以从这里开始。顺便说一句，在设计良好的 API 服务中，为一个端点实现的埋点应该对所有其他端点都同样有效，因此跟踪团队操作的影响实际上比主业务流更大。

人们通常没有意识到，即使是由几十个微服务提供支撑的业务流，其调用关系也很少是非常深的。在一个主要使用 RPC 在微服务之间进行通信（不是队列和消息通信）的系统中，调用图可以是一棵浅树，只有几个级别，而分支占了大量节点。这意味着如果对顶层（API 服务）和第二层的服务进行埋点，那么这种不完整的埋点已经可以大大提高系统的可观测性，并允许我们将停机调查的范围缩小到服务的一小部分。

如图 13.1 所示，我们可以观察到通过服务 A 和 B 传递的请求中的错误或性能问题，并在服务 B 中提供了适当的埋点，我们也可以检测到错误来自服务 C，而不是来自服务 B 的其他依赖项。由于服务 C 没有埋点，所以不知道它在树的第四层的依赖项，但与完全没有跟踪埋点的系统相比，我们仍然得到了一个相当准确的调用图来寻找问题的根源。

这种增量跟踪的推行可以缩短调查停机的时间，从而快速带来投资回报。跟踪团队可以将注意力集中在构建用于跟踪数据分析的工具上，并让同伴压力对业务流下游的应用程序开发人员产生影响，使他们在服务中实现跟踪。

作为一个例子，让我们假设服务 D 经常导致停机。如果你是负责整个业务流的第一响应者，并且看到了图 13.1 所示的跟踪图，那么你的自然反应将是为服务 C 找到轮值人员，因为在那里可以跟踪错误，但是不能看到任何进一步的信息。服务 C 的轮值人员不能真正解决这个问题，所以经过一些调查后，他们意识到服务 D 有责任，于是找到了服务 D 的轮值人员。最终，服务 C 的开发人员可能会意识到，如果他们只是对自己的跟踪服务进行埋点，那么第一响应者可以直接找到服务 D 的轮值人员，而不需要唤醒他们。

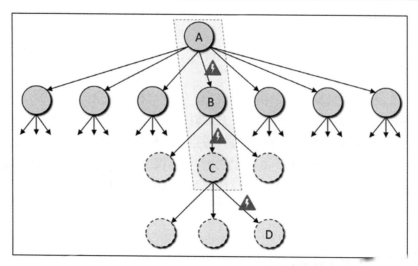

图 13.1 一个浅调用图，只对前两个级别进行跟踪埋点，足够帮助我们显著缩小停机调查的范围（虚线框）。实线框的圆圈表示埋点的服务，而虚线框的圆圈表示没有埋点的服务。带有闪电图标的三角形表示存在错误或性能问题

这该怪谁呢？对于执行启用跟踪埋点操作的团队和他们的经理来说，问题可能是一个足够的激励因素，但也可能不是，在这种情况下，需要一些其他的方法，比如改变文化。

构建文化

很高兴地看到，构建包含可观测性特性的应用程序的文化正在行业中获得吸引力。回到过去我为一家投资银行开发衍生品交易系统的时候，对我们的应用程序健康监控是一个交易员通过电话（请注意，是固定电话）抱怨他们无法对自己的交易进行预订或定价。今天，自动暴露度量指标以监控其健康状况的系统很常见，而支持分布式跟踪的系统仍然很少。同样，许多工程师都熟悉 Prometheus 和 Grafana 这样的工具，而不太熟悉分布式跟踪工具。我们可以做一些事情来改变这种文化。

解释价值

很难向某人推销其不需要的产品。这与端到端跟踪不同，端到端跟踪有一个明确的价值主张，人们只是不知道它。在 Uber，我们已经进行了一些内部讨论，展示了如何使用跟踪工具，以及它们正在解决哪些问题。我们还在新兵训练营中开设了关于跟踪及关于总体

的可观测性的课程，这些课程是新来的工程师必须学习的，有助于提高他们对良好的可观测性实践和工具的认识。

与开发人员工作流集成

工程师花更多的时间使用他们手头上现有的工具，而不是那些需要在其他地方找到的工具。如果能够将跟踪工具集成到工程师的日常工作中，那么将创建一个良性的反馈循环，在这个循环中，他们开始提出新功能，甚至基于跟踪数据构建自己的分析工具。

我们在第 10 章 "分布式上下文传播" 中看到，Squash 调试器如何使用跟踪埋点将断点信息传递给特定请求遇到的微服务。虽然这种技术本身并没有把跟踪工具直接暴露给用户，但是它依赖跟踪基础设施的上下文传播这一事实可以作为开发人员埋点其服务的动机。

当后端工程师开发新功能时，他们经常需要向微服务发送实际的请求，有时需要通过更高级的服务，甚至是移动应用程序来间接地发送请求。微服务之间的交互可能相当复杂，在开发过程中很容易发生中断。在这些情况下，跟踪对于呈现请求的确切执行非常有用。我们在第 8 章 "关于采样" 中讨论过，Jaeger 跟踪器读取一个特殊的 HTTP 头，`jaeger-debug-id`，它可用于强制对给定的请求进行采样并通过关联 ID 在 Jaeger 用户界面中找到该请求。这允许我们将跟踪工具的使用集成到开发工作流中。

与轮值和警报工具的集成可能是最有效的技术。有两种类型的警报可以包括跟踪信息：

- 最常见的情况是来自度量指标（即时间序列）的警报。例如，我们可以设置一个阈值警报，如果某个端点延迟的 99% 超过某个值，则触发该警报。在生成警报的系统中可以查询跟踪后端，以找到该条件的代表性样本，并在发出警报时在警报文本中包含到样本跟踪的链接，然后通过电子邮件或 PagerDuty 等沟通渠道发送。收到此警报的工程师可以直接跳转到跟踪工具中，这为他们提供了关于停机的丰富的上下文。
- 在其他情况下，你可以开发一个黑盒测试系统，它不用于查看来自服务的度量指标，而是作为一个真实的用户，并对后端执行一些合成的测试请求。该系统可以根据某些测试的重复失败信息生成警报。由于它完全控制请求的执行，所以它可以知道与这些请求对应的跟踪 ID（甚至可以启动跟踪本身）。指向特定跟踪的链接被包含在警告文本中，与前面的示例类似，但是它更加精确，因为它指向导致错误的确切请求的跟踪。

最后，我想提一下 LightStep 的 Ted Young 在西雅图举办的 KubeCon 2018 大会[3]上的演讲。这次演讲的题目是"Trace Driven Development"（跟踪驱动开发），他提出了一个引人深思的想法，即编写单元测试来表示对从请求执行中收集的跟踪数据的期望。例如，在银行应用程序中给定一个账户，测试检查该账户不允许提取大于当前余额的金额：

```
model = NewModel()

model("Accounts cannot withdraw more than their balance")
  .When(
     LessThan(
        Span.Name("fetch-balance").Tag("amount"),
        Span.Name("withdrawal").Tag("amount")))
  .Expect( Span.Name("rollback") )
  .NotExpect( Span.Name("commit") )
  .Expect(
     Span.Name("/.account/withdrawl/")
        .HttpStatusCode(500))

Check(model, testData)
```

正如我们所看到的，对测试的期望被表示为对一些跟踪模型的查询（上面的代码为伪代码）。该演讲提出，相同的代码不仅可以用于单元测试，还可以用于针对准生产环境的集成测试，甚至可以用于生产环境中的连续测试，也可以被作为操作正确性的监控工具。Ted 在结束演讲时指出，目前我们的开发和监控实践通常是分离的，如果在开发过程中监控没有用，那么监控代码的质量就会受到影响，因为没有反馈循环。该方法将监控（跟踪）代码直接放到开发过程中。

跟踪质量指标

为了完成这一章，让我们讨论一下在 Uber 内部实现的一个报告系统，称为**跟踪质量指标**（**Tracing Quality Metrics**）。它是一个更大的报告系统的一部分，该系统提供了关于工程构件质量的各种指标，包括从单个微服务到团队级、到部门级，以及到所有工程级的汇总。该系统的目标是通过跟踪可测量的指标，例如代码覆盖率，集成、容量和混沌测试的可用性，效率，合规，微服务元数据，如谁在轮值，等等，来帮助保持和提高整个公司的工程整体质量。服务的跟踪质量是该系统跟踪的指标之一，如图 13.2 所示。

图 13.2 微服务的跟踪质量指标的摘要，包括当前（左）和历史（右）级别

当我们认识到仅有一个用于跟踪埋点的"是或否"指示器不足以充分跟踪应用程序采用分布式跟踪的情况时，我们开发了跟踪质量报告系统。虽然给定的服务可能包含一些跟踪埋点并收集一些跟踪数据，但是这些埋点可能执行得不正确，也可能不完整，例如，将跟踪上下文传递给一些下游调用，而不是所有调用。

我们实现了一个流作业，它对所有收集的跟踪进行分析，并寻找常见的错误和遗漏（称之为**质量指标**）。对于每个质量指标，作业计算有多少跟踪符合标准，有多少跟踪不符合标准。故障与跟踪总数之比给出了一个简单的介于 0 和 1 之间的分数（或百分比）。图 13.3 显示了 api-gateway 服务的单个指标的细分示例。**Metric** 列列出了指标，并链接到说明指标的含义、可能导致指标失败的条件和修复方法的文档。**Num Passes** 列和 **Num Failures** 列分别链接到各自类别中的样例跟踪，以便服务所有者能够调查发生了什么。

Tracing Score for **api-gateway**

Completeness: **0.92** out of 1.0
Quality: **1.00** out of 1.0
How do I improve my score?

Tracing Quality Metrics for **api-gateway**

Click on pass or fail numbers to see example traces that exhibit that behavior

Metric	Type	Pass %	Num Passes	Num Failures	Last Failure	Description
HasClientSpans	Completeness	99	77027058	686		The service emitted spans with client span.kind
HasServerSpans	Completeness	36	10750133	18515278		The service emitted spans with server span.kind
HasUniqueSpanIds	Quality	99	84546532	1060		The service emitted spans with unique span ids
MinimumClientVersionCheck	Completeness	100	113782244	0		This service emitted a span that has an acceptable client version

图 13.3 对 api-gateway 服务的跟踪质量指标的细分

指标被分为三组。

- **完整性**（Completeness）：在这个类别中分数低意味着跟踪可能被中断，例如，跟踪的一部分用一个跟踪 ID 报告，另一部分用不同的跟踪 ID 报告，从而导致在后端不能把跟踪重新拼装起来。完整性指标包括：
  - `HasServerSpans`：假设有一个跟踪，其中服务 A 调用服务 B。服务 A 有一个很好的埋点，并生成客户端 span，通过 `peer.service` 标记表明它正在调用服务 B。另一方面，服务 B 不为这个跟踪生成任何服务器端 span。我们将此跟踪 ID 视为服务 B 中的故障。
  - `HasClientSpans`：类似于 `HasServerSpans`，只是服务 A 和服务 B 的角色互换。
  - `MinimumClientVersionCheck`：此指标检查用于生成 span 的 Jaeger 跟踪器库的版本，并将其与最低可接受的版本进行比较。严格地说，运行旧客户端并不一定会导致跟踪中断，但是也将其包含在完整性指标中，因为旧跟踪器库中可能缺少一些功能，而这可能会导致跟踪收集出现各种问题。
- **质量**（Quality）：此类别中的准则衡量在跟踪过程中收集的数据的有用性，例如：
  - `MeaningfulEndpointName`：这个指标确保 span 具有可用于分组的有意义的名称。例如，处理 REST 端点（如`/user/{user}/profile`）的服务器可能报告服务器端 span，其中包含 `GET` 和 `POST` 操作名称。虽然这不会中断跟踪，但会使分析变得更加困难，因为所有的端点都将以 `GET` 和 `POST` 名称进行分组。
  - `UniqueClientSpanID`：此指标验证服务是否会生成具有相同 span ID 的多个 span。这个问题偶尔出现，通常是因为无效的埋点。
- **其他**（Other）：一些指示问题的指标，这些问题可能不容易被归因于服务或服务开发人员的行为。它们还可能指出一些尚未被归类到质量类别的问题，因为没有自动化流程依赖它们。

有专门的页面用来计算完整性和质量类别的平均值，这些值也被报告给整个质量跟踪系统。报告系统允许我们分析哪些微服务、团队甚至公司内部的工作组的跟踪质量分数低，并与它们及其管理层一起改进指标。一个给定组织的累积跟踪分数低可能有很多原因：其可能使用非标准的框架，没有跟踪埋点，需要帮助，或者可能使用不同的技术，例如，对于一些特定形式的队列和消息通信，主流的跟踪埋点没有很好地提供支持。这也可能只是一个确定优先级的问题，团队需要一个演示报告来解释跟踪的价值和好处。

跟踪质量报告一直是我们的主要工具，用于主导和跟踪 Uber 使用跟踪埋点的情况。

故障排除指南

当我们刚刚开始推动 Uber 广泛采用跟踪技术时，确实有很多问题通过电子邮件、工单和在线聊天发给了跟踪团队：为什么这样不行？我看不到 span；我该如何调查？等等。考虑到 Uber 的开发环境和生产环境的具体情况，我们收集了其中的许多问题，并将它们提炼为一个循序渐进的指南，用于对跟踪埋点进行故障排除。这个指南大大减少了工单和问题的数量，解放了团队，使其能够更好地专注于与现有的流行框架的集成，并使应用程序开发人员能够在不等待跟踪团队反馈的情况下解决他们的问题。

跳出关键路径

分布式跟踪和性能优化的实践者应该知道不要处在关键路径上。这也适用于组织方面。如果需要对数百个微服务进行更改，那么跟踪团队就无法在大型组织中扩展其工作。"跟踪质量指标"是一个专门设计的自助服务工具，服务所有者可以查询、更改埋点，并检查这样是否改进了指标，所有这些都不需要跟踪团队的参与。同样的原则也适用于本章中的所有其他建议：跟踪团队应该进行"外科手术"，以改进广泛使用的框架中的跟踪埋点，提供优秀的文档和故障排除指南，并专注于跟踪平台。最终来说，应用程序开发人员才是他们自己的应用程序的内部结构和内部线程模型的领域专家。跟踪团队的目标是使初始集成尽可能平滑，并允许开发人员依据其应用程序的具体情况改进埋点。

总结

考虑到成熟公司中通常存在各种技术和框架，无论是通过收购还是通过怎么快怎么来的方式构建，在大型组织中部署跟踪埋点和基础设施都是一项具有挑战性的任务。即使有围绕标准化和统一基础设施的良好实践，工程师需要解决的不同业务问题的绝对数量也决定了必然会存在各种各样的工具，从各种数据库到众多机器学习框架。业界还没有达到所有这些工具都被设计为支持分布式跟踪，只需要插入一个跟踪器，就可以开始在整个生态系统中收集一致的跟踪数据的程度。如果你发现自己身处这样的组织中，那么可能需要数月甚至数年时间才能获得较高的采用率。

在本章中，我们讨论了各种手段，通过技术、组织和文化，从不同的角度对问题进行分析，从而促进问题的解决。我之前就类似的主题做过两次演讲：*Distributed Tracing at Uber Scale* 和 *Would You Like Some Tracing with Your Monitoring?* [5]，显然两个主题似乎与观众产生了共鸣，说明这确实是一个重要的痛点。我希望这些想法能够帮助人们在这个领域找到方向。如果你有关于推行跟踪的其他想法或故事，我很有兴趣听一听——在 Twitter 上直接给我发消息：@yurishkuro。

在下一章也就是最后一章中，我们将讨论更多的维护跟踪基础设施的技术问题，例如部署和运行跟踪后端、处理流量峰值、采样滥用、多租户和多个数据中心。

参考资料

[1] Conway M E. How do Committees Invent?. Datamation. 1968, 14(5): 28-31. 链接 1.

[2] Monorepo. Wikipedia. 链接 2.

[3] Ted Young. Trace Driven Development: Unifying Testing and Observability. KubeCon – CloudNativeCon North America 2018, Seattle. 链接 3.

[4] Yuri Shkuro. Distributed Tracing at Uber Scale. Monitorama PDX 2017. 链接 4.

[5] Yuri Shkuro. Would You Like Some Tracing with Your Monitoring?. KubeCon – CloudNativeCon North America 2017, Austin. 链接 5.

14
分布式跟踪系统的底层架构

最后一章针对的是工程师或 DevOps 人员，他们的任务是在组织中部署和维护分布式跟踪后端。由于我自己的经验主要与 Jaeger 有关，所以我将用它作为一个例子。我会尽量避免关注 Jaeger 配置的非常具体的细节，因为在本书出版之后，随着项目的继续发展，这些配置可能会发生变化。不过，我将使用它们来说明在部署跟踪平台时需要遵循的一般原则和做出的决策。我们讨论的许多主题同样适用于任何其他跟踪后端，甚至适用于诸如 AWS X-Ray 和谷歌 Stackdriver 之类的托管解决方案，或来自商业供应商的产品。

为什么需要自己"造轮子"

作为开源跟踪系统的创建者和维护者，如果提倡每个人都运行自己的跟踪后端，那么显然会有利益冲突。这绝不是所有组织的正确答案。有时使用托管解决方案或许更合理，原因有很多，维护一个分布式系统的复杂性是使你寻求能够接收、存储和处理跟踪的商业的或免费的供应商的主要原因之一。然而，自己维护跟踪后端也有一些好处，在这里简单提一下其中的一些好处。

定制和集成

商业产品通常根据需要被设计为通用的解决方案，目的是满足许多不同客户的需求。然而，每个组织的历史和需求都是独特的，有时一个组织可能需要的特性对其他人没有意义，因此可能就没有有效的业务用例让供应商来实现。

当你使用开源产品时，通常更容易根据自己的需要进行定制并与现有的系统集成。举例来说，假设你正在查看一个分布式跟踪的甘特图视图，你想要访问与给定的微服务有关的各种其他基础设施服务，例如，触发最近部署的回滚，在轮值人员页面中，打开一个Grafana 指标仪表板，了解有多少计算资源已使用，等等。没有行业标准化的解决方案能够以少量的基础设施系统来覆盖所有这些场景，供应商解决方案也不太可能提供对所有可能组合的支持，尤其是当它需要运行一些跟踪后端的代码来与这些基础设施系统集成时。

集成的另一个方面是能够包括跟踪视图和其他可能在内部运行的 Web 应用程序。例如，Jaeger 前端视图可以被嵌入其他应用程序中，Kiali 项目（一个用于服务网格 Istio 的可观测性工具）演示了这一点[1]。

带宽成本

随着你开始认真地跟踪分布式架构，则可能会有大量的跟踪数据产生，以至于将所有这些数据发送到托管解决方案的带宽成本可能会成为一个问题，特别是当公司的基础设施运行在多个**数据中心（Data Center，DC）**时。数据中心内的网络流量成本总是比将数据发送到云端的成本低几个数量级。话虽如此，但这种特殊的考虑可能只对非常大的互联网规模的公司有影响。

把控数据

也许，这是托管自己的跟踪平台的主要原因。正如我在第 9 章"跟踪的价值"和第 12 章"通过数据挖掘提炼洞见"中试图展示的，跟踪数据是一个海量的洞见来源，你可以从中提取关于复杂系统行为的洞见。这个行业非常新，目前还没有很多用于跟踪的通用数据挖掘解决方案。

如果你希望构建特定于架构或业务的独特属性的其他处理和数据挖掘方案，则需要访问原始跟踪数据。虽然一些托管解决方案提供了一种检索跟踪数据的方法，但是这种方法的成本效率不是很高（带宽成本增加了 1 倍），而且从应用程序收集数据的方法更容易实现。在第 12 章"通过数据挖掘提炼洞见"中，我们看到了在 Jaeger 使用的数据收集管道上添加数据挖掘作业是多么容易。

押注新兴标准

无论是决定部署像 Jaeger 或 Zipkin 这样的开源跟踪平台，还是使用商业供应商，甚至自己开发，你都需要做出一些关键的选择来确保自己的努力不会付之东流。对代码埋点是昂贵的和费时的，所以你只想做一次。与供应商无关的标准（如 OpenTracing）允许你将来可以灵活地更改自己想要使用的跟踪后端。但是，OpenTracing API 不指定跟踪上下文在网络上如何表示，将此决策留给实现，并最终留给你，因为许多实现都是可配置的。例如，Jaeger 客户端可以使用 Jaeger 的原生跟踪上下文格式[2]，或者使用 Zipkin 项目[3]推广的 B3 头信息。

类似地，OpenCensus 库也支持 B3 头信息，以及新兴的 W3C 跟踪上下文格式[4]。在某种程度上，选择传播格式甚至比选择埋点 API 更为重要。正如我们在第 13 章"在大型组织中实施跟踪"中所讨论的，有一些技术，比如内部适配器库，可以把跟踪埋点的详细信息对应用程序开发人员的暴露降到最低。

通过升级控制下的适配器库，你可以更改已经在生产环境中使用的传播格式。然而，在实践中，即使你有 monorepo，并且可以强制所有微服务获取跟踪库的新版本，也可能需要很长时间，或许要几个月，直到生产环境中的所有微服务都使用了新版本重新部署。

如果应用程序使用不同的跟踪上下文传播格式，那么这实际上意味着到处都有中断的跟踪。在生产环境中实现传播格式从 X 转换为 Y 的唯一方法是分阶段推进：

1. 配置跟踪库,使其能够读取入站请求中的格式 X 和 Y,但只能发送出站请求中的格式 X。

2. 如果所有服务都被升级为理解入站请求中的格式 Y,那么可以再次升级库以开始发送出站请求中的格式 Y。

3. 在第二次升级所有服务之后,可以对库配置进行第三次更改,让它们不要解析格式 X。

如果这些步骤中的每一步都需要几个月的时间来推行,那么我们可能会看到一个非常长的迁移周期。可以通过组合前两个步骤并在出站请求中同时包含格式 X 和 Y 来稍微缩短这个周期,代价是增加跨所有应用程序的网络通信量。

总之,如果可以,则最好避免这些苦恼。正如我们在第 6 章"跟踪标准与生态系统"中所讨论的,W3C 跟踪上下文格式正在成为跟踪上下文传播的标准,它将得到大多数商业供应商、云提供商和开源项目的支持。它还为你提供了互操作性,以防你的应用程序依赖其他云服务。

架构和部署模式

许多跟踪后端,包括我们将作为示例使用的 Jaeger 后端,本身都被实现为基于微服务的分布式系统,由多个水平可伸缩的服务组成,其中一些服务是可选的,允许根据系统的需要进行不同的部署配置。

基本架构:代理+收集器+查询服务

图 14.1 显示了我们 2017 年在 Uber 运行的 Jaeger 的基本架构。它包括很多跟踪后端所共有的主要组件。

14 分布式跟踪系统的底层架构

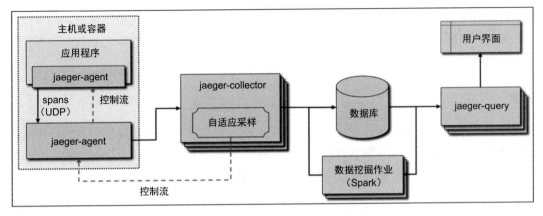

图 14.1 Jaeger 后端部署的基本架构

客户端

　　客户端库、跟踪库或跟踪器是在业务应用程序中运行的代码。例如，使用 OpenTracing 埋点的应用程序将调用 OpenTracing API，而实现该 API 的 Jaeger 客户端库将通过这些调用从应用程序中提取跟踪数据。客户端库负责将数据导出到跟踪后端。最常见的实现是将跟踪数据保存在一个内部内存缓冲区中，将其移出请求的关键路径，然后从一个单独的后台线程将其批量异步地发送到跟踪后端。

　　大多数 Jaeger 跟踪器都支持数据导出的多种格式，以及多种协议，例如，span 可以被转换为 Thrift 消息并发送到本地主机上的 UDP 端口（由代理接收），或作为 JSON 消息发送到收集器上的 HTTP 端口。选择哪种格式取决于部署环境的细节。向代理发送数据的好处是只需对客户端进行最小配置，因为代理通常被配置为在本地主机上可用。使用 UDP 端口意味着所发送的消息是无状态的、不安全的，如果主机过载或者代理无法及时从 UDP 端口读取消息，那么所发送的消息可能会被丢弃。

　　通过 HTTP 协议将 span 直接提交给收集器，需要向客户端提供收集器的地址，这往往会使业务应用程序的配置和部署复杂化。它还可能需要运行或配置第三方负载均衡器，以避免在收集器集群中产生性能热点。不过，在某些情况下，这可能是唯一的配置。例如，如果应用程序被部署到 AWS Lambda 平台，那么你就无法选择把代理作为 sidecar 与应用程序一同运行。

　　图 14.1 中的关系图显示了从收集器到客户端的称为**控制流**的反馈循环。它是一种基于拉取的机制，用于更新跟踪器中的某些配置，其中最重要的是由收集器中的自适应采样组

【375】

件控制的采样策略,正如我们在第 8 章"关于采样"中所讨论的。可以使用相同的方法将其他参数传递给客户端,比如控制允许应用程序启动多少调试跟踪的节流限制,或者控制允许应用程序使用哪些 baggage 键和 baggage 限制。

代理

Jaeger 代理实现了 sidecar 设计模式,我们在第 7 章"使用服务网格进行跟踪"中讨论过通过封装将数据提交到收集器的逻辑,包括服务发现和负载均衡,所以它不需要在每种编程语言的客户端库中重复实现。它是 Jaeger 后端的一个非常简单、容易上手的组件。部署这些代理的主要方式有两种:

- 作为一个主机级的代理,在裸机(bare metal)[5]上运行,或者作为 Kubernetes `DaemonSet` 或与其相似的程序运行。
- 作为一个与业务应用程序同时运行的 sidecar,并在同一个 Kubernetes pod[6]中运行。

在 Uber,我们有一个专门的基础设施来为整个软件组织部署主机级代理,所以对我们来说,直接在主机上运行 Jaeger 代理是最好的方法。如果你需要支持多租户,则 sidecar 方法效果最好(本章稍后将对此进行讨论)。

与 Jaeger 客户端类似,代理还使用内存缓冲区来跟踪它们从客户端接收到的数据。缓冲区被视为一个队列,当缓冲区中没有更多的空间来添加新的 span 时,支持通过丢弃最旧的 span 来减轻负载。

收集器

Jaeger 收集器是无状态的、可水平伸缩的服务,可以执行许多功能:

- 通过各种网络协议(HTTP、TChannel 或 gRPC)接收来自 Jaeger 或 Zipkin 的各种编码格式(JSON、Thrift 或 Protobuf)的 span 数据。
- 将 span 数据转换为单个内部数据模型并进行规范化。
- 将规范化的 span 发送到可替换的持久化存储中。
- 包含自适应采样逻辑,用于观察所有入站 span 流量并生成采样策略(见第 8 章"关于采样"中的讨论)。

收集器还使用可配置的内部内存队列,用于更好地容忍流量峰值。当队列已满时,收集器可以通过将数据删除来减轻负载。它们还能够对流量进行一致的下采样。本章稍后将描述这些特性。

查询服务和 UI

查询服务是另一个无状态的组件，它实现了查询 API，用于从存储中搜索和检索跟踪。同一个二进制文件还提供了 Jaeger 用户界面使用的静态 HTML 资产。

数据挖掘作业

数据挖掘作业执行跟踪数据的后处理和聚合，例如构建服务依赖关系图（如 Jaeger 项目中的 Spark 作业[7]）或计算跟踪质量分数，分别在第 9 章"跟踪的价值"和第 13 章"在大型组织中实施跟踪"中讨论过。通常，这些作业将数据存储在同一个数据库中，以便在 Jaeger 用户界面中能够检索和可视化数据。

流式架构

随着越来越多的服务使用 Uber 的分布式跟踪埋点，我们意识到最初部署的简单的推送架构存在一定的缺陷。尤其是在 Uber SRE 为进行容量和灾难恢复测试而执行的数据中心故障转移期间，它很难跟上流量激增的速度。

我们使用 Apache Cassandra 作为跟踪的存储后端，它明显不足以应付处理故障转移期间的所有流量。因为收集器被设计成直接写入存储，并且只有有限的内存被用作内部缓冲区以平滑短时间的突发流量，在故障转移期间，内部缓冲区将很快被填满，收集器被迫开始删除数据。

通常，跟踪数据已经被采样，因此删除更多的跟踪数据应该不成问题；然而，由于单个跟踪的 span 可以到达任何一个无状态的收集器，因此一些收集器可能最终会丢弃它们，而其他收集器则存储剩余的 span，从而导致不完整和跟踪中断。

为了解决这个问题，我们转向了基于 Apache Kafka 的流式架构（见图 14.2）。Kafka 在 Uber 被大量使用，每天处理数万亿条消息。Kafka 的容量很大，比我们使用的 Cassandra 集群用于跟踪的容量要大得多，所以作为跟踪数据的接收器，Kafka 在流量高峰时比 Cassandra 灵活得多。它也更有效，因为 Kafka 中存储的消息只是原始的字节，而在 Cassandra 中，span 被存储在特定的领域模型中。

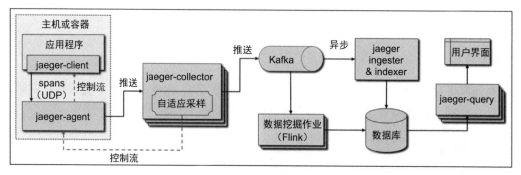

图 14.2　Jaeger 后端部署的流式架构

我们实现了 Jaeger 收集器支持的一种新的存储类型，允许它们将 span 写入 Kafka 中。我们添加了两个新组件——**ingester** 和 **indexer**，它们的任务是从 Kafka 流中读取 span，并将它们存储起来且建立索引。分离成两个组件，对于使用 Cassandra 作为跟踪存储后端来说是有好处的，因为 Jaeger 不使用 Cassandra 的内置索引，而是直接构建查找表，这需要对存储进行更多的写操作。由于为查询索引 span 是一个较低优先级的任务，所以我们能够通过将索引移动到一个单独的组件中按自己的节奏工作来降低延迟。

这种架构变更的结果是，我们能够消除在流量高峰期间任意数据丢失的情况，代价是增加了持久性存储中跟踪可用性的延迟。

第二个重要的好处是，Kafka 中可用的 span 流允许我们构建更高效的、基于流的数据挖掘作业。作为这项工作的一部分，我们将 Apache Spark 切换到 Apache Flink 框架，因为 Flink 为数据挖掘提供了一个真正的流平台，而且对于我们来说，更容易将其部署到 Uber 的基础设施上，但最终，这两种框架同样都能够处理跟踪数据的任务。

多租户

多租户是指一个系统在提供数据隔离的同时，能够满足不同客户或租户的需求。这个需求对于托管的商业解决方案非常典型，许多组织内部都有类似的需求，例如，出于监管方面的原因。对于租户的组成和跟踪后端对多租户的确切需求，每个组织可能都有不同的理解。让我们分别考虑其中的一些，并讨论它们对跟踪后端有什么影响，以及如何实现它们。

成本核算

跟踪基础设施需要一定的操作成本来处理和存储跟踪。许多组织都有内部策略，系统以付费的方式使用其他系统提供的资源。如果你埋点服务为每个 RPC 请求生成 10 个 span，而相邻服务为每个 RPC 请求只生成 2 个 span，那么对于跟踪后端的资源收取更高的服务费用是合理的。同时，当你或你的邻近开发人员查看跟踪时，可以看到跨两个服务的相同的数据。数据访问不受每个租户的限制。

这个场景很容易用 Jaeger 和大多数跟踪后端实现。跟踪 span 已经被标记为生成它们的服务的名称，可以用于成本核算。如果需要租户的更宏观的统计，例如在部门或业务域级别，而不是单个微服务，那么可以在 span 标记中捕获它。

例如，Jaeger 跟踪器支持定义"跟踪级别标记"的配置参数，或者自动应用于服务生成的每个 span 的标记，而不需要埋点来直接设置这些标记（见图 14.3）。这些标记的值可以通过环境变量 `JAEGER_TAGS` 进行配置，该变量接受一个用逗号分隔的 `key=value` 对列表，例如：

```
JAEGER_TAGS="tenant=billing,service-instance=text-executor-0"
```

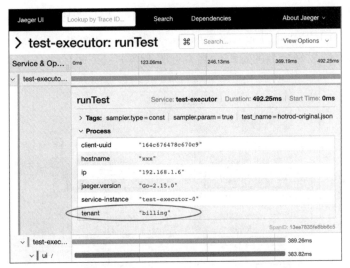

图 14.3　将 tenant 定义为跟踪级别的标记，并自动添加到所有 span 中

由于本场景中跟踪后端的所有用户仍然能够看到彼此的数据，所以这不是真正的多租户。因此，除了在应用程序的环境变量中定义租户，它不需要任何特殊的部署。

完全隔离

与托管的解决方案或**软件即服务（SaaS）**类似，每个租户可能都希望将其数据与所有其他租户的数据完全隔离。如果不为每个租户都部署独立的 Jaeger 后端设施，那么现在使用 Jaeger 就不可能做到这一点。

这个用例更难支持的主要原因是它要求存储实现是租户感知的。多租户存储可以采用不同的形式，但不能保证任何特定的解决方案都能满足所有用例。例如，如果使用 Cassandra 进行存储，那么至少有三种不同的选择可以支持多租户：独立集群、具有不同密钥空间的共享集群和具有单个密钥空间的共享集群，其中租户是 span 数据的属性。所有这些选择都有其优缺点。

除多租户存储之外，提供完全隔离还有其他含义，尤其是对于内部部署。如果使用供应商托管的跟踪后端来收集 span，那么你自己的软件栈就已经（希望如此）被隔离了，即使运行在云平台上也是如此。因此，用于报告跟踪数据的配置在所有微服务中都是相同的。然而，如果在内部部署跟踪基础设施，并且需要按租户进行隔离，则可能需要运行跟踪后端组件的多个单租户实例。例如，两个内部租户可能共享计算资源，如 Kubernetes 集群。如果 Jaeger 代理作为一个 `DaemonSet` 运行，并且不同租户的应用程序碰巧被安排在同一台主机上，那么它们的 span 可能会发生混淆。最好是以 sidecar 的形式运行 Jaeger 代理，以便它可以将数据转发到恰当的跟踪后端（见图 14.4）。

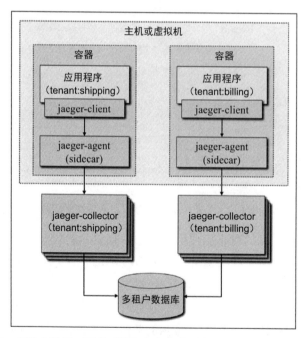

图 14.4　多租户设置，跟踪后端与租户完全隔离，并具有租户感知的存储

细粒度访问控制

在最复杂的情况下,企业需要对数据访问进行细粒度控制,例如,单个请求可能跨组织内三个不同的业务域。有些用户可能被授权查看跨所有三个域的跟踪数据,而其他用户只能在自己的域中查看跟踪数据。

这个场景有些违背分布式跟踪的前提,分布式跟踪作为一种工具,为分布式请求的执行提供了端到端可见性。如果你只能看到跟踪的一部分,那么将无法获得端到端可见性。

然而,一旦更多的云服务开始实现分布式跟踪并将内部跟踪与外部请求关联起来,这种情况可能就会变得更加常见。例如,谷歌和亚马逊不太可能向客户公开 Spanner 或 DynamoDB 中内部执行的所有复杂细节。

一个跟踪后端如何能够满足这些数据访问需求,并且仍然有用?一种选择是,由后端执行的数据聚合仍然可以对完整的数据集进行操作,并且控制对聚合结果的访问,类似于控制对原始跟踪的访问。这可能很难保证,因为存在各种技术,其中聚合数据可能会显示一些信息,而这些信息是无法通过细粒度访问控制从原始数据访问的。对这个问题的讨论超出了本书的范围。

如果要在原始跟踪数据级别实现细粒度访问控制,则需要使用租户属性来标记数据(span),跟踪后端及其数据查询组件必须始终知道租户信息。据我所知,目前还没有任何跟踪系统做到这一点。

安全

多租户与安全性密切相关,两者都用于数据访问控制,保护从应用程序到跟踪后端的数据传输通道。Jaeger 和其他跟踪后端混合支持这两种类型的安全性。许多组件都支持后端内部部分之间的**传输级安全性(Transport-Level Security,TLS)**,如使用启用了 TLS 的 gRPC 实现 Jaeger 代理和收集器之间的通信,或者与存储后端之间的通信也可以使用 TLS 证书进行配置。

另一方面,Jaeger 查询服务不提供内置的用户身份验证或授权。存在这种差距,是希望将此功能留给可以与 Jaeger 查询服务一起部署的外部组件,比如 Apache httpd[8]或 Keycloak[9]代理。

这些网络工具致力于开发保护其他组件的解决方案，并与其他服务集成，例如单点登录和其他身份验证机制。通过将安全性的实现留给后端开发人员，跟踪后端开发人员可以将重点放在与跟踪相关的功能上，而不是重新发明轮子。唯一的缺点是，进行细粒度访问控制是不可能的，因为它们确实需要关于跟踪的领域知识。

在多个数据中心运行

许多大型公司的系统都是通过多个数据中心来运行的，无论是为了确保业务的连续性，还是为了提高用户体验，都可以通过将用户请求路由到最近的数据中心来减少延迟。考虑多数据中心部署的一种流行方法是查看**区域**和**地域**。区域或可用区域，是一个独立于任何其他数据中心的数据中心，例如区域 X 的故障或灾难不应导致区域 Y 失败。地域是一组独立的区域，但在地理上相互接近，通过高带宽网络连接它们以减少延迟。例如，Amazon 云位置由 AWS 地域组成，如位于 N. Virginia 的 `us-east-1` 或位于 N.California 的 `us-west-1`。每个地域都有很多可用区域，如 `us-east-1a`、`us-east-1b` 等。

跨区域请求可能会对延迟造成一个量级的损失，而跨地域请求可能会造成高达两个量级的损失。考虑到这一限制，对于托管在这些数据中心的分布式系统来说，推荐的设计模式是要确保微服务之间的大部分通信发生在同一个区域，以最小化请求的总体延迟。对于分布式跟踪来说，这是一个好消息，因为我们可以预期所收集的大多数跟踪都来自在同一个区域内运行的微服务。然而，在某些情况下，请求确实需要跨区域甚至跨地域。这可能是由于某个依赖的微服务和路由基础设施（例如，服务网格）发生了中断，服务网格可能会将请求路由到另一个区域，因为它假定服务请求的时间长点总比完全失败要好。

由于应用程序设计的合理原因，也可能发生这种情况，例如，一个全球性的公司，如 Uber，它会把用户配置文件、最喜欢的地方、出游历史等数据存储在离用户家庭所在地较近的数据中心，比如把居住在巴黎附近的用户信息存储在欧洲地域的一个或多个区域。当用户前往纽约时，移动应用程序的请求将被路由到美国地域的区域，因为那里很可能运行着满足用户的（拼车）服务，来自美国地域的服务将需要访问位于欧洲地域的用户数据。当然，数据可以按需复制并缓存，但是至少有一个请求是跨区域的，我们可能希望跟踪这个请求，因为它将表现出不寻常的延迟。因此，我们的跟踪基础设施可能需要处理这些跨多个数据中心的请求。

当然，有一个简单的解决方案，可以在一个区域内运行所有的跟踪后端组件，并进行一些复制以提高弹性。然而，正如我们在本章前面所讨论的，由于网络带宽成本，这可能是被禁止的。它也是非常低效的，在一个设计良好的系统中，大部分请求都将被局限于单个区域内。一个有效的解决方案是只对本身就是跨区域的跟踪产生跨区域带宽成本，并在本地处理所有的其他跟踪。

捕获来源区域

对于这个问题，一个可能的解决方案是捕获跟踪开始的区域的名称，将其作为跟踪上下文的一部分在整个调用关系中传播，并始终在生成的 span 中捕获这个值。让我们将这个值称为 origin_zone。接收 span 的收集器可以检查 origin_zone 字段，并使用静态映射来了解是否可以在本地处理 span，即保存到存储中或发送到本地 Kafka 主题，或者需要转发到另一个区域的收集器。

假设请求来源于区域 X，而且部分请求在区域 Y 中执行，使用前面的算法，跟踪将只处理区域 X。如果我们在每一个区域中都运行数据挖掘和聚合作业，则可能想要在区域 X 和区域 Y 中有同样的跟踪处理。通过收集器进行无状态路由很难做到这一点，因为当我们发现部分跟踪在区域 Y 中执行时，可能已经处理了在区域 X 中创建的 span。

这里的解决方案将依赖后处理，例如，通过使用我们在第 12 章"通过数据挖掘提炼洞见"中讨论的跟踪完成触发器。路由算法将确保这个跟踪的所有 span 都能到达区域 X，但是每个 span 都可以捕获它实际来自的区域。一旦跟踪完成触发器将跟踪声明为已完成，我们就可以检查跟踪中的所有 span，如果其中任何一个来自区域 X 之外的区域，那么就可以将该跟踪发送到其他区域（或多个区域）进行复制。如果跨两个区域的请求很少见，那么跨更多区域的请求就更罕见了。所以我们不是在讨论巨大的复制成本，而是在让每个区域的数据挖掘和聚合作业都有一个更完整的数据样本。

origin_zone 方法的一个缺点是请求的大小略有增加，因为我们需要在整个调用关系中传播额外的值。另一个缺点是，它首先需要有远见地通过捕获和传播区域的行为来实现跟踪库。必须承认，当我刚开始设计 Jaeger 时，我对分布式跟踪非常陌生，而且我没有想到这个特殊的技巧。

在我研究的其他跟踪系统（如 OpenZipkin）中也没有使用它。即使从一开始就使用 Jaeger 客户端内置的 baggage 机制，也无济于事。

它可用于将 `origin_zone` 作为跟踪上下文的一部分传播，但是它只在运行时在应用程序中可用，因为 baggage 项不被存储在 span 中。

要在已经部署的跟踪基础设施中启用这种方法，需要对许多应用程序中的跟踪库进行升级，这可能需要很长时间。注意，我们只讨论捕获和传播来源区域；记录给定 span 的生成区域要容易得多，我们可以通过代理或收集器中的 span 来实现这一点，因为它们知道自己运行在哪个区域。

跨区域联合

与多区域部署相关的另一个问题是获取系统的跨区域视图。例如，如果我们的服务有一个特定的 SLO 用于 p99 延迟，并且服务被部署在 12 个区域中，那么我们不想使用 12 个不同的 URL 来检查这个数字。这个例子是关于指标的，但是我们可以用任何其他只能从跟踪中获得的特性来替换延迟 SLO。

另一个例子是查询跨所有区域的跟踪。如果所有的跟踪数据只有一个位置，那么解决这些问题就会变得容易得多，但是正如我们已经讨论过的，这种方法可能伸缩性不好。另一种方法是构建一个联合层，该层可以将请求分散到多个跟踪后端并聚合结果。目前 Jaeger 还没有这样的组件，但我们很有可能在未来构建它。

监控和故障诊断

与任何其他分布式系统一样，跟踪后端本身必须是可见的。Jaeger 公开了从客户端库到后端组件的所有组件的大量指标。典型的度量指标包括用于创建、接收、处理、采样和未采样的 span 数量的统计数据，等等。例如，以下是 Jaeger 客户端在 HotROD 应用程序的 `frontend` 服务中生成的一些度量指标（来自第 2 章 "跟踪一次 HotROD 之旅"）：

```
hotrod_frontend_jaeger_started_spans{sampled="n"} 0
hotrod_frontend_jaeger_started_spans{sampled="y"} 24
hotrod_frontend_jaeger_finished_spans 24
hotrod_frontend_jaeger_traces{sampled="n",state="joined"} 0
hotrod_frontend_jaeger_traces{sampled="n",state="started"} 0
hotrod_frontend_jaeger_traces{sampled="y",state="joined"} 0
hotrod_frontend_jaeger_traces{sampled="y",state="started"} 1
```

正如我们所看到的，它报告了按采样标记划分的已启动和已完成的 span 的数量，以及已启动或已连接的跟踪的数量。下面是另一组度量指标：

```
hotrod_frontend_jaeger_reporter_queue_length 0
hotrod_frontend_jaeger_reporter_spans{result="dropped"} 0
hotrod_frontend_jaeger_reporter_spans{result="err"} 0
hotrod_frontend_jaeger_reporter_spans{result="ok"} 24
hotrod_frontend_jaeger_sampler_queries{result="err"} 0
hotrod_frontend_jaeger_sampler_queries{result="ok"} 0
hotrod_frontend_jaeger_sampler_updates{result="err"} 0
hotrod_frontend_jaeger_sampler_updates{result="ok"} 0
hotrod_frontend_jaeger_span_context_decoding_errors 0
hotrod_frontend_jaeger_throttled_debug_spans 0
hotrod_frontend_jaeger_throttler_updates{result="err"} 0
hotrod_frontend_jaeger_throttler_updates{result="ok"} 0
```

在这里，我们看到了关于报告者的一些统计数据，跟踪器的一个子组件负责将 span 导出到代理或收集器中。它报告了其内部队列的当前长度、它发送了多少个 span（成功与否），以及由于内部缓冲区已满而丢弃了多少个 span。其他 Jaeger 后端组件也打印了它们的内部状态。例如，来自代理的这组指标描述了有多少个 span 批次，以及在这些批次中有多少个 span 被转发给了收集器：

```
jaeger_agent_tchannel_reporter_batch_size{format="jaeger"} 1
jaeger_agent_tchannel_reporter_batches_failures{format="jaeger"} 0
jaeger_agent_tchannel_reporter_batches_submitted{format="jaeger"} 42
jaeger_agent_tchannel_reporter_spans_failures{format="jaeger"} 0
jaeger_agent_tchannel_reporter_spans_submitted{format="jaeger"} 139
```

以下是另一些指标，描述了 UDP 服务器从客户端接收 span 作为数据包的行为、数据包大小、由于内部队列已满而处理或丢弃了多少个数据包、当前队列大小，以及有多少个数据包无法解析：

```
thrift_udp_server_packet_size{model="jaeger",protocol="compact"} 375
thrift_udp_server_packets_dropped{model="jaeger",protocol="compact"} 0
thrift_udp_server_packets_processed{model="jaeger",protocol="compact"} 42
thrift_udp_server_queue_size{model="jaeger",protocol="compact"} 0
thrift_udp_server_read_errors{model="jaeger",protocol="compact"} 0
```

这些指标对于解决部署问题非常有用，比如在 Kubernetes 中的组件之间设置网络配置时出错。它们还可以被用作警报产生的来源，例如，你希望在正常操作期间确保 `packets_dropped` 计数器保持为 0。

Jaeger 查询服务也使用 OpenTracing 进行埋点，可以配置它将跟踪发送回 Jaeger。如果查询服务出现延迟，那么这种埋点将特别有用，因为所有数据库访问路径都用 span 进行了大量装饰。

弹性

我想通过一个简短的讨论来结束这一章，这个讨论是关于设计一个对潜在的（通常是无意的）滥用具有弹性的跟踪后端的重要性的。我不是在谈论资源不足的集群，因为在那里几乎没有什么可做的。在 Uber 运营 Jaeger 时，我们经历了许多跟踪服务退化甚至因一些常见错误而中断的过程。

过采样

在开发过程中，我经常建议工程师使用 100%采样配置 Jaeger 跟踪器。有时，在无意中，将相同的配置推送到生产环境中，如果服务是高流量的服务之一，那么跟踪后端就会被跟踪数据淹没。它并不一定足以杀死后端，因为正如前面所提到的，所有 Jaeger 组件都使用内存缓冲区来临时存储 span 和处理短流量峰值，当这些缓冲区满了时，组件开始通过丢弃一些数据来减少它们的负载。遗憾的是，数据质量的下降几乎等同于后端完全停机，因为大多数 Jaeger 组件都是无状态的，并且在没有任何一致性的情况下被迫丢弃数据（与确保对所有跟踪进行采样和收集不同）。

在 Uber，我们采用了几种补救策略：

- Jaeger 收集器有一个配置，可以在收集器中启用额外的下采样。我们可以增加 span 在到达内存缓冲区之前收集器抢先丢弃 span 的百分比。这基于跟踪 ID 的散列，因此可以确保相同跟踪中的 span 始终下采样，即使它们由不同的无状态收集器处理。这降低了用户的服务质量，但保留了仍在收集的数据的质量。它让我们有时间与团队一起回滚对错误配置的更改。
- 建议所有的工程师都使用适配器库，而不是开源的 Jaeger 客户端。适配器库禁用了在生产环境中手动配置采样策略的功能，以便服务始终使用 Jaeger 收集器提供给它的策略。

调试跟踪

调试跟踪是应用程序在 span 上显式设置 `sampling.priority=1` 标记时创建的。Uber 有一些命令行工具主要用于调试目的，比如发送 Thrift 请求的实用程序，类似于 `curl`。

该实用程序将自动强制以调试标记标识它所发起的所有跟踪，因为对于开发人员来说，不需要记住传递额外的标记是非常有用的。遗憾的是，在很多情况下，开发人员会创建一些特别的脚本，可能用于一次性的数据迁移，这些脚本会频繁地重复使用这些实用程序。与常规的过采样不同，常规的过采样可以通过收集器中的下采样得到一定程度的缓解，而调试跟踪被有意地排除在下采样的范围之外。

为了解决这个问题，我们在 Jaeger 客户端中实现了额外的节流，当应用程序试图创建调试跟踪时进行速率限制。因为调试标记主要是为手动发出的请求而设计的，所以节流在初始化时有一个很大的速率限制，手动执行实用程序时不太可能耗尽这个限制，但是如果实用程序在循环中重复运行，则可以快速耗光这个限制。在许多应用程序中部署跟踪器库的新版本需要很长时间；然而，在我们的例子中，有一些已知的例外（实用程序），我们能够快速升级它们。

数据中心故障转移导致的流量峰值

我在本章的前面解释了这个用例。在通常情况下，流量的增加不会成为问题，因为自适应采样将迅速全面降低采样概率。遗憾的是，我们有一定比例的用于自动根因分析的高价值流量，它们带有调试标记且不受节流或自适应采样的限制。对于这个问题，除了增加跟踪集群（主要是存储）的容量来承受这些峰值，我们没有更好的解决方案。基于 Kafka 的流摄取可以帮助我们不丢失任何数据，但是它会造成跟踪可用性的延迟，这将对自动化的根因分析系统产生负面影响。

无休止的跟踪

这只是我想提到的生产过程中的一个奇特的故事，而不是一个长期存在的问题。在推出 Jaeger 的初期，Uber 某些系统的埋点存在一个 bug。系统正在实现一个 gossip 协议，其中集群中的所有节点都定期通知其他节点关于一些数据的更改。这个 bug 导致节点总是重用前一轮 gossip 中的 span，这意味着新的 span 总是使用相同的跟踪 ID 来生成，而跟踪在存储中不断增长，从而产生各种问题和内存不足错误。幸运的是，这种行为很容易被发现，我们能够查找到有问题的服务并修复其埋点。

长跟踪

这里我说的是对超过 1 亿个 span 的跟踪。这些跟踪明显的负面效应之一是在 Cassandra 的存储实现中，跟踪 ID 被用作分区键，所有这些 span 都位于同一个 Cassandra 节点上，形成一个非常大的分区，导致 Cassandra 的性能退化。虽然还没有确定这种行为的根本原因，但是我们正在实现的补救策略是引入一个人为的上限，即允许 ingester 保存每个跟踪 ID 的 span 数量。

总结

在本章中，我们讨论了运行跟踪后端的许多方面，从架构和部署决策，到监控、故障排除和弹性伸缩的措施。我有意保持讨论在一个稍微抽象的层次上，因为我觉得有关配置和部署 Jaeger 的具体细节可能很快就会过时，因此最好还是把它们留给 Jaeger 文档。相反，我试图只使用 Jaeger 作为对部署和维护跟踪基础设施的任何人员都有用的一般原则的说明，无论是 Jaeger 还是其他竞争解决方案。

参考资料

[1] Alberto Gutierrez Juanes. Jaeger integration with Kiali. Kiali project blog. 链接 1.

[2] Jaeger native trace context format. 链接 2.

[3] Zipkin's B3 context format. 链接 3.

[4] W3C Trace Context headers. 链接 4.

[5] Juraci Paixão Kröhling. Running Jaeger Agent on bare metal. Jaeger project blog. 链接 5.

[6] Juraci Paixão Kröhling. Deployment strategies for the Jaeger Agent. Jaeger project blog. 链接 6.

[7] Jaeger Spark jobs for service dependency graphs. 链接 7.

[8] Lars Milland. Secure architecture for Jaeger with Apache httpd reverse proxy on OpenShift. 链接 8.

[9] Juraci Paixão Kröhling. Protecting Jaeger UI with an OAuth sidecar Proxy. Jaeger project blog. 链接 9.

后记

  祝贺你,你已经读完了这本书!有时候,当我读完一本书时,我想,终于结束了!还有时候,我会想,等一下,就这样结束了?我希望继续!那么,你心中想的是什么?是如释重负,还是意犹未尽呢?

  我们在这本书里讨论了很多问题。我相信你对分布式跟踪已经有了更好的理解,分布式跟踪是一个相当复杂且通常具有挑战性的领域。我也相信你还有很多问题。我自己也有很多问题!跟踪仍然是一个非常新的领域,随着越来越多的人进入这个领域,我期待看到很多创新。

在 Uber，我的团队对未来的跟踪有相当宏伟的计划。Uber 的架构每天都在变得越来越复杂，有数千个微服务并跨许多数据中心。很明显，以自动化的方式管理这个基础设施需要新的技术，分布式跟踪的能力使其成为这些技术的核心。例如，谷歌工程师编写了著名的 SRE 一书[1]，其中他们提倡使用 SLA 驱动的可靠性方法。遗憾的是，这听起来比实际要简单得多。

在 Uber，一个主要的 API 网关有 1000 多个不同的端点。我们如何分配每个 SLO，比如延迟或可用性？当你拥有一个具体的产品时，更容易定义 SLO，并且可以估计违反 SLO 对业务的影响。然而，API 端点不是产品；其中许多经常在不同产品的复杂组合中工作。如果我们能够就产品或工作流的 SLO 达成一致，那么如何将其转换为许多 API 端点的 SLO 呢？更糟糕的是，我们如何将其转换为 API 下面的数千个微服务的 SLO 呢？这就是分布式跟踪的作用所在。它允许我们自动分析微服务之间的依赖关系，以及不同业务工作流的调用关系，这可用于通知调用层次结构的多个级别上的 SLO。那具体如何做呢？我还不知道；请继续关注。

再举一个例子：服务部署的自动回滚。想法很简单：开始向金丝雀实例推出服务的新版本，如果出现问题，则回滚。然而，我们如何知道事情已经开始出错了呢？一个服务有它自己的健康信号，所以我们可以观察这些信号，但这通常是不够的。我们的服务可能正常地处理请求，但是响应可能以某种方式对上面的一个或多个服务层产生负面影响。我们如何检测呢？监控所有服务的健康状况没有帮助作用，因为其中许多服务甚至与我们的服务所属的工作流都没有关系。再次强调，跟踪可以为我们提供所需的全局视图，让我们自动理解所部署的服务对系统架构的其余部分造成的影响，并确定是否需要回滚。

这样的例子还有很多。包括 Uber 在内的许多组织都在推进基于微服务的架构，但它们只触及了分布式跟踪为管理这些架构而带来的功能的皮毛。未来相当令人兴奋。

与此同时，分布式跟踪领域还有许多其他不太优先的挑战需要克服。我有一份愿景清单，上面列出了我希望这个行业能尽快发生的事情：

- 上下文传播格式的标准化对于使用不同跟踪库埋点的应用程序的互操作性至关重要。W3C 分布式跟踪工作组在定义跟踪上下文的标准方面取得了良好的进展，但目前，它只涵盖 HTTP 传输，不包括用于通过 AMQP（高级消息队列协议）等非 HTTP 协议传递 baggage 或传输上下文的标准头信息。
- 标准埋点 API 和相应的可重用的实现。OpenTracing 和 OpenCensus 项目的主要目标之一都是加速分布式跟踪的采用，但是实际上，两个相互竞争但在概念上几乎相同的 API 的存在带来了完全相反的效果，因为业界其他项目不确定应该支持哪个标准并将其集成到解决方案中。这两个项目正在积极地讨论合并成一个标准的事宜。

- 跟踪格式的标准化对互操作性非常有用，对于开发能够处理跟踪数据的通用工具尤其关键。实际上，在这个领域中存在大量的现成技术，例如，Eclipse Trace Compass[2] 工具支持许多不同的跟踪格式（尽管它们不是专门的分布式跟踪格式），如许多 Linux 内核跟踪工具所使用的 Common Trace Format（通用跟踪格式）[3]，或 Trace Viewer 使用的 Trace Event（跟踪事件）格式[4]，Chrome 浏览器的 JavaScript 前端 about:tracing，以及 Android 的 systrace。

- 通用的可视化工具。目前，每个跟踪系统都实现了自己的前端，虽然它们通常具有几乎相同的功能。标准的跟踪格式将允许为可视化构建可重用的组件，比如 Jaeger 中的 plexus 模块[5]，作为 Jaeger v1.8 中发布的跟踪比较特性的基础。

- 可重用的数据挖掘工具。我坚信数据挖掘是分布式跟踪的未来，但是目前在开源中几乎没有任何可用的数据挖掘工具，部分原因是缺乏标准的跟踪格式。

- 更好地与可观测性工具集成。"可观测性的三大支柱"的概念对行业有害，因为它提倡这三种技术是独立的，并且通过结合这三种不同的解决方案，可以为系统获得更好的可观测性。正如我们在第 11 章"集成指标与日志"中所讨论的，向度量指标和日志中添加对请求上下文的感知，可以显著增加它们的研究能力。但我想更进一步，把我探索的领域中属于不同技术上下文的知识深度集成起来，例如，用于故障排除的高阶工作流、时间范围、特定的调用路径，等等，都存在于不同的视图中，而不论我查看的是延迟直方图，还是健康信号时间序列，抑或是日志事件。

最后，我想发出一个行动的号召：加入我们！Jaeger 是一个开源项目，我们欢迎你的贡献。如果你有一个想法，则请在 Jaeger 主存储库[6]中提交工单。如果你已经实现了它并取得了有趣的结果，那么请写一篇博客文章并在 Twitter 上 @jaegertracing 来谈论它，或者在我们的在线聊天[7]中提及它；我们一直在寻找有趣的案例研究（并能帮助你推广它们）。接下来，我将继续发布我们在 Uber 为分布式跟踪构建的高级功能，作为开源工具。

跟踪快乐！

参考资料

[1] Niall Richard Murphy, Betsy Beyer, Chris Jones, Jennifer Petoff. Site Reliability Engineering: How Google Runs Production Systems. O'Reilly Media, 2016.

[2] Eclipse Trace Compass. An open source application to solve performance and reliability issues by reading and analyzing traces and logs of a system. 链接 1.

[3] Common Trace Format. A flexible, high-performance binary trace format. 链接 2.

[4] Trace-Viewer. The JavaScript frontend for Chrome about:tracing and Android systrace. 链接 3.

[5] plexus. A React component for rendering directed graphs. 链接 4.

[6] Jaeger backend GitHub repository. 链接 5.

[7] Jaeger project online chat. 链接 6.